高等院校计算机应用系列教材

大学计算机应用基础

刘松霭　主　编

闫　博　郭欣桐　邹玲玲　王培沛　张　新　副主编

U0360633

清华大学出版社

北京

内 容 简 介

本书以培养应用能力为目标，涵盖全国计算机等级考试一、二级(Windows 环境)相关内容，全书共6 章，主要内容包括计算机基础知识、Windows 10 操作系统、Word 2016、Excel 2016、PowerPoint 2016、互联网与信息检索技术。

本书适合作为应用型本科院校非计算机专业的计算机基础课程教学用书。

本书配套的电子课件、实例源文件和习题答案可以到 http://www.tupwk.com.cn/downpage 网站下载，也可以扫描前言中的二维码获取。

图书在版编目(CIP)数据

大学计算机应用基础 / 刘松霭主编. —北京：清华大学出版社，2023.7（2024.9重印）

高等院校计算机应用系列教材

ISBN 978-7-302-63959-6

Ⅰ. ①大… Ⅱ. ①刘… Ⅲ. ①电子计算机—高等学校—教材 Ⅳ. ①TP3

中国国家版本馆 CIP 数据核字(2023)第 117030 号

责任编辑：胡辰浩
封面设计：高娟妮
版式设计：妙思品位
责任校对：成凤进
责任印制：曹婉颖

出版发行：清华大学出版社
    网 址：https://www.tup.com.cn，https://www.wqxuetang.com
    地 址：北京清华大学学研大厦 A 座   邮 编：100084
    社 总 机：010-83470000   邮 购：010-62786544
    投稿与读者服务：010-62776969，c-service@tup.tsinghua.edu.cn
    质 量 反 馈：010-62772015，zhiliang@tup.tsinghua.edu.cn
印 装 者：三河市人民印务有限公司
经 销：全国新华书店
开 本：185mm×260mm 印 张：18.5 字 数：427 千字
版 次：2023 年 8 月第 1 版 印 次：2024 年 9 月第 2 次印刷
定 价：69.00 元

产品编号：101138-01

前　言

　　大学计算机基础课程是高校非计算机专业开设得最为普遍的课程之一，其目的是培养学生的信息化应用能力。本书根据教育部高等学校非计算机专业计算机基础课程指导委员会提出的《高等院校非计算机专业计算机基础教育大纲》和应用型本科院校学生的特点编写，主要为应用型本科院校提供一种"理论基础够用，应用能力突出"的实用计算机基础教程。

　　全书共分为6章。第1章"计算机基础知识"由刘松霭编写；第2章"Windows 10操作系统"由王培沛编写；第3章"Word 2016"由闫博编写；第4章"Excel 2016"由郭欣桐编写；第5章"PowerPoint 2016"由邹玲玲编写；第6章"互联网与信息检索技术"由张新编写。全书由刘松霭教授统稿。

　　本书除第1章外的各章后均有实训内容，以对教材各章的要点进行提炼、概括和总结，同时设计大量的实践习题，便于学生巩固复习。本书突出应用能力的培养，同时涵盖全国计算机等级考试一、二级相关内容，适合作为应用型本科院校非计算机专业的计算机基础课程教学用书。

　　在本书的编写过程中参考了相关文献，在此向这些文献的作者深表感谢。

　　由于作者水平有限，书中难免有不足之处，恳请专家和广大读者批评指正。我们的电话是010-62796045，邮箱是992116@qq.com。

　　本书配套的电子课件、实例源文件和习题答案可以到 http://www.tupwk.com.cn/downpage 网站下载，也可以扫描下方的二维码获取。

扫描下载

配套资源

编者

2023 年 4 月

目　　录

第 1 章

计算机基础知识

1.1 计算机的起源与发展

现代计算机只有不到一百年的历史，但"计算机"一词却随着现代电子计算机走进千家万户，已成为现代计算机的代名词。然而，如果把"计算机"一词理解为计算的机器或计算的工具，那么计算机的历史可以一直追溯到古代。

本节所介绍的计算工具历史，涵盖早期的计算工具、近代机械式计算机、现代电子计算机。

1.1.1 早期的计算工具

1. 古代算筹

计算机的出现，是为了解决人类对大量计算的需求。在现代计算机出现之前，人类已经有漫长的发明计算工具，乃至计算机器的历史。我们的祖先从生活实践中发展出了"有""无""多""少"等数学概念，进而产生了运算的需求。人们自然地会使用手指做最初的运算，这一般被认为是我们今天所用的十进制的来源，但是当计算的数量越来越大时，手指显然就不够用了。因此在早期，人类使用石子、结绳等工具来辅助计算。随着文明的进展，更高级的计算工具——算筹，被发明出来。根据史书和考古发现，中国周代就有了算筹。周代算筹是一种刻有数字的小棍，材料各异，大多由竹子或木头制成，贵族家中还可能用金属、象牙等材料制作。操作这些小棍可以进行计算。

算筹表示数字的方式有"纵""横"两种，逢五则调换一下方向，然后对摆出的数字进行加减等运算。算筹示意图如图 1-1 所示。成语"运筹帷幄"中，"运筹"即操作算筹，引申为谋划。

纵式	│	║	║║	║║║	║║║║	⊤	⊤	⊤	⊤
横式	─	═	≡	≣	≣	⊥	⊥	⊥	⊥
	1	2	3	4	5	6	7	8	9

图 1-1 算筹示意图

2. 算盘

世界上很多古老文明中都有算盘的身影，有的在泥板上放置泥丸，有的在细杆上穿珠子，中国算盘就属于后者，如图 1-2 所示。

图 1-2　中国古代算盘

中国算盘的诞生时间和起源并无定论，但是在北宋张择端的名作《清明上河图》上已经出现成熟形态的算盘。中国算盘分上下两档，上面一档，一个算珠代表 5；下面一档，一个算珠代表 1。上面档有两个算珠，下面档有五个算珠。运用一定的操作口诀，可以实现多位加减乘除的计算。相比世界上其他文明古国的算盘，我国的算盘最具生命力，在现代计算机普及以前一直长盛不衰。2013 年，中国穿珠算盘被联合国教科文组织公布为人类非物质文化遗产。

3. 纳皮尔筹

17 世纪，欧洲的计算工具发展较为迅速，苏格兰数学家约翰·纳皮尔发明了一种新算筹，被称为纳皮尔筹，示意图如图1-3所示。纳皮尔筹放在一个容器里，容器的左边框从上至下标注着 1 到 9，与算筹上的 9 个方格相对应。算筹有 10 种，每一种的方格里分别填着 0 到 9 与左边框数字的乘积。这个乘积以斜杠分隔开十位和个位。

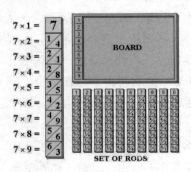

图 1-3　纳皮尔筹的示意图

1617 年，介绍纳皮尔筹的专著《筹算》(Rabdologiæ)出版。纳皮尔筹材质多样，如木质、金属、硬纸板等，最早用象牙制成，因此也称纳皮尔骨，又由于形状是一根根的小棒，故也常称纳皮尔棒。

纳皮尔筹之后，又出现了很多改良版本，并为后来的机械式计算器提供了灵感，成为很多早期机械式计算器的基础。

1.1.2　机械计算机器

1. 帕斯卡算术机

世界上第一次出现的计算"机器"，是由法国著名的数学家、哲学家、物理学家帕斯卡发明的。帕斯卡出生于 1623 年，3 岁丧母，由父亲养大。帕斯卡的父亲是一名税务官，计算税率税款是一项繁重的工作。帕斯卡小时候看到父亲工作辛劳，就想帮父亲减轻负担。

19 岁时，帕斯卡发明了一台能进行 6 位十进制加法的机器。它的外形如图 1-4 所示，是一个长方形盒子，正面的上方有 6 个数字窗口，下方对应数字窗口的是 6 个旋轮，旋转旋轮就能改变数字窗口中的数字。打开盖子，能看到里面由一系列联动的齿轮组成，齿轮拨动到不同位置可以代表不同的数字。设计加法器的关键在于解决"逢十进一"的进位问题，帕斯卡采用了一种带有"小爪子"的棘轮装置，当定位齿轮朝 9 转动时，棘爪便逐渐升高，一旦齿轮转到 0，棘爪就回落，带动高位的齿轮前进一挡。

图 1-4　帕斯卡算术机

"帕斯卡加法器"在当时的巴黎博览会上引起了轰动，但它的象征意义远远超出了机器本身的实用意义，它让人们看到，人类思维中的计算过程可以用机器来实现。

2. 莱布尼茨的乘法机

1694 年，德国数学家、哲学家莱布尼茨发明了世界上第一台可以自动执行四则运算的机械式计算器。莱布尼茨在帕斯卡加法器的基础上增添了一种名为"步进轮"的装置，步进轮是一个圆柱体，表面沿圆周分布着 9 个由短到长的齿；旁边另有一个小齿轮，和步进轮啮合。小齿轮可以沿轴向移动，于是可以逐次与步进轮的不同齿啮合。每当小齿轮转动一圈，步进轮分别转动 1/10、2/10 圈……，直到 9/10 圈，这样一来，它就能够连续重复地做加法。同样地，做减法时，机器会反向运动，也可以做连续减法。其现代复制品见图 1-5。直到今天，"连续重复的计算加减法"仍然是现代计算机做乘除法采用的办法。

图 1-5　莱布尼茨的计算器

莱布尼茨的另一项和现代计算机密切相关的伟大创造是提出了二进制。1703 年，他在法国《皇家科学院年鉴》上发表了一篇题为《二进制算术的解说》的文章，副标题是《论只使用符号 0 和 1 的二进制算术，兼论其用途及它赋予伏羲所使用的古老图形的意义》。论文中提出了二进制的表达方式、计算规律等，并指出了二进制与中国易经的关联。

遗憾的是，莱布尼茨的思想远远超前于他所处的时代，他的计算机设计思想限于当时的工艺并没有被完全成功地实现，他的二进制思想也没有对现代计算机产生直接影响。

3. 巴贝奇的差分机

1822 年，巴贝奇发明的"差分机"在英国伦敦诞生。差分机是一种专门用来计算特定多项式函数的机器，"差分"的含义是将函数表的复杂运算转换成差分运算。

这台差分机大约有 25000 个零件，重达 4 吨。由于当时制造水平有限，很多零件达不到理想的精度，因此这台机器的运算精度不高，所能演算的函数类型也只有几种。然而，这台机器已经能够满足当时航海和天文方面的一些计算了，比如编制三角函数表、航海计算表等。这台机器的现代复制品如图 1-6 所示。

图 1-6　巴贝奇的差分机

1.1.3　电子计算机的诞生

1. 阿塔纳索夫-贝瑞计算机

阿塔纳索夫-贝瑞计算机(Atanasoff-Berry Computer，通常简称 ABC 计算机)是公认的电子计算机先驱，由美国科学家约翰·文森特·阿塔纳索夫(John Vincent Atanasoff)和一名学生克利福特·贝瑞(Clifford Berry)在 1940 年前后设计，如图 1-7 所示。设计初衷是解决讲解线性偏微分方程组时学生们需要进行大量计算而浪费太多时间的问题。

这台机器结合了电子与电器，电路系统中装有 300 个电子真空管执行数字计算与逻辑运算。机器上装有两个记忆鼓，使用电容器来进行数值存储，以电量表示数值。数据输入采用打孔读卡，采用二进位制。

阿塔纳索夫在 ABC 计算机的研制过程中提出了计算机设计的三条重要原则。

(1) 以二进制的逻辑基础实现数字运算。

(2) 利用电子技术实现控制、逻辑运算和算术运算。

(3) 采用把计算功能和数据存储功能相分离的计算机结构。

图 1-7 阿塔纳索夫-贝瑞计算机

2. ENIAC

ENIAC，全称为 Electronic Numerical Integrator and Computer，即电子数字积分计算机。不同于ABC计算机专门且只能用于求解线性方程组，ENIAC 可以通过编程解决多种计算问题。它于 1946 年 2 月 14 日在美国宾夕法尼亚大学宣告诞生。ENIAC 如图 1-8 所示。

图 1-8 ENIAC

ENIAC 的设计方案是由美国工程师莫克利于 1943 年提出的，主要任务是计算炮弹轨道。由美国军方资助，并成立了"莫克利"小组进行研发。

ENIAC 长 30.48 米，宽 6 米，高 2.4 米，占地面积约 170 平方米，30 个操作台，重达 30 英吨(1 英吨＝1016.05 千克)，功率为 150 千瓦，造价 48 万美元。计算速度是每秒 5000 次加法或 400 次乘法，是使用继电器运转的机电式计算机的 1000 倍、手工计算的 20 万倍。

3. EDVAC

EDVAC，全称为 Electronic Discrete Variable Automatic Computer，即离散变量自动电子计算机。在 ENIAC 研制工作的中期，时任弹道研究所顾问，正在参加美国第一颗原子弹研制计划——"曼哈顿计划"的数学家冯•诺依曼加入了研制小组。1945 年，冯•诺依曼以《关于 EDVAC 的报告草案》为题，起草了长达 101 页的总结报告，报告广泛而具体地介绍了制造电子计算机和程序设计的新思想，是计算机发展史上一个划时代的文献。EDVAC 方案明确了存储程序的思想并确立了计算机由五部分组成：运算器、控制器、存储器、输入设备和输出设备。这一体系结构延续至今，被称为"冯•诺依曼体系结构"。

EDVAC 也是莫克利和埃克特领导建造的，由于研究团队内部的原因，于 1952 年才成功交付。EDVAC 使用了大约 6000 个真空管和 12000 个二极管，占地 45.5 平方米，重达 7850 千克，消耗电力 56 千瓦。相比 ENIAC，EDVAC 有以下两个重大的改进。

(1) 使用二进制进行运算。而 ENIAC 仍然使用十进制，二进制能够简化计算机的电路设计，提高稳定性和运算速度。

(2) 支持存储程序。ENIAC 可以编程，但它的程序是通过人工输入计算机中的，每一次更换程序都需要人工操作，极大地降低了计算效率。EDVAC 则把程序存储在计算机内部，不用人工切换，而由计算机自动切换程序。

4. Manchester Mark I 和 EDSAC

存储程序这一概念虽然由冯·诺依曼为 EDVAC 的设计提出，但 EDVAC 不是世界上第一台存储程序计算机。第一台通用存储程序计算机诞生于英国曼彻斯特大学的纽曼计算机实验室，主要由威廉姆斯和助手基尔本研制，1946 年 6 月研制成功原型机，1949 年 4 月建成其大型机版本——Manchester Mark I。大约一个月之后，英国剑桥大学的莫里斯·威尔克斯教授和他的团队在冯·诺依曼的《关于 EDVAC 的报告草案》的启发下研制的 EDSAC 在 1949 年 5 月成功运行，成为世界上第二台存储程序计算机。

EDSAC 的全称是 Electronic Delay Storage Automatic Calculator，即电子延迟存储自动计算机。它使用了一种叫作水银延迟线的技术作为存储器，分布在 32 个槽中，每个槽 5 英尺(1 英尺＝0.3048 米)长，里面包含 32 个内存位置，共 1024 个位置，如图 1-9 所示。EDSAC 使用了约 3000 个真空管，排在 12 个柜架上，占地 20 平方米，功率为 12 千瓦。

威尔克斯是一个富有远见和创造力的科学家，他提出的"变址""微指令""子程序""Cache"等概念，均成为今天计算机程序设计的基础技术。他很早就预见到软硬件的结合和数据结构的重要性，并在 EDSAC 中引入程序库。他因为这一系列贡献而获得 1967 年的图灵奖。

图 1-9 威尔克斯和 EDSAC 的存储器

1.1.4 电子计算机的发展

计算机的发展大致经历了从机械式计算机到机电式计算机，再到电子计算机的过程。机械式计算机以齿轮等机械装置来模拟不同的量，通过机械运动模拟量之间的运算。机械式计算机严重受限于机械设计制造的水平，无论是莱布尼茨还是巴贝奇，都因为当时的机械制造水平无法满足他们的设计需求而未取得理想中的成功。并且，机械式器件都比较笨重，运动速度慢，且非常容易出现故障，故不可能进行高速运算。

机电式计算机使用电作为计算的基础，电的传播速度极高，为计算机的高速运算能力提供了基础。但是机电式计算机并未完全摆脱对机械的依赖，机电式计算机一般都依赖一个重要的机电器件，叫作"继电器"，如图 1-10 所示。继电器是利用电磁能转换开合运动的装置，它具有一开一合两种状态，由电流控制开合，就可以表达二进制数字的两个数位，并进行运算控制。

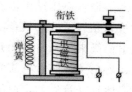

图 1-10　继电器示意图

电子技术的发展，使得计算机彻底摆脱了机械的笨重，使得高速度、高精度、高复杂度的计算成为可能。现代计算机全部建立在电子技术之上。以电子元器件为标志，现代电子计算机的发展一般可以被划分为五代。

1. 电子管计算机

第一代计算机是电子管计算机(1946—1958 年)，主要特点是采用电子管作为基本电子元器件。

电子管是一种最早期的电信号放大器件，如图 1-11 所示。英国物理学家弗莱明在 1904 年发明了第一支二极电子管。在被抽成真空(所以电子管也叫真空管)的封闭玻璃容器中，有一根金属丝和一个金属片，二者不接触。利用爱迪生效应，当金属丝与电源负极相连，金属片与电源正极相连，二者之间出现

图 1-11　电子管

电流，成为通路状态；如果电源正负极颠倒，则金属丝和金属片之间不会产生电流，表现为断路。金属丝被称为阴极，金属片被称为屏极，故称为二极管。二极管单向导通的性质，使电路或通或断，与二进制的两种状态相呼应。

1906 年，美国发明家德雷福斯特在二极电子管的基础上，在金属丝和金属片之间又加入一个金属网，称为栅极。这就是三极管。当栅极被施加一个低电压时，阴极的电子就难以越过栅极到达屏极；当栅极被施加一个高电压时，栅极则会助力屏极，使电子更容易到达屏极。这样一来，通过控制栅极电压，就可以控制三极管的"通"与"断"，因此三极管可以取代继电器，表达二进制的运算。

电子管计算机的主要特点是采用二极管和三极管作为基本电子器件，体积大、耗电量大、寿命短、可靠性低、成本高，存储器采用水印延迟线。在电子管计算机这个时代，没有系统软件，用机器语言和汇编语言编程。电子管计算机一般用于科研、军事等少数领域。

2. 晶体管计算机

第二代计算机是晶体管计算机(1958—1964 年)。它们以晶体管等半导体器件作为运算基础器件。

随着电子技术的进步，1947 年，美国贝尔实验室的肖克利、巴丁和布拉顿组成的研究小组研制成功一种点接触型的锗晶体管(如图 1-12 所示)，成为后来计算机的基础。

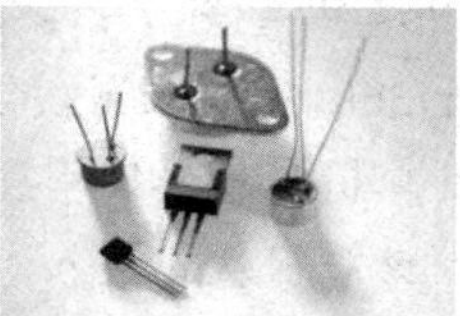

晶体管是一种固体半导体器件，是一种可变电流开关，

图 1-12　晶体管

能够基于输入电压控制输出电流。晶体管种类繁多，功能广泛，包括二极管、三极管、场效应管、晶闸管等，具有检波、整流、放大、开关、稳压、信号调制等多种功能。晶体管利用电信号来控制自身的开合，所以开关速度非常快。相比电子管，晶体管的体积小、功耗低、寿命久，同时有非常高的可靠性，耐冲击，耐振动。

晶体管计算机的主要特点是采用体积小、重量轻、耗电量低、寿命长、成本低的晶体管作为基本逻辑部件，从而使计算机的运算速度和可靠性有了较大的提高；在存储方面普遍使用磁心、磁带，出现了操作系统软件(监控程序)，提出了操作系统的概念。同时，这一时期的计算机普遍使用汇编语言取代机器语言，使编程的便利程度大为提高。最早的高级语言也在这一时期出现，如 COBOL、FORTRAN(见 1.3.4 小节对程序语言的介绍)。其应用领域扩大到数据和事务处理。

3. 集成电路计算机

第三代计算机是基于集成电路的计算机(1965—1971 年)。

晶体管计算机的制造需要把晶体管和各种电子元件，如电阻、电容、电感等通过导线焊接在一起，这种方式会占用较大的电路板空间，稳定性也受到影响。集成电路是指通过一定的工艺，把一个电路所需要的各种元器件全部连接并封装在半导体材料上形成的微型电子器件，也就是我们常说的各种"芯片"。集成电路的体积小、重量轻、寿命长、稳定性高，并且适合大规模生产。图 1-13 所示为一块有多种芯片的集成电路板。

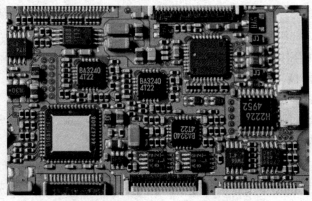

图 1-13　一块有多种芯片的集成电路板

1958 年，美国德州仪器的工程师杰克·基尔比和仙童公司的罗伯特·诺伊斯各自独立发明了一种工艺来取代导线，通过在一个平面上敷设金属轨迹来连接各种元器件，这就是集成电路。集成电路设计一般分为两种，模拟电子电路和数字电子电路。

1964 年 4 月 7 日，IBM 公司研制成功世界上第一个采用集成电路的通用计算机 IBM System/360，它兼顾了科学计算和事务处理两方面的应用，该计算机如图 1-14 所示。IBM 360 系列计算机是最早使用集成电路的通用计算机系列，它开创了民用计算机使用集成电路的先例，计算机从此进入了集成电路时代。

集成电路计算机的主要特点是采用中小规模集成电路制作逻辑部件，从而使计算机体积更小、重量更轻、耗电量更低、寿命更长、成本更低、运算速度有了更大的提高；采用半导体存储器作为主存，存储容量有了革命性的突破；系统软件有了更大的突破，操作系统是管理整个计算机硬件和应用软件的系统软件，使计算机在统一的程序调度下供人们更方便地使用，并且能同时运行许多不同的程序。这一时期的计算机在硬件的交互性上也有了长足的进步，我们今天熟知的鼠标、键盘、显示器等，都在这一时期出现；在编程语言方面，第三代计算机普遍采用了高级语言，如 COBOL、BASIC、ALGOL 等。

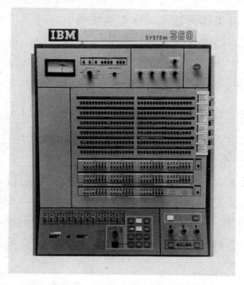

图 1-14　IBM System/360

4．大规模和超大规模集成电路计算机

第四代计算机是大规模和超大规模集成电路计算机(1971—2010 年)。微处理器是这一时期计算机的基础技术。

早期的集成电路根据其集成规模也被称为小规模集成电路(Small Scale Integration，SSI)，在一个硅片上可以集成 10~100 个元器件或者 1~10 个逻辑门，这时的芯片功能也比较简单，如逻辑门和触发器等。随着电子技术的发展，出现了中规模集成电路(Medium Scale Integration，MSI)，在一块硅片上包含 100~1000 个元器件或 10~100 个逻辑门，如集成计时器、寄存器、译码器等。1970 年，出现了大规模集成电路(Large Scale Integration，LSI)，在一块硅片上包含 1000~100000 个元件或 100~10000 个逻辑门。在这一集成度之下，1971年，Intel 公司成功研制微处理器 Intel 4004，它从此改变了计算机的面貌，微处理器也成为后代计算机的计算基础。

大规模、超大规模集成电路计算机的主要特点是基本逻辑部件采用大规模、超大规模集成电路，使计算机的体积更小、重量更轻，各方面的性能得到空前的提升。其操作系统日益强大，实时操作系统和分布式操作系统开始涌现，图形化交互界面出现。随着计算机的普及，互联网兴起，人类交流通信的方式出现革命性的变化。高级编程语言 C、C++、Java，以及适应网络时代的 PHP、JavaScript 等编程语言开始流行。

5. 甚大规模集成电路计算机

一些人认为，我们现在正处于第五代计算机的浪潮之中(2010 年至今)，在计算机硬件上，现在已经是甚大规模集成电路(Ultra Large Scale Integration)的时代，芯片的制程已经处于 10 纳米量级，甚至更小。人们口袋里的手机在计算能力上已经是曾经占据房间大小的计算机的千万倍。这一时期最显著的特征是计算机的智能化。人工智能技术，如人脸识别、语音识别等，开始广泛在人们的日常生活中使用。所以第五代计算机也被称为人工智能时代计算机。

这一时期，随着计算机种类越来越多，体型越来越小，计算机也出现泛在化趋势，即渗透到各个角落，无处不在，物联网技术应运而生并快速发展，被认为是互联网技术之后的又一波网络化浪潮。

6. 摩尔定律

摩尔定律是英特尔创始人之一戈登·摩尔的经验之谈，其内容为：在价格不变的前提下，集成电路的半导体芯片上可以容纳的元器件数目大约每 18 个月便会增加一倍。换言之，同样价格的计算机性能每隔 18 个月翻一番。

1965 年，戈登·摩尔准备一个关于计算机存储器发展趋势的报告。他整理了一份观察资料，在他开始绘制数据时，发现了一个惊人的趋势：每种芯片大体上包含其前任两倍的容量，相隔时间在 18~24 个月内。如果这个趋势继续，计算能力相对于时间周期将呈指数式上升。他所阐述的趋势一直延续至今，且难以置信地准确，成为产业上对于性能预测的基础。

摩尔定律名为定律，但其实是一种经验性总结，并非自然科学中所说的"定律"。摩尔定律之所以异常准确，部分是因为产业界迎合摩尔定律来推出自己的产品。但摩尔定律仍然揭示出了电子产业呈指数式发展的趋势，对人类有重要的启发。同时应该指出，随着芯片制程进入 10 纳米，这已经接近物理上的极限，很多人认为摩尔定律已经走到尽头。但是另一方面，新技术又不断突破人们的想象，摩尔定律究竟还能延续多久让我们拭目以待。

1.2 微型计算机的组成与使用

在电子计算机的发展史上，微型计算机的出现及普及是一个转折点，标志着计算机作为一种先进的工具，从学术殿堂之上走进了寻常百姓之家，进而推动了计算机硬件、软件、互联网的蓬勃发展，使人类真正进入了信息时代。

今天，微型计算机，乃至更小型的各种嵌入式计算机已经十分普遍，以至于我们几乎不再使用"微型计算机"这一词汇。本节中，我们从"大型计算机""微型计算机""嵌入式计算机"的发展脉络上认识与我们今天日常使用最为密切的计算机类型，然后对它的组成和使用加以说明。

1.2.1　计算机的类型

1. 大型计算机

大型计算机(mainframe computer)，又称大型机、大型主机等。早期的计算机，如 ENIAC 等体积庞大，叫作大型计算机。随着晶体管的发明，计算机的体积已经大为减小，大型机的含义也随之发生变化。今天的大型机指从存储到运算能力都具有相当高性能的计算机，可以实时处理大量的复杂计算任务。大型计算机常用于大量数据的实时计算任务，例如，银行金融交易及数据处理、人口普查、企业资源规划等。

IBM 公司在 1964 年推出的 System/360 计算机是一个划时代的大型计算机。它的研发费用在当时超过 50 亿美元。System/360 大获成功，每月售出超过千台，每台价格为 250 万～300 万美元。System/360 还协助美国太空总署建立阿波罗 11 号数据库，完成航天员登陆月球计划；建立银行跨行交易系统(ATM)及航空业最大在线票务系统。

因为有庞大的内存容量和外部存储容量，并且通常包含多个处理单元，所以现代的大型机体积仍然较大，且价格高昂。

2. 微型计算机

微型计算机(microcomputer)，简称微型机或微机。微型计算机是在集成电路发展到大规模集成电路时代的产物。它以微处理器为基础，配以内存储器及输入输出接口电路和相应的辅助电路，以较小的体积和较低的价格构成一台功能完整的计算机。微型计算机主要用于个人用户，通常也被称为个人计算机。现在，常见的个人计算机主要有台式机、笔记本计算机和平板计算机三种。

(1) 台式机：这是微型计算机最常见的形态，一般放置在桌面上，也叫桌面机。台式机的主机、显示器、键盘、鼠标等设备一般是各自独立的，搭配较为灵活。台式机的主机具有一定的灵活性。打开主机之后，其中的内存、硬盘、显卡等都是独立的配件，一般可以由个人灵活配置，便于维修、升级。台式机主要在企业、政府、学校等组织机构中用于办公、学习等，在笔记本计算机流行之前，也广泛用于一般家庭。台式机有一个变种叫作一体机，它没有笨重的主机，只有一个显示器和键盘、鼠标等输入输出设备。其实，它的显示器与主机集成在了一起，由于外观简洁，移动方便，也很受欢迎。

(2) 笔记本计算机：通常被叫作笔记本电脑。笔记本计算机是一种便携式的个人计算机，体积小、重量轻，显示器和主机在携带时可以折叠起来，使用时只需展开即可。通常质量为 1~3 千克。它和台式机的内部结构其实是类似的，但是它的内部器件如处理器、内存等都紧凑地组装在扁平的空间里，因此个人很难对其进行拆卸或升级。另外，笔记本计算机由于便携性考虑，提供了鼠标的替代设备——触控板。触控板是笔记本计算机键盘下方一块可以感知手指触摸的区域，不仅能够实现鼠标的功能，还能实现多点触控等鼠标所不具有的便利操作。如今，笔记本计算机的运算能力已经非常强大，足以满足普通用户的日常需要，但是和台式机比较，由于体积小、硬件排列紧凑，导致一方面，笔记本计算机的生产工艺要求更高，因此价格更高；另一方面，笔记本计算机在散热和可扩展性等方面受到限制，因此在需要较高性能的计算领域或者某些专业领域，并不能取代台式机。

(3) 平板计算机：平板计算机也叫平板电脑，是一种小型、方便携带的个人计算机。它比笔记本计算机更加便捷，因为它体积更小，重量更轻。平板计算机从外观看只有一块显示屏。它的显示屏也比笔记本计算机的显示器要小很多，但是具有触摸功能，所以也叫触摸屏。平板计算机一般没有键盘，它通过触摸屏在一个软件模拟的键盘上实现输入。触摸屏还可以支持手指或触控笔等实现鼠标的操作。平板计算机并不是笔记本计算机的替代者。平板计算机的性能通常明显低于台式机或笔记本计算机；在编辑、办公等任务中，触摸屏的输入效率也远低于键盘、鼠标等传统的输入方式。平板计算机更多适用于观看视频、游戏、阅读、通信等交互不复杂或交互频率较低的使用场景。

3. 嵌入式计算机

嵌入式计算机也称为嵌入式系统，是嵌入于其他设备，构成设备控制核心的微小计算机。嵌入式计算机虽然不容易在日常生活中直接被看到，但是它的使用其实非常广泛，遍布于人们的日常生活之中，比如洗衣机、电视机、热水器、微波炉、电冰箱、空调、电梯等。可以说，现代的大多数电器都离不开嵌入式计算机，更不用说商业、工业、医疗等领域中的各种电子化设备。嵌入式计算机的核心也是微处理器，但是与微型计算机相比，它的体积更小、性能更低，同时功耗、价格等也都低得多。之所以具有这些特点，是因为它的功能是高度定制化的。对于某一个设备而言，它的功能是相对固定的，它的控制核心只需要完成设备所需要的功能即可，因此它的功能需求通常比较简单，也就不需要很高的性能。相比之下，大型计算机或者微型计算机都要处理各种各样的任务，如影视播放、图形处理、科学计算、网页浏览、文字处理等，这些任务还常常同时进行，因此对处理器性能的要求就比较高。嵌入式计算机由于是嵌入在其他设备当中，因此需要它具有尽可能小的体积和尽可能低的功耗，以及较高甚至极高的可靠性。功能简单刚好与体积小、功耗低、可靠性高及控制成本等需求相一致。

1.2.2　微型计算机的兴起

20 世纪 70 年代早期，被称为"微型计算机"的计算机针对一些特定领域被研发出来。这些计算机一般使用微处理器，往往没有输入输出设备，而是配备一些开关和指示灯，由使用者进行装配。随着电子器件成本的进一步降低和交互技术的进步，到了 20 世纪 70 年代中期，计算机制造商开始将微型计算机带给普通消费者。这时的微型计算机会配备显示器，或者具有和电视机连接的能力，以及键盘、鼠标等交互设备。1974 年面世的 Altair 8800 使用 Intel 8080 微处理器，是早期最为知名的面向个人的微型计算机，如图 1-15 所示。第一款获得广泛成功的个人计算机是 1977 年问世的 Commodore PET。值得一提的是，后来声名卓著的苹果公司分别在 1976 年和 1977 年推出了其最早的产品 Apple I 型和 Apple II 型微型计算机。

到了 20 世纪 80 年代，面向个人的微型计算机市场竞争已经日趋激烈，1981 年，大型机行业巨头 IBM 公司推出面向个人的微型计算机 IBM PC，其中 PC 的含义是 Personal

Computer，即个人计算机。IBM PC 使用英特尔公司的 Intel 微处理器和微软公司的 DOS 操作系统，由于 IBM PC 开放的体系结构，在世界范围内出现了大量的 IBM PC 的兼容机型，这些兼容机也基本使用英特尔的 Intel 系列微处理器和微软的操作系统。随着 IBM PC 的大获成功和个人计算机的普及，"微型计算机"这一叫法也逐渐被"个人计算机"(PC) 或"个人电脑"所取代，但是严格地说，微型计算机并不一定用于个人或家庭。同一时期，苹果公司 1984 年推出 Apple Macintosh 系列，Macintosh 提供了图形化的操作界面，用户可以用鼠标方便地操作，因此获得广大消费者的青睐。20 世纪 90 年代，微软公司的图形化操作系统 Windows 系列逐渐取得成功，取代了 DOS，以 Intel 微处理器和 Windows 操作系统为典型搭配的各种 IBM PC 兼容机逐渐统治了个人计算机市场。

图 1-15　Altair 8800

1.2.3　计算机的体系结构

完整的计算机包括硬件系统和软件系统两部分。计算机硬件系统由电子类、光电类、机械类器件组成，是计算机的物理实体，是计算机完成各项工作的物质基础。计算机软件系统是在计算机硬件系统之上运行的各种程序、文件和数据的总称。

1. 冯·诺依曼计算机体系结构

1946 年，美籍匈牙利数学家冯·诺依曼等在题为《电子计算装置逻辑设计的初步讨论》的论文中，系统且深入地阐述了以存储程序概念为指导的计算机逻辑设计思想，勾画了一个完整的计算机体系结构。冯·诺依曼的这一思想是计算机发展史上的里程碑，标志着计算机时代的真正开始，冯·诺依曼也因此被誉为"现代计算机之父"。现代计算机虽然在结构上有多种类别，但本质上多数遵循冯·诺依曼提出的计算机体系结构，称为冯·诺依曼计算机。

冯·诺依曼计算机的基本思想如下。

(1) 计算机由运算器、控制器、存储器、输入设备和输出设备五大部分组成。

(2) 数据和程序以二进制代码的形式存放在存储器中，存放的位置由地址决定。

(3) 控制器根据存放在存储器中的指令序列(程序)进行工作，并由程序计数器控制指令的执行，控制器具有判断能力，能以计算结果为基础，选择不同的工作流程。

冯·诺依曼计算机体系结构如图 1-16 所示。

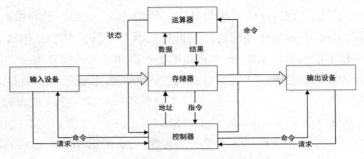

图 1-16　冯·诺依曼计算机体系结构

2. 计算机硬件系统组成

(1) 存储器。

存储器是用来存储数据和程序的部件,计算机中的信息以二进制代码的形式进行表示,必须使用两种稳定状态的物理器件来存储信息,主要包括磁心、半导体等。

根据功能不同,存储器一般分为主存储器和辅助存储器。

主存储器(又称为内存)用来存放运行的程序和数据,可以直接与运算器及控制器交互信息。按照存储方式,主存储器又可以分为随机存取存储器(Random Access Memory,RAM)和只读存储器(Read Only Memory,ROM)两种。随机存取存储器用来存放正在运行的程序及所需的数据,具有存取速度快、集成度高、电路简单的特点,但断电后信息将自动丢失。只读存储器用来存放监控程序、系统引导程序等专业程序,在生产制作只读存储器时,将相关的程序指令固化在存储器中,在正常工作环境下,只能读取其中的指令,不能修改或写入信息。

主存储器是许多存储单元的集合,按单元号顺序排列。存储器采用按地址存取的工作方式,每个存储单元存放一个单位长度的信息。

辅助存储器(又称为外存)用来存放多种大量的程序和数据,可以长期保存。其特点是存储容量大、成本低、存取速度相对较慢,辅助存储器中的程序和数据不能直接被运算器、控制器处理,必须先读入内存。目前广泛使用的辅助存储器主要有硬盘、光盘、U 盘等。

(2) 运算器。

运算器是计算机中处理数据的核心部件,主要由执行算数运算和逻辑运算的算数逻辑单元(Arithmetic Logic Unit,ALU)、存放操作数和中间结果的寄存器组,以及连接各部件的数据通路组成,用于完成各种算术和逻辑运算。

在运算过程中,运算器不断得到由主存储器提供的数据,运算后把结果送回到主存储器保存起来,整个运算过程在控制器的统一指挥下,按程序中编写的操作顺序执行。

(3) 控制器。

控制器是计算机中控制管理的核心部件,主要由程序计数器(PC)、指令寄存器(IR)、指令译码器(ID)、时序控制电路和微操作控制电路等组成。控制器在系统运行过程中,不断生成指令地址,取出指令、分析指令、向计算机各部件发出微操作控制信号,指挥各部件高速协调地工作。

（4）输入设备。

输入设备用于输入人们要求计算机处理的数据，包括数字、文字、图形、图像、声音等，以及处理这些数据所必需的程序，并把它们转换成计算机能够识别的形式(二进制代码)，常见的输入设备有鼠标、键盘、麦克风、摄像头、扫描仪、手写板等。

（5）输出设备。

输出设备用于将计算机处理结果或中间结果，以人类可识别的形式(如文字、图像、声音等)表达出来，常见的输出设备有显示器、打印机、音响、投影仪等。

3. 计算机软件系统的组成

软件系统包括在计算机上运行的各类程序、数据及相关文档，通常把计算机软件系统分为系统软件和应用软件两大类。

（1）系统软件。

系统软件是指完成对整个计算机系统进行调度、管理、监控及服务等工作的软件。利用系统软件，用户只需简单的命令、语言和程序就可以操作计算机完成工作。系统软件能够合理地调度计算机系统的各类资源，大大减轻了用户管理计算机的负担，系统软件一般包括操作系统、语言处理程序、数据库管理系统等。

（2）应用软件。

应用软件也称为应用程序，是用户针对某一实际问题而编制的程序，如浏览器、播放器、办公软件、程序开发软件等。应用软件通常需要系统软件的支持才能在计算机硬件系统上有效运行。

1.2.4　微型计算机的组成

1. 中央处理器

中央处理器(Central Processing Unit，CPU)是计算机的核心，常被比作计算机的心脏。CPU 是计算机系统的运算和控制核心，用来执行计算机的各种指令。CPU 主要包括控制器和运算器两部分，还包括高速缓冲存储器及连接其各个部分的总线。图 1-17 所示为英特尔公司奔腾四代中央处理器外观图。

图 1-17　英特尔公司奔腾四代中央处理器外观图

作为计算机的核心，CPU 的性能决定了计算机的性能。衡量 CPU 性能的常见指标包括主频、字长、高速缓存、CPU 核心数和每周期指令数等。

主频：全称为时钟主频。CPU 中具有周期性的时钟信号，这个时钟信号以非常稳定的周期反复发射，是 CPU 的时间依据。其他信号的传输和处理周期都和时钟信号有紧密关系，因此，时钟主频被视为衡量 CPU 运行速度的基本参数。主频单位为赫兹(Hz)，即每秒钟时钟周期的个数。随着微处理器的发展，主频也在不断提高。最早的 CPU 主频大约为 1MHz，现在的 CPU 主频已经超过 3GHz。

字长：是指 CPU 一次能同时处理的二进制数据的位数(对二进制的介绍详见 1.3.2 节)。CPU 字长对 CPU 处理数据的能力和传输数据的速度有重要影响，是一项重要的 CPU 性能指标。通常字长是 8 的整数倍，如 8、16、32、64 位等。例如 Intel 8080 处理器是 8 位的处理器。21 世纪以后，微型计算机上逐渐普及 64 位 CPU。

高速缓存：它是 CPU 内置的存储部件。因内存读取速度远低于 CPU 的运算速度，导致计算机的运行速度降低，所以使用高速元件制造较小的存储单元(高速缓存)作为 CPU 和内存之间的缓冲区，这样可以有效地提高计算机运行速度。高速缓存只用来保存 CPU 最经常访问的指令和数据，从而使大部分的 CPU 访问时间得到减少，只有当 CPU 访问了当前的高速缓存中没有的指令和数据时，才从内存中寻找。现在的 CPU 中，高速缓存通常又进一步分为一级缓存、二级缓存和三级缓存，不同级别的缓存的关系和前面所述高速缓存和内存的关系是类似的。

核心数：CPU 的每个核心是一个相对独立的处理单元，现在的微处理器大多具备多个核心，目的是提高 CPU 同时处理多个任务的能力，这种能力叫作 CPU 的并行性。在个人计算机上，常见的 CPU 核心数量从 4 个到 16 个不等。用于工作站的 CPU 核心则可能达到十几个甚至几十个。

我们以微型计算机中常见的英特尔公司的 Intel 处理器为例，领略 CPU 的发展历程，如表 1-1 所示。

表 1-1　Intel 处理器部分型号参数表

年份	型号	主频	字长	制程	晶体管数目/个	核心	一级缓存	二级缓存	三级缓存
1971	4004	740kHz	4	10μm	2300	1	无	无	无
1972	8008	800kHz	8	10μm	3500	1	无	无	无
1974	8080	3.125MHz	8	6μm	4500	1	无	无	无
1978	8086	10MHz	16	3μm	29000	1	无	无	无
1982	80286	12MHz	16	1.5μm	134000	1	无	无	无
1985	80386	33MHz	32	1.5μm	275000	1	无	无	无
1989	80486	100MHz	32	1μm	1200000	1	8KB	无	无
1993	Pentium	250MHz	32	0.8μm	3100000	1	16KB	无	无
1997	Pentium II	450MHz	32	0.25μm	7500000	1	32KB	256KB	无
2000	Pentium 4	3.5GHz	64	0.18μm	4200万	1	8KB	256KB	2MB

（续表）

年份	型号	主频	字长	制程	晶体管数目/个	核心	一级缓存	二级缓存	三级缓存
2006	Core 2	3.33GHz	64	65nm	2亿9000万	2	64KB×2	1MB	无
2010	Core i3	4.0GHz	64	32nm	11亿6000万	2	64KB×2	256KB	3MB
2021	Core i9 12	5.4 GHz	64	10nm	200亿以上	16	1.25MB	14MB	30MB

2. 内存

通常说的内存(Memory)也叫主存储器，是计算机核心部件之一，如图1-18所示。内存最主要的性能指标包括存储容量和存取周期。

图1-18　内存外观

存储容量：它是衡量内存容量大小的指标。一方面，存储容量足够大，才能容纳大型的程序。另一方面，存储容量还关系到计算机的运行速度，内存越小，内存与硬盘的信息交换就越频繁，因此会影响计算机的运行速度。目前，大多数个人计算机的内存容量都在8GB以上，16GB或32GB已经十分普遍。

存取周期：存取周期是指CPU从内存中存取数据所需的时间。内存的存取周期也是影响整个计算机系统性能的重要指标。

3. 主板

主板(Mainboard)，也叫系统板(Systemboard)或母板(Motherboard)，是用来承载其他各种器件的基础器件。CPU、内存，以及其他多种器件都安装在主板上，并通过主板提供的线路进行通信。这种主板上用于通信的数据线路叫作总线。主板上还有多种接口，外部设备通过这些接口和主板连接接入计算机系统。计算机的供电系统也位于主板上。计算机性能是否能够充分发挥、系统是否稳定，以及硬件兼容性如何等，主要取决于主板的设计及质量如何。主板结构如图1-19所示。

图1-19　主板结构

4. 显卡

显卡是承担显示图形任务的器件。显卡的出现是由于计算机的显示功能具有使用频繁和计算复杂的特点，因此，显示功能如果由 CPU 完成，会占用很多的 CPU 计算资源，影响其他计算任务。显卡就是把显示功能分离出来的产物，也叫"图形加速卡"。

显卡的核心即显示芯片，具有类似 CPU 的计算功能，二者的区别是，CPU 具有通用的计算能力，而显卡的计算能力是专用于显示相关功能的。类似 CPU 离不开内存，显卡也有专用的存储部件，叫作显存。

显卡可以分成两类：集成显卡和独立显卡。

(1) 集成显卡：是指显示芯片、显存及其相关电路都集成在主板上。有些集成显卡没有独立显存，使用系统的内存。集成显卡的显示效果与处理性能相对较弱，并且不能与主板分离，因此无法单独对显卡进行硬件升级。集成显卡的优点是成本低、功耗低、发热量小。

(2) 独立显卡：是指显示芯片、显存及其相关电路单独做在一块电路板上，自成一体。作为一块独立的板卡，独立显卡在使用时需插在主板的扩展插槽(ISA、PCI、AGP 或 PCI-E 等，根据接口类型决定)中。和集成显卡相比，独立显卡的计算能力较强，有独立的显存，一般不占用系统内存，并且由于形态独立，可以进行显卡的硬件升级。独立显卡的缺点是系统功耗有所加大，发热量也较大，成本也较高。

类似于 CPU 和内存，显卡的性能指标主要有显示芯片的频率、显存的容量和频率等。

5 硬盘

硬盘(Disk)是计算机最主要的存储设备。前面说过，内存是在计算机运行时为 CPU 提供程序和数据的主要存储设备，但是内存的特点是必须带电工作，一旦断电，内存中的信息会全部清空。因此，内存不具有掉电存储功能。在计算机关机断电的情况下，保存信息的设备就是硬盘。目前流行的硬盘主要有两大种类：一种是传统的机械硬盘(Hard Disk Drive，HDD)，由一个或者多个铝制或者玻璃制的碟片和外面覆盖的铁磁性材料封装在硬盘驱动器中构成，如图 1-20 所示；另一种是近些年流行的固态硬盘(Solid State Drive，SSD)，是用固态电子存储芯片阵列制成的硬盘。

图 1-20　机械硬盘内部图

(1) 机械硬盘。

容量：作为计算机系统的数据存储器，容量是硬盘最主要的参数。硬盘的容量以兆字节(MB)或吉字节(GB)为单位，目前主流的机械硬盘容量都在 1TB 以上，2TB 或 4TB 也很常见。

转速：是指硬盘内磁片的旋转速度。机械硬盘的硬盘驱动器内有一个磁头，通过它读取磁片上的数据信息。磁片上的数据按照圆周一圈一圈排布在磁片上，磁片旋转一周，则磁头可以读取一个圆周上的数据；磁头本身可以沿磁片径向运动，读取不同圆周上的数据。

硬盘在工作时磁片高速旋转，产生浮力使磁头飘浮在盘片上方，磁头在目标位置上读取磁盘上的信息。因此，转速在很大程度上决定了硬盘的读取速度。硬盘转速的单位名称为转每分(Revolutions Per Minute，RPM)，单位符号为 r/min，常见的硬盘转速为 7200r/min。

平均访问时间：平均访问时间(Average Access Time)是指磁头从起始位置到达目标磁道位置，并且从目标磁道上找到要读写的数据扇区所需的时间。平均访问时间体现了硬盘的读写速度，它包括了硬盘的寻道时间和等待时间，寻道时间是磁头径向移到磁道的时间，等待时间是磁头等待它需要的数据旋转到它下方的时间。用公式表达是：平均访问时间=平均寻道时间+平均等待时间。

缓存：缓存是硬盘控制器上的一块内存芯片，具有远高于磁盘的存取速度，是硬盘内部和外界交换数据时的缓冲区。缓存和磁盘的关系，类似于前面介绍的高速缓存和内存的关系，缓存可以将一部分数据暂存起来，快速存取，减少对磁盘的访问。但这只是硬盘缓存作用的一个方面，硬盘缓存的意义还在于通过其缓冲作用，使分批到来的少量数据集中之后再对磁盘进行写入或读出，甚至还能对多次的硬盘访问指令进行优化，比如将多个对邻近数据的访问命令，简化成单次对这些数据的访问命令，从而减少对低速磁盘的访问次数，降低平均访问时间。

(2) 固态硬盘。

固态硬盘在接口和使用方法等方面与机械硬盘完全相同，甚至在产品外形和尺寸上也基本与机械硬盘一致。固态硬盘的存储介质分为两种，一种是采用闪存(FLASH 芯片)作为存储介质；另外一种是采用 DRAM 作为存储介质。由于原理不同，固态硬盘没有机械硬盘的转速和寻道等概念。容量概念是相同的。但是固态硬盘的材料成本高，主流产品的容量一般比机械硬盘小，使用寿命也相对机械硬盘要短。

固态硬盘最大的优点是读写速度快，可达机械硬盘的数千倍，因此使用固态硬盘的计算机开机启动速度、数据访问速度等大为提高，可以显著改善用户体验。随着固态硬盘的价格降低和容量增大，越来越多的人选择固态硬盘。另外，固态硬盘还具有功耗低、噪声低、抗振动等优点。

6　输入输出设备

输入输出设备是可以和计算机进行通信的外部设备，常见的是和人交互的设备，如显示器、鼠标、键盘、写字板、麦克风、音响等。

(1) 显示器。

显示器是最重要的交互设备之一，属于输出设备，用于输出可视化的信息。显示器一般可以分为 CRT 和 LCD 两大主要类型。

CRT 显示器是一种使用阴极射线管的显示器。它主要由五部分组成：电子枪、偏转线圈、荫罩、荧光粉层及玻璃外壳。其原理是根据输出信号，电子枪发射电子束，电子束打在荧光粉层上，随即在屏幕上形成光点，偏转线圈能控制电子枪的偏转方向，使电子束打在荧光屏幕的光点位置上。实际工作过程是电子束逐行激发屏幕上的光点，由于扫描的速度极快，人眼分辨不出，于是能看到一幅完整的画面。CRT 显示器经历了从球面显像管到柱面显像管再到纯平显像管的发展过程，其屏幕从球面逐渐演变为平面。CRT 显示器具有可视角度大、无坏点、色彩还原度高、色度均匀、可调节的多分辨率模式、响应时间极短等 LCD 显示器难以超越的优点，但由于体积大、重量大、有辐射等问题，故而在日常使用中逐渐被 LCD 显示器所取代。

LCD 的全称是 Liquid Crystal Display，即液晶显示器。LCD 显示器面板是一个多层结构，最下面是一个背光面板，发射白光。背光面板上面的其他各层，分别有控制透光、控制颜色的面板，最终在屏幕上产生许许多多不同明暗、不同颜色的像素，它们共同构成图像。其中，控制颜色的关键就是液晶材料。对液晶材料施加电场，会改变其排列方式，其排列方式的改变又会影响背光面板的透光率。液晶材料的上面是具有红绿蓝三原色的滤光片，液晶对透光率的改变，反映到滤光片上，就是不同强度的红绿蓝三原色组合，也就形成了各种色彩。液晶显示器由于占地小、辐射小等优点，成为市场主流。

显示器的关键参数如下所示。

分辨率：分辨率(Resolution)是指构成图像的像素数量。由于显示器的像素点一般按照水平和竖直两个方向均匀分布，因此分辨率一般被表示为水平分辨率和垂直分辨率的乘积。如 1920×1080 像素，表示水平方向包含 1920 像素，垂直方向包含 1080 像素，屏幕总像素数是它们的乘积。分辨率越高，图像就越细腻、清晰。

点距：点距是指一个发光点与离它最近的相邻发光点之间的距离，在相同的分辨率下，点距越小，显示图像越清晰、细腻。

刷新率：一般是指每秒钟屏幕刷新的次数。

使用台式机时需要单独安装显示器，即将显示器和主机相连。显示器一般有电源线和数据线两条线路，电源线为显示器供电，数据线提供显示器和主机的数据通信。需要注意的是，显示器的接口有不同种类，需选择能够和主机相匹配的接口，否则无法连接或需要转接口才能连接，常见的显示器接口如图 1-21 所示。

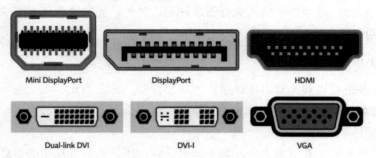

图 1-21　常见的视频接口外观示意图

VGA 接口：又称 D-Sub 接口，在 CRT 显示器中广泛使用。它传输的是模拟视频信号，容易受到干扰，信号传输质量不高，支持的画质较低，在 LCD 显示器上还需要将模拟信号转换为数字信号后才能使用，目前逐渐被淘汰。

DVI 接口：DVI 接口既能传输模拟信号，也能传输数字信号，还根据带宽不同有单通道和双通道之分。它的性能比 VGA 接口有较大提升，也能兼顾模拟与数字两种信号。但是不支持音频信号，且信号传输上限仍不能满足目前较高性能的显示器。

HDMI 接口：完全数字化的接口，且支持音频输出，目前使用较为广泛。HDMI 的性能优异，且还在发展中，目前较新的 HDMI 接口可支持 3D 格式。在不同设备上，根据需要 HDMI 还具有标准 HDMI 接口、Micro HDMI 接口和 Mini HDMI 接口三种不同大小的形态。

DisplayPort 接口：是一种高清数字显示接口，可用于高端显示器，性能强于 HDMI，是目前主流接口。

(2) 鼠标。

鼠标是用于在计算机屏幕上进行定位和选择的输入设备。鼠标的使用使计算机的操作大为简化。

鼠标于 1964 年由道格拉斯·恩格尔巴特(Douglas Engelbart)发明。图 1-22 为恩格尔巴特和他的鼠标。道格拉斯·恩格尔巴特是一位富有创造力的发明家，他很早就在畅想计算机在未来的使用场景，并做出了一系列开创性的发明。

图 1-22　恩格尔巴特和他的鼠标

早期的鼠标通过一个橡胶小球的滚动来获取其移动的位置信息，所以叫作机械鼠标。当鼠标移动时，小球滚动，带动其他机械部件最终产生光电信号的变化，最后通过计算在计算机屏幕上反映出鼠标的移动。机械鼠标的精度和可靠性都比较低，已经基本被淘汰。

现在普遍使用的是光电鼠标，它利用发光二极管发射红外线，通过一系列光学透镜组件把红外线经由鼠标移动的表面反射到光学感应器中，光学感应器是其核心组件，它通过红外线的变化分析出鼠标的位置改变。光电鼠标的精度比机械鼠标提高了很多。

在鼠标的连接方式上，主要有有线鼠标和无线鼠标两种。

有线鼠标：使用 PS/2、USB 等接口将鼠标通过导线与计算机连接，计算机为鼠标供电，鼠标将信号传输给计算机。PS/2 是一种鼠标和键盘专用的 6 针圆形接口，如图 1-23 所示，曾经被广泛使用，目前已经基本被淘汰，但是在较早期的计算机上仍然可以见到。目前的有线鼠标，基本都使用 USB 接口。

图 1-23　PS/2 接口

无线鼠标：无线鼠标使用射频技术，不需要导线就能将鼠标与计算机关联起来。目前常见的无线鼠标主要分为 2.4G 无线鼠标和蓝牙鼠标两种。前者需要一个无线信号的接收器才能使用，传输距离在 2～10 米，而蓝牙鼠标可以直接和计算机的蓝牙接口连接，并可以支持 10 米以上的通信。无线鼠标不与计算机直接相连，需要电池独立供电。

选择鼠标时，首先考虑选择有线还是无线鼠标。对于稳定的工作位置，选择有线鼠标可以免去更换电池的麻烦，且信号传输十分稳定，但是导线占用空间，也影响环境美观。如果是需要经常便携移动，则无线鼠标更为方便。但是 2.4G 无线鼠标还需要配备无线接收器，且接收器会占用一个 USB 接口。蓝牙鼠标则没有接收器的麻烦，也不占用接口，但是功耗高，且当计算机外接的蓝牙设备较多时，也会对信号传输带来一定影响。选择鼠标需综合考虑利弊，根据自身情况做出选择。

(3) 键盘。

键盘(Keyboard)是用于操作计算机的最基本的输入设备，主要用于输入人类可以识别的字符，以及一些特定命令。根据按键开关的方式来划分，键盘主要可以分为薄膜式键盘、机械式键盘和静电容式键盘三种。

薄膜式键盘：键盘内部由多层薄膜隔离，按下按键之后，相隔的两层薄膜上的导体会连通，产生电信号。薄膜式键盘具有价格低、噪声小的特点，是市场上的主流产品。但若长期使用，由于薄膜的物理性质改变，按键触感会变差。

机械式键盘：按键下面有机械轴和弹簧，通过金属的性质接触和回弹。机械式键盘按键富有弹性和节奏，在近年来受到很多人，尤其是程序员的欢迎。机械式键盘耐用性非常高，长期使用手感也几乎没有变化。但机械键盘价格较高，并且按键的声音较大。

静电容式键盘：利用电容容量的变化来判断按键的开和关，在按下按键之后，开关中电容容量发生改变，从而实现触发，整个过程不需要开关的闭合。静电容式键盘不需要实际接触到底，因此静电容式键盘使用寿命通常比较长。

键盘的连接方式和接口类型与鼠标几乎是一样的，可参见鼠标部分的介绍。需要注意的是，使用 PS/2 接口的鼠标和键盘，需根据机箱上的提示分别对应好，接口不能互换，见图 1-23。

接下来，我们看一看键盘按键的布局和功能。常见的键盘有 104 个按键，如图 1-24 所示。键盘的布局可以划分为如图 1-24 中所示的 4 个区。

功能键区：从左向右依次介绍，Esc 是"退出"键，某些情况下可以退出当前的状态。F1～F12 是 12 种不同的特殊功能键，在不同的情况和不同的使用方式下，有不同的功能表现。PrtSc 键的功能是"Print Screen"，即截屏，按下后当前的屏幕图像会进入剪贴板，可以粘贴到图像处理软件中保存下来。"Scroll Lock"键的功能是锁定滚动状态，在 DOS 操作系统中可以便于阅读，现在已经不常用，在非 104 键键盘上可能已经没有该键。"Pause Break"键，在 DOS 操作系统中可以暂停程序，现在已经不常用，在非 104 键键盘上可能已经没有该键。

图 1-24　键盘布局图

　　编辑键区：该区的按键基本跟编辑功能有关。Insert 键是插入模式的锁定/解锁键，默认情况下，编辑文本时，键入新的字符会把新的字符插入文本中，按下 Insert 键之后，键入新的字符会把当前位置的字符覆盖掉。Delete 键，即删除键，会删除光标后面的字符。Home 键和 End 键分别能快速把光标移到一行文本的行首和行尾。PgUp 和 PgDn 键是"Page Up"和"Page Down"的意思，分别能够从当前文本页面上翻一页和下翻一页。下方带有"上、下、左、右"箭头的四个按键分别能够让光标"上、下、左、右"地移动，这几个方向键的使用不限于文本。

　　数字键区：专门用于计算相关的操作，可以输入数字和计算符号。虽然主键盘区也有数字和计算符号，但是数字键区这些按键更集中，便于单手快速操作。数字键区也有编辑键区各键的功能，通过左上方的"Num Lock"键，可以在数字和编辑两种模式间切换。

　　主键盘区：主键盘区是最常用的区域，用来输入基本的字符，还具有一些最常用的控制功能。字母、数字和一些符号键的功能就不赘述了，下面主要介绍该区域外围的几个按键。左侧的 Tab 键全称为 Table 键，用来输入制表符，制表符是一个类似空格的空白符号，但是它能根据上下行的关系自动调整空白的长度，使输入的文本对齐，在输入表单时很有用。"Caps Lock"键是大写锁定键。默认情况下，输入字符是以小写的形式输入的，按下"Caps Lock"键后，输入字符就变成大写的形式输入，在大多数有指示灯的键盘上，按下"Caps Lock"键后，大写锁定指示灯会亮起。Shift 键是换挡键。在主键盘区，可以看到很多按键上同时印有两个符号，通常一个在上，一个在下。默认情况下，直接按下这样的按键，会输入下方的符号。如果想输入上方的符号，则需要先按住 Shift 键，然后再按下按键，才会输入上方的符号，这就是"换挡"一词的含义。Ctrl 键的全称是 Control 键，即"控制"键，Ctrl 常用于和其他按键组合，发出特定的命令。Win 键是系统功能按键，常用于和其他按键组合，发出系统命令。Alt 键的全称是 Alternative 键，有交替的含义，通常和其他键组合，在不同的状态之间交替切换。Shift 键、Ctrl 键、Win 键、Alt 键在左右两侧都有，这是因为它们都需要和其他按键组合使用，而和它们组合的按键可能在左手的键位区，也可能在右手的键位区(根据标准按键指法)，当组合使用的按键在左手键位区，就需要用右手按住这些键；当组合使用的按键在右手键位区，就需要用左手按住这些键，因此这些键在左右同时配备。Enter 键是"回车"键，用于对已经输入的内容进行确认，如果是一串命令，则在按下 Enter 键后，命令才会发送。在文本编辑中，Enter 键也用于换行。Backspace 是退格键，可以倒退到上一步操作状态。在文本编辑中，Backspace 键可以删除光标的前一个字符。

了解了键盘的区域和按键功能后，我们介绍一下键盘指法。有些人不注重键盘指法，认为只要能输入就行，殊不知，在这种偷懒的心态下，浪费了自己大量的时间。因为正确的指法是人们总结出来的最高效的按键输入方式，可以使手指移动的距离最短，节省键入时间。更重要的是，掌握了正确的指法，可以在不看键盘的情况下正确键入想要输入的按键，也就是所谓的"盲打"，这一点对提高效率帮助更大。表面上看，这些动作节省的时间都不到一秒钟，但是人类早已进入信息社会，计算机是我们工作生活中重要的伙伴，人一生可能在键盘上进行亿万次的敲击，积少成多，正确的指法能帮助你节省可观的时间，因此，键盘指法是每一个现代人都有必要掌握的技能。

键盘基本按照纵向分成 8 个区，分配给左右手每个手指，如图 1-25 所示。

输入之前，手自然微微悬起，左手手指分别放在"A""S""D""F"四个键上，右手手指放在"J""K""L"";"四个键上，这八个键是基准键。意思是，它们是整个指法的基准位置，找到它们就可以根据键盘按键的分布，不需要看键盘也直接能找到主键盘区的其他按键，即实现盲打。

图 1-25　键盘指法键位图

基准键的 F 和 J 键，键帽上面有一个微小的突起，用于在盲打的情况下，食指通过触摸即可找到 F 和 J 键，食指定位后，其他六个手指顺次就能找到自己的基准键。空格键由拇指控制，很容易找到。

通过观察键盘，多加练习，就能在基准键的基础上，通过上下的短距离移动，在不看键盘的情况下掌握主键盘区的各个按键。

1.3 计算机中的信息

这一节我们介绍计算机中"看不见"的东西——信息。20 世纪以来科学和技术的革命性进步，为人类认识世界打开了一道新的大门。计算机可以说是人类大规模高速度处理信息最重要的工具。虽然在物理上，计算机作为电子机器不过在传输各种电信号，但是计算机的工作本质无法从物理的角度来理解，而只能从信息的角度进行理解。

本节中我们首先介绍抽象的信息单位，它与数据的关系极为密切，特别是二进制数据。然后把我们熟知的语言符号从信息的角度，对其如何编码加以介绍；最后，我们把计算机程序作为一种处理信息的信息进行介绍，并重点介绍计算机编程语言。

1.3.1 信息的单位

1. 位

计算机中的信息可以大体上分为数据和程序两类。数据可以被理解为各种数值，程序则是各种指令的集合，指令是用来指挥计算机进行逻辑或数值运算的命令。比如计算 2+3，其中 2 和 3 是数值；"+"号令计算机把这两个数值相加，是指令。

在计算机中，无论是数据还是程序，最终都是以"0"和"1"两种状态进行存储和计算的，因此，一个"0"或一个"1"就成为现代计算机中信息的基本单位，叫作"位"或比特(译自英文 bit)。

计算机采用比特作为处理信息的基本单位，有以下几个主要原因。

首先，从早期的计算机发展历史可以看到，使用何种材料保存和处理信息对于计算机有着至关重要的影响。不论是机电式计算机中继电器的"开""合"，还是电子计算机中电压的"高""低"；不论是用纸带上的"有孔""无孔"存储信息，还是用磁性材料的"南极""北极"存储信息，都通过两种状态来描述信息，正好对应于抽象的"0"和"1"。其次，使用比特进行运算，使得运算的规则大为简化，计算机中的运算线路也相应变得更简单、更快速、更可靠。另外，计算机中的逻辑运算是以布尔代数为基础的，而布尔代数的值有"真""假"两种，正好和"1""0"相对应。

2. 字长和字节

由于位这一基本单位描述的信息量很小，因此实际使用时，总是把若干位连在一起使用，不同的计算机能够一次处理的位数各不相同，这个位数就是在中央处理器一节提到的字长。计算机的字长越大，计算能力越强。在历史的发展中，人们逐渐把 8 位放在一起作为最常使用的信息单位，这个单位称为字节(byte)。

1.3.2 计算机中的数据

1. 进制

进制，就是"进位计数制"的意思。它是用有限个基本数字表示无限大的数字的一种方法。通过把有限的基本数字排列起来，并赋予不同位置上的数字不同的权重，使其具备表示任意大数字的能力，也叫位置计数法。

由于人类有 10 根手指，因此人类选择的计数系统以 10 为基础，形成了十进制的计数体系。根据进制的原理，一个十进制数字 2049 可以解析为下列形式：

$$2049 = ((2 \times 10 + 0) \times 10 + 4) \times 10 + 9 = 2 \times 10^3 + 0 \times 10^2 + 4 \times 10^1 + 9 \times 10^0$$

由此可见，对于十进制数字，如果把它的位置权重明确地表示出来，则位置每提高一位，这个位置上的数字其实比低它一位的数字扩大了 10 倍。

对于数字来说，十进制只是计数方式中的一种，如计时系统普遍采用六十进制，即 60 秒为 1 分钟，60 分钟为 1 小时。一段时间 3 小时 12 分 30 秒可以被解析为下列的秒数：

$$3 \text{ 小时 } 12 \text{ 分 } 30 \text{ 秒} = (3 \times 60 + 12) \times 60 + 30 = 3 \times 60^2 + 12 \times 60 + 30$$

由此，我们可以解析任意进制数的大小。假设有 N 进制数 abc，由于 a 的位置比 b 提高了一位，所以 a 的权重比 b 扩大了 N 倍，所以 ab 的实际值是

$$a \times N + b$$

同理，ab 作为一个整体，比 c 的位置提高了 1 位，所以 ab 的权重比 c 扩大了 N 倍，abc 的实际值是

$$(ab) \times N + c$$

将上述二者合并，得到

$$abc = (a \times N + b) \times N + c = a \times N^2 + b \times N + c$$

进一步，可以更加形式化地将上式写为：

$$abc = (a \times N + b) \times N + c = a \times N^2 + b \times N^1 + c \times N^0$$

由此，我们可以得到任意 N 进制数 $x_0 x_1 x_2 \cdots x_k$ 的实际值计算方法：

$$x_0 \times N^k + x_1 \times N^{k-1} + x_2 \times N^{k-2} + \cdots + x_k \times N^0$$

2. 二进制数据

使用二进制计数，只用 0 和 1 两个符号。二进制数据也是采用位置计数法，其位权是以 2 为底的幂。

例如，二进制数字 100111，它的实际值可以解析为：

$$1 \times 2^5 + 0 \times 2^4 + 0 \times 2^3 + 1 \times 2^2 + 1 \times 2^1 + 1 \times 2^0$$

那么，二进制数据如何计算呢？在人类制造计算机的历史上，是先从加减法运算开始的，因为加减法的计算规则最简单，这就是帕斯卡计算机的功能；然后正如莱布尼茨所做的工作，通过加减运算来实现乘除运算。现代计算机在计算规则上仍然遵循着帕斯卡和莱

布尼茨开创的道路。通过累加实现乘法，通过多次相减实现除法。因此，我们只需要关注二进制的加减运算。

两个二进制数相加和两个十进制数相加使用相同的规则，需要注意的是，不再是"逢十进位"，而是"逢二进位"。下面以 100101 + 1011 为例：

首先低位对齐：

100101

　1011

然后从低位开始相加。1+1 为十进制的 2，转换为二进制数即为 10，因此，个位为 0，高位进位。如果出现 1+1+1(进位)，结果为十进制数 3，转换为二进制数为 11。从低位向高位依次进行相加得到：

110000

二进制数相减如何进行计算呢？在计算机中，如果使用减法规则计算两个数字相减，则需要一套不同于加法的硬件设计，会增加硬件的复杂度，何况减法计算规则本来比加法更加复杂一些。因此，现代计算机中使用帕斯卡开创的"补码"思想通过加法来计算减法。

根据帕斯卡的补码思想，并使用 999999-N 作为帕斯卡计算器的补码。这是因为，帕斯卡计算器是一个十进制的计算器。对于二进制来说，一个数字的补码是用计算机所支持的最大值减去这个数字再加 1 得到的。比如，假定计算机的字长是 8，则它支持的最大值是 11111111，对于二进制数字 1001 来说，其补码就是 11111111-1001+1=11110111。如果要计算 11011-1001，就相当于 11011+11110111。

不论是帕斯卡计算器还是现代计算机，作为一个实际的物理实体，它们的一切都是有限的。在观念世界里，我们可以构想任意大的数字进行计算，而在计算机当中，可以存储的最大数字则是有限的。对于常规计算，计算机中能够使用的最大数字取决于计算机的字长。比如一台计算机的字长是 8，则用来计算的数字是用 8 位表示的，假设这个数字只能是正数(为了不考虑负数的符号占用的空间)，那么最大的 8 位数字是 11111111。对这个最大的数字如果再增加 1，则根据二进制运算规则，可以算出结果是 100000000。但是如上所述，计算机中最大能够处理的数字只有 8 位，而这时的数字已经占 9 位。这种情况下，最高位的 1 超出了计算机的存储范围，会"丢失"，导致实际的计算结果变成 00000000。这种情况，叫作"溢出"。

11011+11110111 的直接结果是 100010010，由于溢出的原因，在计算机中的实际结果是 00010010，高位的 0 没有实际意义，也就是 10010。这正是 11011-1001 的结果。

3. 二进制和十进制的转换

将二进制转换为十进制，只需要用前面讲到的二进制展开方法，将二进制数展开并用十进制数来描述即可，比如 100111 展开为：

$$1\times2^5 + 0\times2^4 + 0\times2^3 + 1\times2^2 + 1\times2^1 + 1\times2^0 = 32+4+2+1 = 39$$

下面，介绍怎样将十进制数转换为二进制数。由于二进制数是以 2 为底的计数系统，转换的关键在于计算出十进制数字与以 2 为底的数字的关系，假设十进制数字 N 可以表示为二进制数字 $b_m b_{m-1} \cdots b_0$。那么有如下关系：

$$N = b_m \times 2^m + b_{m-1} \times 2^{m-1} + \cdots + b_0 \times 2^0$$

两侧都除以 2 得到：

$$N \div 2 = b_m \times 2^{m-1} + b_{m-1} \times 2^{m-2} + \cdots + b_1 \times 2^{1-1} \quad 余\ b_0$$

可见，经过一次对 2 的除法，可以算出二进制形式下最低位的值。由此可知，进行 m 次除法之后，就可以算出二进制形式的每一位。

以 50 为例：

```
2 | 50          余 0
2 | 25          余 1
  2 | 12        余 0
    2 | 6       余 0
      2 | 3     余 1
        2 | 1   余 1
            0
```

将余数逆序排列可得，50 转换为二进制的结果是 110010。

1.3.3 文本

现代计算机的功用早已不止于进行数学运算。语言文字是人类最重要的沟通手段，是知识与信息的载体。只能处理 0 和 1 的计算机是怎样处理人类的文字符号呢？本节介绍文本信息在计算机中的表示。

1. 编码

由于计算机中的一切信息都以位的形式存在，因此，对于文字而言也必须通过一定的方式，将其转换为位的形态，这一过程叫作编码。文字符号通常被称为字符，以特定的位串来表示字符就是字符编码，也叫作字符的内码。

计算机的发展是从英美开始的，所以英美最先设计了基于英文字符的计算机编码。随着计算机的普及，其他各国都需要针对本国的文字设计其在计算机中的编码方式。

2. ASCII

ASCII 是 American Standard Code for Information Interchange 的简称，即"美国信息交换标准代码"，是为英文字符、数字、一些控制字符及一些拉丁语言符号制定的编码标准，诞生于 1963 年，由美国标准协会的 X3 委员会制定，在 1967 年成为美国国家标准。

标准 ASCII 编码如表 1-2 所示。

表 1-2　ASCII 编码表

Char	Dec	Binary	Char	Dec	Binary	Char	Dec	Binary
!	033	00100001	A	065	01000001	a	097	01100001
"	034	00100010	B	066	01000010	b	098	01100010
#	035	00100011	C	067	01000011	c	099	01100011
$	036	00100100	D	068	01000100	d	100	01100100
%	037	00100101	E	069	01000101	e	101	01100101
&	038	00100110	F	070	01000110	f	102	01100110
'	039	00100111	G	071	01000111	g	103	01100111
(	040	00101000	H	072	01001000	h	104	01101000
)	041	00101001	I	073	01001001	i	105	01101001
*	042	00101010	J	074	01001010	j	106	01101010
+	043	00101011	K	075	01001011	k	107	01101011
,	044	00101100	L	076	01001100	l	108	01101100
-	045	00101101	M	077	01001101	m	109	01101101
.	046	00101110	N	078	01001110	n	110	01101110
/	047	00101111	O	079	01001111	o	111	01101111
0	048	00110000	P	080	01010000	p	112	01110000
1	049	00110001	Q	081	01010001	q	113	01110001
2	050	00110010	R	082	01010010	r	114	01110010
3	051	00110011	S	083	01010011	s	115	01110011
4	052	00110100	T	084	01010100	t	116	01110100
5	053	00110101	U	085	01010101	u	117	01110101
6	054	00110110	V	086	01010110	v	118	01110110
7	055	00110111	W	087	01010111	w	119	01110111
8	056	00111000	X	088	01011000	x	120	01111000
9	057	00111001	Y	089	01011001	y	121	01111001
:	058	00111010	Z	090	01011010	z	122	01111010
;	059	00111011	[	091	01011011	{	123	01111011
<	060	00111100	\	092	01011100	|	124	01111100
=	061	00111101	]	093	01011101	}	125	01111101
>	062	00111110	^	094	01011110	~	126	01111110
?	063	00111111	_	095	01011111	_	127	01111111
@	064	01000000	`	096	01100000			

ASCII 编码使用 8 位，即通常所说的一字节对信息进行编码，因此它可以编码的字符信息最多为 2^8=256 个。按照编码的数值，ASCII 标准代码可以分为三部分：不可打印字符、标准 ASCII 编码、扩展的 ASCII 编码。

不可打印字符：0～31 及 127 这 33 个字符，是不可打印字符，包括控制字符和通信专用字符，控制字符如换行、回车、退格、删除等；通信专用字符如文本开头、文本结束、确认等。

标准 ASCII 编码：32~127 的字符，包括英文大写字母、英文小写字母、数字、常见标点符号和运算符号。不可打印字符及标准 ASCII 编码部分一共使用了 7 位。多的 1 位可以在传输中用于奇偶校验位。所谓奇偶校验，是为了判断信息在传输中是否出错而设置的冗余信息，规则是：如果采用奇校验，则 8 位中 1 的个数必须为奇数；如果采用偶校验，则 8 位中 1 的个数必须为偶数。因此，奇偶校验具有 1 位的检错能力。

扩展的 ASCII 编码：128 之后的字符属于扩展的 ASCII 编码。

3. 中文编码

ASCII 编码作为美国国家标准，由于英美在计算机发展中的领先地位，故也成为全世界对英文编码的基础和事实标准。

欧洲国家在标准 ASCII 编码的基础上，利用扩展 ASCII 编码的空间，定义了本国文字的编码。比如，部分西欧国家还有特殊的文字符号，其利用多一位的信息空间，增加了自己的文字符号，例如，法语中é的编码为 130(二进制数为 10000010)。

但是，各国有自己的文字，ASCII 编码所规定的 256 个字符的空间是不可能满足各国需求的。比如亚洲国家，使用完全不同于欧美国家的符号体系，这就需要开辟新的空间来定义本国语言符号。尽管如此，各国普遍遵循编码的低 127 位与 ASCII 编码保持一致的原则。

中国的第一个信息编码标准是 GB2312 标准，是 1980 年制定的中国汉字编码国家标准。该标准共收录 7445 个字符，其中汉字 6763 个。这 7445 个字符被编为 94 乘以 94 的方阵，每一行为一个"区"，每一列为一个"位"。由区号和位号组成的"区位码"就定位到一个汉字字符。

1995 年我国发布了《汉字内码扩展规范》，简称 GBK，兼容 GB2312，使用双字节编码，收录了 21003 个汉字。

2000 年我国发布了 GB18030—2000《信息交换用汉字编码字符集基本集的扩充》。

2005 年我国发布了 GB18030—2005《信息技术中文编码字符集》，包含了少数民族的文字，如藏、傣、彝、朝鲜、维吾尔等文字，收录汉字 70000 多个。

4. Unicode

当各国都在同一空间中定义本国的符号时，就为各国之间的交流留下了隐患。比如法语中é的编码为 130，在希伯来语中字母 Gimel (ג)也是 130。那么，法语的文件发送到以色列，就会面目全非，无法阅读了。亚洲国家的中、日、韩，都有各不相同的大量文字符号。

在这种情况下，如果每个国家各自为政，就会为国际信息交流带来巨大的障碍。

为此，国际组织制订了一个雄心勃勃的计划，要创建一个囊括全世界所有符号的字符集。这个计划就是 Unicode，通常被翻译为统一码、万国码。Unicode 在 1994 年发布 1.0 版本，在 2020 年发布 13.0 版本，且仍然在继续扩充更新之中。在 Unicode 中，世界各国的符号都被统一到一套字符集里，每一个符号对应一个唯一的"码点"，故而不会出现冲突。

Unicode 字符集中的"码点"并不是这些符号在计算机中的二进制编码形式。针对 Unicode 字符集，存在不同的计算机编码方案。常见的有 UTF-8，UTF-16，UTF-32 等。

UTF 是 Unicode Transformation Format 的简写，是针对 Unicode 的一种可变长度字符编码。它保持了和 ASCII 编码的兼容。对于 ASCII 中的字符，UTF-8 使用相同的单字节编码方式。对于非拉丁字符的文字符号，UTF-8 则增加编码空间，使用 2 字节或 3 字节，甚至 4 字节进行编码，这样一来，在编码的容量和编码效率上 UTF-8 取得了较好的平衡，也因此最为流行。UTF-16 的目标则是使用 2 字节对所有的字符进行编码，也因此不能兼容 ASCII。类似地，UTF-32 则使用 4 字节的固定大小空间对所有的字符编码，虽然空间大小足够，但是会造成较大的空间浪费，尤其是对于常用的英文字符而言，本来 1 字节就够了，使用 UTF-32 则多消耗 3 倍的空间。

1.3.4　程序设计语言

计算机中的另外一类信息是程序(program)，程序是由指令构成的。一台计算机能够执行的全部指令构成计算机的指令系统，相当于一台计算机的语言。人类通过这些语言跟计算机对话，让计算机按照人的意志工作。不同的计算机可能拥有不同的指令集，也就是拥有不同的语言。从计算机内部来看，指令和数据没有区别，都是一系列由"0"和"1"构成的序列，但是计算机会以对待指令的方式将指令的"0""1"串解析为某种计算动作，程序就是为了达到某种目的而编制的指令序列。

1. 机器语言

早期的可编程计算机，通过改变器件的连接才能改变其计算功能，这其实就是通过改变线路的"通""断"来改变计算机的逻辑功能。后来发展出使用打孔纸带或打孔卡片等方式来输入程序的方法，图 1-26 所示即为使用打孔卡片编写的程序。打孔纸带和打孔卡片在纸带或卡片上某个位置有孔或无孔，这与电路的"通"和"断"是对应的。无论是用电路的通断，还是孔的有无来控制计算机的功能，抽象地看，都是用"0""1"来编写和控制计算机的程序。可以说，计算机是能够直接识别和执行由"0""1"构成的"语言"的，这类语言叫作机器语言。

早期的计算机程序编写人员都是使用机器语言进行编程的，可想而知，用 0 或者 1 来编写程序，需要编写者记住各种指令对应的 0、1 串所具有的功能，并熟练掌握其使用的方式、方法，常常需要一边查表一边进行编程。由于 0、1 序列难以阅读和理解，稍有不慎，就会出现错误，而计算机是精确执行指令的机器，1 位出现错误，则可能对整个程序带来致命的错误。

图 1-26　打孔的程序卡片

可见，使用机器语言难以理解、编写复杂，不便于程序开发。

2. 汇编语言

为了解决机器语言存在的难以理解、难以阅读、难以编写等问题，人们发明了汇编语言(Assembly Language)，也被叫作组合语言或符号语言。图 1-27 所示为某型号计算机的一段汇编语言程序。这段程序的功能是通过累加的方式，使一个数字乘以 6。

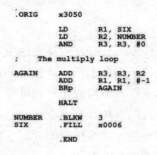

```
.ORIG    x3050

         LD      R1, SIX
         LD      R2, NUMBER
         AND     R3, R3, #0
;    The multiply loop
AGAIN    ADD     R3, R3, R2
         ADD     R1, R1, #-1
         BRp     AGAIN

         HALT

NUMBER   .BLKW   3
SIX      .FILL   x0006
         .END
```

图 1-27　汇编语言片段

汇编语言使用人类易于识别的助记符来代替机器语言中由 0、1 构成的指令串。比如，汇编中可能使用 ADD(英文加的单词)来代替表示加法的指令，使用 MOV(英文 move 的简写)代替传输数据的指令，使用 LD(英文 load 的简写)来代表向寄存器中载入一个数字的指令，这样一来，人们记忆和识别这些指令的难度大大降低，编写程序的效果得到极大提高。

汇编语言虽然更容易为人类所掌握，但是它的实质只是机器语言指令在形式上的替代物。由于机器语言是因计算机而异的，因此汇编语言也是如此，每一台拥有自己的指令系统的计算机都有相对应的汇编语言。这就会导致一个隐藏的缺点，即针对某一台计算机编写的程序，如果想在另一台拥有不同指令系统的计算机上执行，是办不到的，只能对另一台计算机重新编写整个程序，这样的程序被称为不可移植的。

另外，由于汇编语言只是机器语言的对应替代物，它编写的程序充满了基本的操作，比如加减乘除，以及移位、比较、跳转等，对于一个复杂的程序，通过这些底层的命令是非常难以理解的，所以汇编语言程序的可读性仍然不高。

3. 高级语言

随着计算机功能的不断增强，人类用计算机解决的问题也越来越复杂，编写的程序规模越来越大，程序的可移植性和编程语言的表达能力成为程序设计中越来越关键的问题。汇编语言并不能解决程序的可移植性问题，反而会造成大量的工作浪费，汇编语言也不具有较高的抽象性，且表达能力比较差。因此，人类开始设计高级语言解决这些问题。

高级语言的设计目标是提供对人类更可读的语法和更高级的抽象能力，提高编程效率，高级语言还要解决可移植性的问题。由于高级语言所具备的优点，20 世纪 50 年代以来，各种高级语言就不断被创造出来，下面列举一些在历史上有重要影响的高级编程语言并加以介绍。

FORTRAN：1954 年，John Backus 为 IBM 公司创造了 FORTRAN 语言，于 1957 年发布。FORTRAN 是 FORmula TRANslation 的简写，意为"公式翻译"，是专门为数学、统计等科学运算而发明的。FORTRAN 曾在大学和科研院所中被广泛使用，至今仍处在不断地升级开发之中，是仍被广泛使用的最古老的编程语言之一。

ALGOL：1958 年 ALGOL 的第一版问世，官方报告名为 ALGOL 58。AOLGOL 58 主要面向科学计算，正如 ALGOL 语言的名字，来自 ALGOrithmic Language，意为"算法语言"。ALGOL 在 20 世纪 60 年代持续发展，两种重要的官方报告分别为 ALGOL 60、ALGOL 68。虽然今天已经鲜有人使用 ALGOL，但 ALGOL 的发展之路却有力地推动了高级程序语言的发展，对后世的高级语言产生极大影响。比如，程序块机制使程序具有更好的结构性；子程序的参数传递方式；if-else-then 选择结构、while 循环结构等结构化控制语句，这些都成为后世语言几乎必备的组成部分。图 1-28 所示为一段 ALGOL 程序，它计算一个数组中所有元素的绝对值的平均值。

LISP：1958 年，John McCarthy 为了人工智能而发明了 LISP 语言。如其名字所示，LISP 语言中使用一种叫作"表"的核心概念，每一个 LISP 程序都是一个表。虽然很少有人直接使用 LISP，但这门语言对后世产生了深远的影响。从 LISP 衍生出来的类 LISP 语言(被称为 LISP 方言)多种多样，如 XLISP、PSL、ZetaLisp、LeLisp、Scheme、Common Lisp 等。函数式编程思想则随着 LISP 进入很多现代的编程语言之中。

COBOL：1959 年，Grace Murray Hopper 发明了 COBOL，目标是创造一门具有广泛适用性的商业领域编程语言，名称由 Common Business Oriented Language 缩减而来。COBOL 曾广泛用于一些大型机构，如政府、银行、航空公司、电信公司等。至今，一些企业仍然运行着用 COBOL 语言所写的代码。

BASIC：1964 年诞生于达特茅斯大学，含义为 Beginner's All-Purpose Symbolic Instruction Code，旨在为初学者提供易学的语言。BASIC 语言的广为传播，跟微软公司的影响力密不可分。微软公司的创始人比尔·盖茨是 BASIC 语言的爱好者，在为 IBM 公司提供的 DOS 操作系统中就附带了 BASIC 语言程序。后来随着 Windows 操作系统的推出和流行，BASIC 也一路发展，从 Visual Basic 到 BASIC.NET，今天仍然在 Windows 系统上，尤其是在 Office 办公组件中被广泛使用。

```
begin
  integer N;
  Read Int(N);

  begin
    real array Data[1:N];
    real sum, avg;
    integer i;
    sum:=0;

    for i:=1 step 1 until N do
      begin real val;
        Read Real(val);
        Data[i]:=if val<0 then -val else val
      end;

    for i:=1 step 1 until N do
      sum:=sum + Data[i];
    avg:=sum/N;
    Print Real(avg)
  end
end
```

图 1-28   ALGOL 程序片段

Pascal：1971 年，第一版 Pascal 语言发布，是为纪念数学家，也是世界上第一台计算机器的发明者布莱叶·帕斯卡而命名的。Pascal 语言由 Niklaus Wirth 发明。Niklaus Wirth 参与了 ALGOL 的设计，为了设计一种易于教学的高级语言，他从 ALGOL 中汲取了重要的概念创造出 Pascal。从 20 世纪 70 年代初期到 90 年代初期，Pascal 在院校中被广泛使用。

C：1972 年，为了使 UNIX 操作系统有更好的可移植性，Dennis Ritchie 创造了一门适合于编写操作系统的语言——C 语言，并用 C 语言重写了 UNIX 系统。C 语言具有简单明晰的语法，具有接近机器语言的高效性。这些特点使它适合编写操作系统等系统软件。随着 UNIX 操作系统的广为流行，C 语言也成为被使用最广泛的语言之一。它的语法也被后世很多主流编程语言直接借鉴。C 语言的高效性和它对硬件的控制能力，使它至今仍然在嵌入式系统和操作系统等系统软件开发领域被广泛使用。

C++：随着软件规模的扩展，面向对象的编程思想得到充分发展，很多面向对象语言应运而生。1979 年，贝尔实验室的 Bjarne Stroustrup 以 C 语言为基础，创造了面向对象编程语言 C++。C++最初名为"带类的 C"，"类"是面向对象程序设计中的核心概念之一。C++保持对 C 语言的完全兼容，又加入了面向对象机制。借助于 C 的优势，C++作为较早的面向对象编程语言，也在 20 世纪 80 年代和 90 年代被广泛使用。

Python：由荷兰数学和计算机科学研究学会的 Guido van Rossum 于 20 世纪 90 年代初设计。Python 是一门解释型的动态语言，支持面向对象机制，又提供了高级的数据结构，语法非常简洁。这些特点使 Python 易于编写程序，但 Python 语言灵活的机制使它的执行效率受到损失，因此 Python 很长时间以来主要用于脚本程序的开发。随着计算机性能的增强，特别是人工智能在 2010 年前后的飞速发展，Python 成为人工智能领域被广泛采用的编程语言，成为当今世界上最流行的编程语言之一。

　　Java：在 20 世纪 90 年代初期由 Sun 公司的詹姆斯·高斯林领导的小组设计，早期目标是为当时涌现的大量电子设备提供一种广泛跨平台的编程语言。Java 是一门面向对象的编程语言，它学习了 C++的基本设计，同时吸取了 C++的经验教训并加以改造，因此比 C++更为安全易用。90 年代末，Java 第二版发布，大获成功，在商业、Web 等领域逐渐取代 C++的领导地位，成为当今最成功的编程语言之一。

　　JavaScript：JavaScript 是 Web 时代的语言。1995 年由 Brendan Eich 在网景浏览器上开发成功。JavaScript 主要运行于浏览器，用来解释执行 Web 网页，使网页具备交互能力。后来 JavaScript 也被用于其他方面的编程。JavaScript 虽然名字中有 Java 字样，它与 Java 语言其实并无关系。JavaScript 语言的标准化由 ECMA(European Computer Manufacturers Association，欧洲计算机制造商协会)制定，其标准化之后的名称为 ECMAScript。

　　Go：Go 语言是谷歌公司于 2009 年发布的编程语言，设计者包括 Robert Griesemer、Rob Pike，以及 UNIX 和 C 语言的创造者 Ken Thompson。设计目标是"兼具 Python 等动态语言的开发速度和 C/C++等编译型语言的性能与安全性"。Go 语言被设计用于开发系统级程序，它吸收了 C 语言的很多特性，包括一般语言所不具备的指针。Go 语言尤其注重对大型网络系统的开发能力，提供强大的网络编程和并发编程支持。

第 2 章

Windows 10 操作系统

2.1 操作系统概述

操作系统是最重要的系统软件，是整个计算机系统的管理与指挥中心，管理着计算机的所有资源。要熟练使用计算机操作系统，首先须了解一些操作系统的基本知识。

2.1.1 操作系统的基本概念

操作系统是管理计算机硬件和软件的程序。在计算机系统中，它位于计算机硬件和用户之间。一方面，它管理和控制着计算机硬件和软件资源；另一方面，它向用户提供使用接口，方便用户使用计算机。

操作系统要尽可能合理、高效地使用软硬件资源、组织计算机工作流程，从而为用户提供功能强大、使用方便且具有可扩展性的工作环境。

2.1.2 操作系统的功能

从资源管理的角度来看，操作系统具有以下几个方面的功能。

1. 处理器管理

处理器是计算机的计算核心。处理器管理的主要任务是对处理器的工作时间进行有效的分配。分配计算资源的基本单位是进程。进程是一个程序的一次动态执行过程。因此，对处理器的管理可归结为对进程的管理，进程管理一般包括下述主要方面。

- 进程控制：负责进程的创建、撤销及状态转换。
- 进程同步：对并发的进程进行协调。
- 进程通信：完成进程间的信息交换。
- 进程调度：按一定算法进行处理器分配。

2. 存储器管理

存储器管理的主要任务是通过合理地为程序分配内存，为多个同时执行的程序提供可用的空间资源，并保证程序间不发生冲突或相互破坏。存储器管理包括内存分配、内存保护、内存扩充。

- 内存分配：按一定的策略为每个程序分配内存。
- 内存保护：保证各程序在自己的内存区域内运行而不相互干扰。
- 内存扩充：借助虚拟存储技术增加进程使用的内存空间。

3. 设备管理

设备管理的主要任务是对计算机系统的所有 I/O 设备进行控制并实施统一的调配，尽可能提高处理器和 I/O 设备的使用效率，并为需要使用 I/O 设备的进程提供统一的访问 I/O 设备的接口。设备管理可以概括为下述几项功能。

- 设备传输控制：实现输入输出操作，包括对设备的读写、启动、中断、结束处理等。
- 设备分配：根据一定的分配原则针对用户进程的需要对设备进行分配。
- 设备独立性：供用户程序访问的设备接口与具体的物理设备无关，程序可以用统一的方式访问各类设备。

4. 文件管理

文件是独立的信息单元。操作系统中的程序、设备、数据都会被抽象为文件。文件管理为用户提供对文件的存取、共享和保护等手段，主要涉及下述方面。

- 文件存储空间管理：负责存储空间的分配与回收等。
- 目录管理：目录是为了便于文件组织归类而设置的抽象结构。目录管理负责为每一个文件创建一个目录项，并管理目录和文件的结构，便于对文件进行存取。
- 文件操作管理：负责文件的读、写、执行等操作。
- 文件保护：防止文件被非法获取或被破坏。

从用户使用的角度，操作系统的功能是提供用户可使用的计算机系统接口。根据用户的不同，可从以下两方面论述。

(1) 普通用户。

操作系统为所有用户提供了使用计算机的操作界面，使用户无须了解计算机系统的软硬件细节就能使用计算机。操作界面可以分为以下两种。

- 命令接口：提供可供用户输入命令的字符界面。用户通过键盘在其中输入各种命令来操作计算机。
- 图形接口：提供图形化的界面，以菜单、按钮等形式直观地展示可以操作的接口。用户可以使用鼠标执行各种操作。

(2) 程序员。

程序员和普通用户一样使用操作系统提供的基本接口，但是程序员还需要编写能够使用操作系统提供的各种资源和服务的程序。为此，操作系统提供了程序接口，表现为一组可供程序调用的指令。这些指令是和编程语言相关的。

2.1.3　操作系统的分类

从不同的角度，对操作系统有不同的分类方式。下面从操作系统功能特点和用户使用特点两个角度分别介绍。

1. 根据操作系统功能特点分类

一般可以分为批处理操作系统、分时操作系统、实时操作系统、网络操作系统和分布式操作系统等主要类别。

(1) 批处理操作系统。

批处理操作系统的操作对象被称为"作业",作业是一个或一组程序。在计算机发展早期,作业被程序员写在卡片上,操作员通过专用的计算机把卡片上的程序读出并写在磁带上,然后把磁带上的程序交给一台高级计算机执行。为了提高计算机使用效率,操作员把多个作业批量地用专用计算机读取到磁带,再把磁带上的作业"批量地"交给高级计算机一个接一个地处理。高级计算机上具有一个批处理操作系统,它自动、依次地读取并执行每个作业,再把结果写在磁带上。批处理操作过程不需要和用户进行交互。

(2) 分时操作系统。

为了满足人机交互的需要,也为了使一台昂贵的计算机可以被多个用户同时共享,出现了分时操作系统。安装了分时操作系统的主机连接着若干终端,每个终端用户可以交互地向系统发出命令。系统接收每个用户的命令,并在终端上显示结果。分时操作系统将 CPU 的时间划分成一个个小片段,称为时间片。操作系统以时间片为单位,轮流执行每一个作业,既不会被某一个作业长时间独占,也不会被某一个用户所独占,从而使不同用户都感到自己的命令得到了快速响应。

(3) 实时操作系统。

普通的分时系统并不能保证对外部事件的响应总是及时的,但是在工业控制过程、航空、军事等领域中,要求操作系统必须保证特定动作在给定时间内完成,否则可能产生严重后果。实时操作系统追求的目标是对外部请求在严格时间范围内做出反应,在规定的时间内完成对事件的处理,具有高可靠性。

(4) 网络操作系统。

网络操作系统是基于计算机网络,提供包括网络管理、账户管理、安全管理、数据和软硬件资源共享,以及各种网络服务和应用的操作系统,通常运行在计算机网络系统中的服务器上。最有代表性的几种网络操作系统产品包括:Novell 公司的 NetWare、Microsoft 公司的 Windows 2000 Server、UNIX、Linux 等。

(5) 分布式操作系统。

用于管理分布式系统的操作系统称为分布式操作系统。分布式系统是由多台计算机通过网络连接在一起组成的系统。在这样的系统中,一个程序可以分布在多台计算机上并行地运行,系统网络中的资源也可以被各个主机共享。对于终端用户来说,分布式系统表现得如同一台普通的服务器,用户并不知道自己的程序和资源在系统中的哪一台主机上运行。分布式系统的主要作用在于提高了系统的处理能力、资源的利用率和系统的可靠性。

2. 根据用户使用特点分类

一般分为单用户操作系统和多用户操作系统。其中，单用户操作系统又可以分为单用户单任务操作系统和单用户多任务操作系统。

(1) 单用户单任务操作系统是指一次只能运行一个用户程序，此用户程序独占计算机系统的全部软硬件资源。比较有代表性的单用户单任务操作系统有 MS-DOS、PC-DOS 等。

(2) 单用户多任务操作系统也是为单用户服务的，但它允许用户一次提交多项任务。比较有代表性的单用户多任务操作系统有 Windows 95、Windows 98 等。

(3) 多用户操作系统允许多个用户通过各自的终端使用同一台主机，共享主机中的各类资源。常见的多用户操作系统有 Windows XP、Windows 2008 Server、Windows 10 和 UNIX 等。

2.1.4　典型操作系统介绍

1. DOS 操作系统

DOS 操作系统由微软公司于 1981 年 8 月推出，主要用于 IBM PC，并随着 IBM PC 及其兼容机的流行而通行世界。DOS 操作系统是一种单用户单任务的计算机操作系统。由于任何运行的程序都会独占计算机的全部资源，因此单个程序中的错误就可能导致整个操作系统崩溃。

DOS 采用字符界面，通过输入各种命令来操作计算机。计算机命令一般由英文单词或英文单词的简写构成，难以记忆，不利于一般用户操作计算机。随着图形界面操作系统的发展，微软公司逐步用 Windows 操作系统取代了 DOS。时至今日，在 Windows 操作系统的命令提示符窗口中，仍能看到 DOS 的影子。

2. Windows 操作系统

1983 年 11 月，微软公司宣布开发 Windows 操作系统，Windows 系列操作系统开始走进千家万户。在个人计算机上，Windows 是使用得最广泛的图形界面操作系统。表 2-1 概括了 Windows 较重要版本的发展历程。

表 2-1　Windows 操作系统发展历程

Windows 版本	推出时间	特点
Windows 1.0	1985 年	以 DOS 系统为基础。图形化界面，含菜单、对话框等
Windows 2.0	1987 年	加入窗口层叠、缩放和快捷键等功能。附带 Word 和 Excel 的最初版本
Windows 3.0	1990 年	Windows 里程碑版本。支持 DOS 程序的多任务处理，支持 256 色，支持更大的程序可用内存
Windows 3.1	1992 年	对 Windows 3.0 做出重大升级。支持图标拖放、TrueType 字体及 OLE 技术

(续表)

Windows 版本	推出时间	特点
Windows NT	1993 年	微软推出的面向服务器和商业市场的多用户多任务的 32 位网络操作系统,具有强大的网络支持和硬件支持。不同于以往的 Windows 系列操作系统,Windows NT 是一个全新的系列。第一版编号为 3.1,以与 Windows 3.1 相对应。自 Windows 2000 开始,Windows NT 成为 Windows 系列的核心
Windows 95	1995 年	Windows 历史性产品。第一款 32 位的 Windows 系列操作系统。界面上加入了任务条、开始菜单等长存于历史的设计。架构上进一步独立于 DOS,稳定性更好。引入"即插即用"技术,首次引入了 IE 浏览器
Windows 98	1998 年	进一步增强稳定性,界面更加易用。增强了 IE,引入了 Outlook 等网络化软件产品,甚至内置了个人 Web 服务器
Windows 2000	1999 年	基于 Windows NT 核心,放弃了对 DOS 的依赖,是更加完整的网络操作系统。更稳定,也更注重易用性,如增加多语言支持、放大镜、软键盘、读屏器等
Windows XP	2001 年	进一步提升了安全性、稳定性、易用性,被认为是最成功的 Windows 版本之一
Windows Server 2003	2003 年	自 Windows Server 2003 开始,Windows 操作系统的服务器版本均以 Windows Server 的名称发行
Windows 7	2009 年	更流畅、快捷的交互表现,新增最小化程序的缩略浏览、桌面幻灯效果等,提升安全性
Windows 8	2012 年	支持来自 Intel、AMD 和 ARM 的芯片架构,被应用于个人电脑和平板电脑,尤其是移动触控电子设备,如触屏手机、平板电脑等。界面采用平面化设计,以同时适用于移动和桌面环境
Windows 10	2015 年	在 Windows 8 的基础上做了进一步改善,摒弃了 Windows 8 中不受欢迎的设置,优化了平面设计风格。引入了人工智能助理 Cortana,可以在平板和桌面模式间自由切换,引入了新的浏览器 Edge

本书中介绍的 Windows 10 系统使用方法,适用于截至写作时 Windows 10 系统的最新版本。随着 Windows 10 系统的不断更新,读者在实际使用时可能会发现与书中介绍的内容存在差异。

3. UNIX 操作系统

UNIX 操作系统于 1969 年在贝尔实验室诞生。它是一个多用户交互式的分时操作系统。一开始 UNIX 是用汇编语言编写的,后来用 C 语言重新编写,极大提高了系统的可移植性,因此获得广泛使用。由于 UNIX 系统优秀的设计和早期 UNIX 系统的开放性,出现了众多

UNIX 的分支版本，并衍生出大量"类 UNIX(UNIX-like)"操作系统(指与 UNIX 的程序接口兼容的操作系统，这种兼容性使得 UNIX 系统上的程序可以几乎不加修改地运行在所有类 UNIX 系统上)，这又进一步使得 UNIX 生态上的各种应用工具得到丰富。

UNIX 系统由于安全、稳定，功能强大，被广泛应用在金融、保险、军事等领域，从微型机、工作站到大型机和巨型机都可以看到它的身影。

UNIX 的技术特点如下。

(1) 用 C 语言编写，具有较好的易读、易修改和可移植性。

(2) 多用户多任务，资源可共享，执行效率高。

(3) 结构分为核心层和应用层，核心层隐藏了硬件细节，提供了良好的应用程序接口，便于开发应用程序。

(4) 提供有层级的、可灵活装卸的文件系统，易于管理数据。

(5) 内置强大的网络与通信功能。

(6) 请求分页式虚拟存储管理，内存利用率高。

(7) 提供功能强大的用户接口 Shell，具有丰富的命令和应用程序。

(8) 具有管道和过滤机制，应用程序之间可以彼此组合完成复杂功能。

4. Linux 操作系统

Linux 源于芬兰科学家 Linus Torvalds 于 1991 年编写的一个操作系统内核。当时他还是芬兰赫尔辛基大学计算机系的学生，在学习操作系统的课程中，他自己动手编写了一个类 UNIX 的操作系统原型。Linus 把这个系统的源代码放在互联网上，使用开源软件协议 GPL 发布。GPL 协议允许软件源代码被自由下载、修改、传播，这吸引了全世界的程序员对这个系统进行改进、扩充、完善。其类 UNIX 系统的特性使得大量 UNIX 生态中的应用软件被方便地移植到了 Linux 上。Linux 在此后数年中得到极大发展，成为世界上最流行的操作系统之一，也是开源软件中最具代表性的成功案例。

Linux 在使用上与 UNIX 的区别并不大，但它开放源代码，并形成了强大有力的开发者社区，因此能快速发展，一方面保持着技术领先，另一方面得到了广泛的硬件支持。UNIX 主要用于服务器，而 Linux 不但被广泛用于服务器，还在超级计算机、智能手机、嵌入式系统等领域处于统治地位。在世界 500 强的超级计算机中，运行 Linux 的有 486 台(2020 年数据)。在智能手机领域，基于 Linux 内核的 Android 系统占有最大的市场份额。在难以计数的嵌入式系统中，Linux 及 Linux 衍生系统运行在形态各异的微型控制器上。

应该强调的是，Linux 本身只是一个操作系统的内核，不包含用户接口和各种应用程序，普通用户是难以使用的。因此，许多企业和组织推出了以 Linux 内核为基础，包含桌面环境和各种应用程序的 Linux 发行版。比较著名的 Linux 发行版有 Red Hat 公司的 Red Hat Enterprise Linux，Canonical 公司的 Ubuntu，"Dedian 计划"组织的 Debian 等。我国中科红旗软件技术公司于 1999 年成功研制了红旗 Linux。它是应用于 Intel 和 Alpha 的处理器平台的第一个国产操作系统。武汉深之度科技有限公司推出的基于 Linux 的 Deepin 操作系统，是全球开源操作系统排行榜上率先进入国际前十名的中国操作系统产品。

2.2　Windows 10 操作系统简介

本节介绍 Windows 10 操作系统的主要特点，以及开启和关闭 Windows 10 的方法。

2.2.1　Windows 10 概述

Windows 10 是微软公司开发的新一代操作系统，可供家庭及商业工作环境、笔记本电脑、平板电脑、多媒体中心等使用，于 2015 年发布。Windows 10 继承了 Windows 8 的跨平台设计，提供各平台之间无缝的使用体验。Windows 10 关注易用性、安全性、可用性，具有触控屏和免打扰设计，内置全套防病毒、防火墙、防勒索软件，并且在 Windows 商店中提供了包括游戏在内的海量应用软件，还为有视觉、听觉、阅读障碍的人士提供了多样的可用性设计。

Windows 10 支持通用应用平台(Universal Windows Platform，UWP)软件。UWP 应用可以运行在 PC、平板、手机、Xbox One 及物联网等平台之上。Windows 10 的"开始"菜单也在保留传统使用习惯的同时融合了 Windows 8 的贴片式设计。Windows 10 还引入了新一代浏览器 Edge。在系统控制上，其赋予"设置"窗口越来越多的功能，在控制台、登录认证等各个方面也都有较大提升。

2.2.2　Windows 10 的启动与关闭

1. 启动

对于安装了 Windows 10 操作系统的计算机，打开计算机电源开关即可启动 Windows 10。如果用户设置了口令，则将在 Windows10 启动后出现登录对话框，用户输入正确的口令方可进入系统。

成功登录 Windows 10 后，用户将在计算机屏幕上看到如图 2-1 所示的 Windows 10 界面，表示 Windows 10 已经处于正常工作状态。

2. 关闭

关闭 Windows 10 系统的操作方法为：单击屏幕左下角的"开始"按钮，将鼠标移到弹出菜单的最左侧区域，该区域的菜单会伸展开，再单击"电源"按钮，在弹出的次级菜单中，有"睡眠""关机""重启"三个选项，如图 2-2 所示。

如果用户单击"睡眠"按钮，系统会进入睡眠状态，计算机将以很低的耗电量维持开机状态；当用户唤醒计算机时，系统会快速恢复到进入睡眠前的状态。如果用户单击"关机"按钮，计算机则会关闭。如果用户单击"重启"按钮，计算机会在关闭之后，立即重新启动。

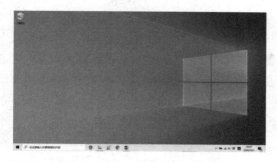

图 2-1　Windows 10 初始画面　　　　　图 2-2　"电源"选项菜单

2.3 Windows 10 的基本操作

本节介绍 Windows 10 操作系统的基本操作，包括从开机启动后看到的桌面，到任意打开一个文件夹看到的窗口和图标。如果你是一个从未接触过 Windows 操作系统的人，可以通过本节知识轻松上手。如果你已经熟悉 Windows 操作系统的一般操作，也可以从本节中收获一些不曾使用过的操作技巧。

2.3.1 桌面及其操作

1. 桌面

Windows 10 开机后展现在用户面前的界面叫作桌面，如图 2-3 所示。

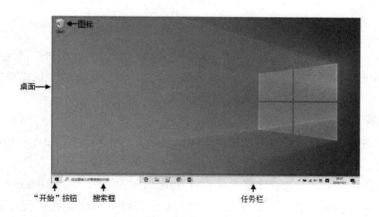

图 2-3　桌面及任务栏

桌面上默认放置一些应用程序的图标，桌面下方还有"开始"按钮、搜索框、任务栏等部分。

2. 桌面设置

用户可以在桌面对显示进行设置，或者对系统进行个性化设置。

(1) 显示设置。

右击桌面空白处，在弹出菜单中选择"显示设置"命令，会弹出"显示设置"窗口，如图 2-4 所示。窗口右侧最上方可以设置"亮度和颜色"，用户可以拖动滑动条，在感到亮度最舒适时停下。由于夜晚和白天人的生理状态不同，为了减少屏幕蓝光对睡眠的影响，Windows 10 提供了夜间模式，用户可以开启这一模式减少蓝光，还可以设置夜间模式的时间段。

修改分辨率也是常用的显示设置。屏幕分辨率指的是屏幕上显示的像素点的个数，按照行和列表达为水平方向的像素点个数乘以垂直方向的像素点个数。分辨率越高，在屏幕上显示的图标越清楚，图标也越小，屏幕上可以容纳更多的图标。单击"显示分辨率"下拉列表，可以看到一些常见的分辨率。系统会根据显示器情况，在某一个分辨率后面显示"推荐"，一般情况下使用系统推荐的分辨率即可。

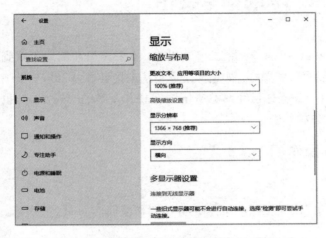

图 2-4　"显示设置"窗口

"显示方向"下拉列表可以设置屏幕方向，这是在需要调转屏幕方向的场景下使用的，比如阅读电子书时将屏幕转到竖直方向。如果有多个显示器，也可以在这里设置多个显示器的显示模式。

(2) 背景设置。

右击桌面空白处，在弹出菜单中选择"个性化"命令，会弹出如图 2-5 所示的背景设置窗口。选择"背景"下拉列表中的"图片"命令，此时"背景"下拉列表下方会出现"选择图片"栏目，这个栏目会显示最近五次被设置为桌面背景图片的缩略图。单击缩略图中的一幅，即可将它设置为桌面背景。用户也可以通过"浏览"按钮选择将计算机中的某幅图片设置为背景。

"选择契合度"下拉列表中的各选项用于设置图片在桌面上的显示方式。"填充"是在不改变图片高宽比的情况下，使图片沿着水平和竖直方向中尺寸较短的那个方向适合整个窗口，在尺寸较长的方向上图片可能会超出屏幕，不能完整显示；"适应"是在不改变图片高宽比的情况下，使图片沿着水平和竖直方向中尺寸较长的那个方向适合整个窗口，图片一定会完整显示，但是在尺寸较短的方向上需要填充颜色；"拉伸"会改变图片高宽比，使图片完整显示并覆盖整个桌面；"平铺"通过使图片在水平和竖直方向重复显示以覆盖整个桌面；

"居中"表示将图片显示在桌面的中央；"跨区"用来在多个显示器上显示一幅连续的桌面背景图片。

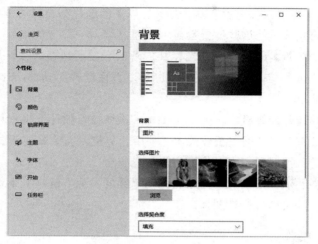

图 2-5　背景设置窗口

如果在"背景"下拉列表中选择"幻灯片放映"选项，然后在"为幻灯片选择相册"中选择图片文件夹，并设置"图片切换频率"，选中的背景图片就会按设定的频率切换。

(3) 设置颜色和主题。

在"个性化"设置窗口中，单击"颜色"选项卡，在如图 2-6 所示的窗口中可以设置系统颜色。

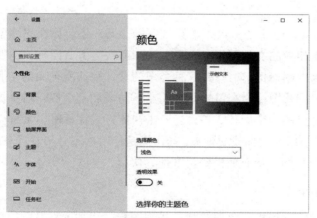

图 2-6　颜色设置窗口

在"选择颜色"下拉列表中，有"浅色""深色""自定义"3 个选项。选择"浅色"，设置 Windows 10 系统和应用窗口为浅色。选择"深色"，设置 Windows 10 系统和应用窗口为深色。选择"自定义"，则可以分别设置 Windows 10 系统和应用窗口为浅色还是深色。

"主题色"是 Windows 10 系统的文字、按钮、图标背景等部件使用的颜色，用户可以通过设置主题色来调整整个系统的表现风格，可以让系统根据背景自动选取，也可以手动选取。默认情况下，开始菜单、任务栏和操作中心，以及标题栏和窗口边框并不使用主题颜色，但是可以勾选相应的复选框使这些位置也显示主题色。

"主题"是关于背景、颜色、鼠标光标及声音的一整套风格方案。用户可以在"主题"选项卡中对这些风格分别定义并保存主题，也可以直接选择 Windows 10 系统自带的主题。

(4) 设置锁屏界面。

当用户需要暂时离开计算机时，为了防止他人操纵自己的计算机，可以按 Win+L 组合键进行锁屏。锁屏状态下，必须重新登录才能使用计算机。当计算机超过一定时间无人操作时，系统也会自动进入锁屏状态，以保证用户信息安全。

锁屏界面通常会展示一幅图片，用户可以在"锁屏界面"选项卡下选择个性化的图片，或者选择"幻灯片"放映模式轮换图片。

2.3.2　图标及其操作

图标是代表程序、数据文件、系统文件或文件夹等对象的图形标记。从外观上看，图标是由图形和文字说明组成的，不同类型对象的图标形状大都不同。系统最初安装完毕后，桌面上通常会产生"回收站"等图标，以方便用户快速启动相应的程序。用户也可根据自己的需要在桌面上建立其他图标。双击图标可以进入相应的程序。

桌面上图标的数目及图标排列的方式，可以由用户根据自己的喜好设置。

1. 图标的种类

除了安装 Windows 10 后自动产生的系统图标，用户还可以在桌面创建文件、文件夹和快捷方式，从而产生相应的文件图标、文件夹图标和快捷方式图标。文件图标会随着文件类型的不同而不同，因为图标指示着打开这种类型的文件默认所使用的工具。文件夹图标默认是一个文件夹。快捷方式图标会在常规图标的左下角增加一个旋转箭头的标记。快捷方式是指向某个文件或文件夹的一个间接入口，当双击快捷方式图标时，系统会根据快捷方式所指向的位置，打开相应的原始文件或文件夹。其作用是使用户不必知晓或移到目标的实际位置，就能在桌面直接打开目标，从而使操作更方便、快捷。

2. 图标的常用操作

和桌面图标有关的常用操作主要包括：排列图标、添加图标及删除图标。

(1) 排列图标。

图标可以放置在桌面上的任意位置，这可能会使桌面很凌乱。用户如果希望系统帮助自己整齐地排列图标，可以右击桌面空白处，在弹出的快捷菜单中选择"排序方式"命令。在图 2-7 所示的级联菜单中，用户可以选择按照"名称""大小""项目类型"或"修改日期"4 种方式之一来排列图标。

图 2-7　使用快捷菜单排列图标

(2) 添加图标。

添加图标可分为新建图标和移动(或复制)其他窗口中的图标两种。

在桌面上新建图标时，右击桌面空白处，在弹出的快捷菜单中选择"新建"命令，弹出如图 2-8 所示的"新建"命令的级联菜单。在其中选择欲新建的对象类型，新建的对象就会以图标的形式出现在桌面上。

图 2-8　新建对象

若在"新建"命令的级联菜单中选择"快捷方式"命令，则弹出一个名为"创建快捷方式"的对话框。单击对话框中的"浏览"按钮，选择快捷方式指向的对象并单击"确定"按钮后，会在桌面上创建该对象的快捷方式。

若用户对快捷方式的图标不满意，可右击该图标，在弹出的快捷菜单中选择"属性"命令，在弹出的属性对话框的"快捷方式"选项卡中单击"更改图标"按钮，在弹出的对话框中通过单击"浏览"按钮选择一个满意的图标后，单击"确定"按钮，即可改变该快捷方式的图标。

(3) 删除图标。

右击欲删除的图标，在弹出的快捷菜单中选择"删除"命令，即可删除该图标。

注意：

桌面上的"回收站"图标是系统固有的，不能用上述方法删除。

2.3.3　任务栏及其操作

系统中打开的所有应用程序的图标都显示在任务栏中。任务栏由"应用程序区域"和"通知区域"组成。"应用程序区域"显示正在运行的应用程序图标，"通知区域"显示电源、网络连接、输入法、时钟日期等系统当前的状态信息。利用任务栏还可以进行窗口排列和任务管理等操作。

默认情况下，任务栏位于桌面底部，高度与"开始"按钮相同。右击任务栏的空白处，确认快捷菜单中的"锁定任务栏"选项未被选中的情况下，用户可以调整任务栏的位置和高度。

1. 调整任务栏的位置

任务栏可以放置在屏幕上、下、左、右的任一方位。改变任务栏位置的方法是：将鼠标指针指向任务栏的空白处，按下鼠标左键拖动至屏幕的最上(或最左、最右)边，松开鼠标左键，任务栏随之移到屏幕的上(或左、右)边。

2. 调整任务栏的高度

任务栏的高度最多可以达到整个屏幕高度的一半。调整任务栏高度的方法是：将鼠标指针移到任务栏的边缘，鼠标指针会变成双向箭头形状，此时按住鼠标左键，向增加或减小高度的方向拖动，即可调整任务栏的高度。

3. 利用任务栏设置排列窗口及任务栏

(1) 排列窗口。

当用户打开多个窗口时，除当前活动窗口可全部显示外，其他窗口往往被遮盖。用户若需要同时查看多个窗口的内容，可以利用 Windows 10 提供的窗口排列功能使窗口层叠显示或并排显示。

排列窗口的操作方法为：右击任务栏上未被图标占用的空白区域，弹出如图 2-9 所示的任务栏快捷菜单，选择其中关于窗口排列的选项，即可出现不同的窗口排列形式。

图 2-9　任务栏快捷菜单

- 层叠窗口：将已打开的窗口层叠排列在桌面上，当前活动窗口在最前面，其他窗口只露出标题栏和窗口左侧的少许部分。
- 堆叠/并排显示窗口：系统将已打开的窗口缩小，按横向或纵向平铺在桌面上。采用这两种窗口排列方式的目的往往是便于在不同的窗口间交流信息，所以打开的窗口不宜过多，否则窗口会过于狭窄，反而不方便。
- 显示桌面：该选项可以使已经打开的窗口全部缩小为任务栏上的图标，从而显示出完整的桌面。

(2) "工具栏"命令。

"工具栏"命令用于设置在任务栏上显示哪些工具，如地址、链接、桌面等。

使用"工具栏"级联菜单的"新建工具栏"命令，可以帮助用户将常用的文件夹显示在任务栏上，而且可以单击直接访问。例如，可以把 Administrator 文件夹放到新建工具栏中，步骤如下。

① 右击任务栏的空白处,打开快捷菜单。

② 选择"工具栏"级联菜单中的"新建工具栏"命令,打开"新工具栏-选择文件夹"对话框,如图 2-10 所示。

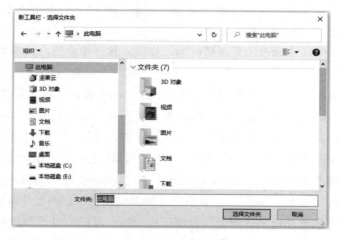

图 2-10　"新工具栏-选择文件夹"对话框

③ 在文件夹列表框中选择要新建的 Administrator 文件夹后,单击"选择文件夹"按钮,Administrator 文件夹就被添加到了"新建工具栏"中。

④ 单击 Administrator 工具栏右侧的双箭头按钮,会出现一个列表,该列表列出了 Administrator 文件夹下所有子文件夹和文件。

若要取消 Administrator 工具栏的显示,可右击任务栏的空白处,在快捷菜单的"工具栏"的级联菜单中取消对 Administrator 选项的选择即可。

(3) "锁定任务栏"命令。

选择该命令后,任务栏的位置和高度等均不可调整。

(4) "任务栏设置"命令。

选择"任务栏设置"命令可弹出如图 2-11 所示的任务栏设置窗口(局部),下面介绍该窗口中的一些基本设置。

● "锁定任务栏":等同于上文中同名命令。

● "在桌面/平板模式下自动隐藏任务栏":开启后任务栏会隐藏起来,只有当鼠标指向任务栏所在位置时,任务栏才显示出来。

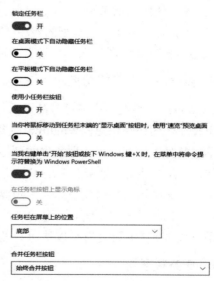

图 2-11　任务栏设置窗口(局部)

● "使用小任务栏按钮"：开启后任务栏上的所有程序都以"小图标"的形式显示，以节省空间。

● "当你将鼠标移到任务栏末端的'显示桌面'按钮时，使用'速览'预览桌面"：在任务栏的最末端(当任务栏位于底部时在最右侧)有一个狭长的竖条形按钮，单击这个按钮可以在桌面和当前任务窗口之间切换。如果开启了这个命令，则当鼠标移到这个按钮上时，无须单击即可暂时显示桌面；移开鼠标后，即重新回到当前的任务窗口。

● "当我右键单击'开始'按钮或按下 Windows 键+X 时，在菜单中将命令提示符替换为 Windows PowerShell"：当用户右击"开始"按钮或按下 Windows 键+X 时，会出现弹出菜单，其中有两个命令和打开控制台窗口有关，如果未打开这一开关，这两个命令是"命令提示符"和"命令提示符(管理员)"；如果打开了这一开关，这两个命令就变成"Windows PowerShell"和"Windows PowerShell(管理员)"。控制台窗口是使用命令和 Windows 系统交互的界面，当用户需要使用较高级的系统管理命令时，可以选择以"管理员"身份运行控制台窗口，以得到较高的执行权限。

● "在任务栏按钮上显示角标"：某些具有通知功能的应用，在打开这个命令后可以在图标下方显示通知相关的提示信息。

● "任务栏在屏幕上的位置"：从下拉列表中可以选择让任务栏出现在桌面的"底部""靠左""靠右"或"顶部"。

● "合并任务栏按钮"：下拉列表中有"始终合并按钮""任务栏已满时"和"从不"3 个选项。如果选择"始终合并按钮"选项，则应用程序区域只会显示应用程序的图标，如果打开了多个同类程序，系统会将所有这些程序显示为一个图标。如果选择"任务栏已满时"选项，则当任务栏上打开太多程序导致任务栏被占满时，系统才会合并所有相同类型的程序。如果选择"从不"选项，任务栏中的程序会始终显示为"图标+程序名称缩写"的形式，同类型的多个程序也不会合并。

4. 多窗口多任务的切换

Windows 10 系统具有多任务处理功能。用户可以同时运行多个应用程序，并可以在不同的应用程序之间传递信息。Windows 10 提供了灵活方便的任务切换方法。

单击任务栏上某一个应用程序的图标，该应用的窗口即被显示在桌面的最上层，并处于活动状态。用户也可以直接用鼠标单击某个不在最上层的窗口的可见部分，该窗口即被切换到最上层。如果当前窗口完全遮住了想要切换的窗口，可先移开当前窗口或缩小当前窗口的尺寸，露出后面的窗口后再进行切换。

用户按 Alt+Tab 组合键可以快速地进行多窗口之间的切换。

5. 任务管理器

"任务管理器"是管理 Windows 10 系统运行的重要工具。它提供了有关计算机实时性能、运行的程序和进程、当前用户、系统启动程序等系统信息。

用户可以通过以下两种方法打开如图 2-12 所示的"任务管理器"窗口。

(1) 右击任务栏空白处，在弹出的快捷菜单中选择"任务管理器"命令。

(2) 按下 Ctrl+Alt+Del 组合键，系统会出现蓝色屏幕，在上面的命令菜单中选择"任务管理器"命令。

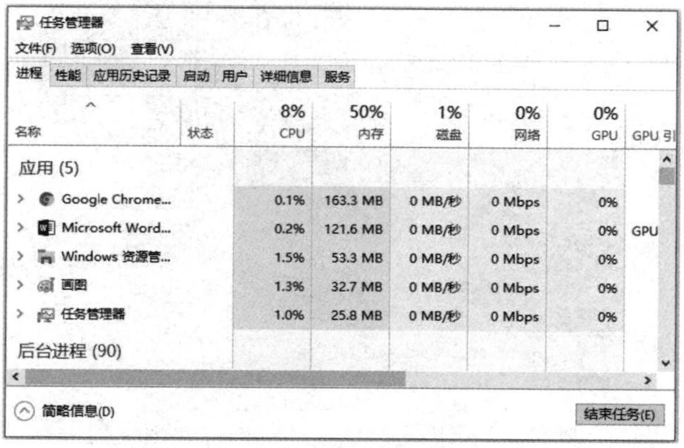

图 2-12　"任务管理器"窗口的"详细信息"界面

在任务管理器的左下角可以切换"简略信息"和"详细信息"两种界面。在"详细信息"界面下，可以看到"进程""性能""应用历史记录""启动""用户""详细信息""服务"几个选项卡。下面从结束程序、查看性能、管理启动程序、启停服务几个方面对任务管理器的使用略做介绍。

● 结束程序：某些情况下，程序窗口可能不响应用户的操作，也无法被关闭。这时，用户可以尝试在任务管理器的"进程"选项卡下的"应用"列表中找到这个应用，右击列表中的该应用，在弹出菜单中选择"结束任务"命令强制结束这个应用。

● 查看性能：在"性能"选项卡下，可以看到计算机的 CPU、内存、磁盘、网络等设备的实时使用情况。

● 管理启动程序：Windows 10 系统启动后，会立即启动某些程序，使用户在开机后无须手动启动这些程序就可以使用它们，为使用带来方便。但是开机启动程序过多也会降低开机速度。在"启动"选项卡下可以管理开机启动程序，对于不希望自动启动的程序可以右击并在弹出菜单中选择"禁用"命令。

● 启停服务：服务程序通常是不直接供用户使用的后台程序，可能被其他程序启动，或者自动启动。在"服务"选项卡下可以管理系统中的服务程序，右击并在弹出菜单中选择"开始"或者"停止"一个服务。

2.3.4　"开始"菜单及其操作

"开始"按钮位于任务栏最前端。单击"开始"按钮，"开始"菜单即出现在屏幕上，如图 2-13 所示。"开始"菜单分为三部分，左下方放置常用系统按钮，靠近常用系统按钮的区域是应用列表，最右侧区域是"开始"屏幕。

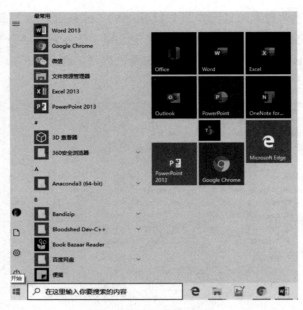

图 2-13　"开始"菜单

1. 系统按钮

系统按钮从上至下分别是：当前账户、文档、设置、电源。

- "当前账户"按钮：用户单击后可以更改账户设置，如修改登录密码等；可以锁定账户，即进入登录界面，须输入密码才能登录系统；可以注销账户，即退出当前账户。如果系统有多个账户，还可以直接切换到其他账户。
- "文档"按钮：用户单击后可以直接进入当前账户的文档目录。
- "设置"按钮：用户单击后进入系统设置窗口，这个内容将在 2.5 节"Windows 10 的系统设置"一节中进行介绍。
- "电源"按钮：其中的各项功能已经在 2.2.2 节"Windows 10 的启动与关闭"一节介绍过。

2. 应用列表

应用列表的最上方可显示"最近添加"的应用和"最常用"的应用。接下来是按照字母表顺序排序的各种应用，这些应用按照首字母被分组。单击分组上的字母，应用列表会变成一张字母表，单击字母表上的字母，可以直达该字母开头的应用程序分组。用户也可以用鼠标滚动应用列表，并通过单击应用来启动应用程序。

用户右击应用列表中的程序，可以在弹出的菜单中选择"固定到'开始'屏幕""更多"和"卸载"命令。选择"固定到'开始'屏幕"可以将应用程序以磁贴的形式固定在右侧的"开始"屏幕上。对于用户安装的应用程序，"更多"子菜单可能如图 2-14 所示。

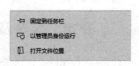

图 2-14　"更多"子菜单

- 固定到任务栏：使应用的图标固定到任务栏上，即使应用没有被启动，其图标仍然在任务栏上被显示，方便用户快速启动。
- 以管理员身份运行：默认情况下，应用会以当前用户的权限运行，但是某些情况下，可能需要以更高的权限运行，这时就需要使用这个命令。
- 打开文件位置：菜单中的应用实际上是快捷方式，这个命令可以帮助用户定位到这个程序在系统中所处的位置。

3. "开始"屏幕

"开始"屏幕以磁贴的方式展示常用的应用程序。右击磁贴，可以取消磁贴在"开始"屏幕上的显示。

注意：

"开始"菜单的显示内容可以通过选择"任务栏设置"命令，在弹出的窗口的"开始"选项卡中设置，比如，关闭"显示最近添加的应用"或者关闭"显示最常用的应用"。

2.3.5 搜索框及其操作

搜索框用于搜索计算机中的项目资源，是快速查找资源的有力工具。搜索框将遍历"开始"菜单、Internet Explorer 的历史记录、Outlook 电子邮件、用户的程序及个人文件夹等。

用户在搜索框中单击，则会立即弹出搜索结果窗口，上面将显示最常用的和最近使用的应用。当用户在搜索框中输入需要查询的名字时，搜索结果窗口中会随着输入内容的变化显示实时的搜索结果，如图 2-15 所示。搜索范围覆盖从程序到文档，从本机到云端。如果想要设置搜索的范围，可以从右上方的"…"进入搜索设置窗口，如图 2-16 所示。

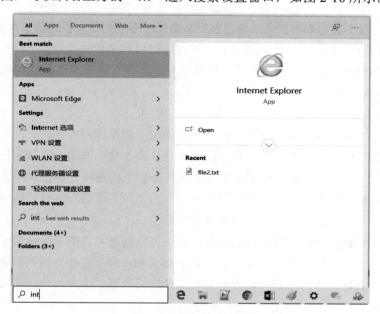

图 2-15 在搜索框中输入关键字

图 2-16　搜索设置窗口

　　用户可以选择"经典"和"增强"两种搜索模式，前者包含库和桌面，可以在"在此自定义搜索位置"中进行更详细的设置；后者搜索整个电脑，并提供自定义要排除搜索的文件夹。

2.3.6　窗口及其操作

　　窗口是屏幕中一块可视化的矩形区域，是用户与产生该窗口的应用程序之间的交互界面。在 Windows 10 操作系统中，窗口是用户界面中最基本的元素，使用 Windows 10 操作系统离不开对窗口的各种基本操作。窗口的操作包括打开、关闭、移动、放大及缩小等。用户可以同时打开多个窗口，每个窗口都可扩展至覆盖整个屏幕或者缩小为任务栏上的一个图标。

　　Windows 10 的窗口可以分为两大类：应用程序窗口和文件夹窗口。应用程序窗口根据功能和设计的不同而多种多样。文件夹窗口具有系统一致性。一个典型的文件夹窗口如图 2-17 所示，通常包含以下组成部分。

　　(1) 标题栏。

　　位于窗口上方第一行的是标题栏。标题栏左侧是"快速访问工具栏"，里面的工具是用户自选的菜单栏中的常用工具。标题栏右侧依次是"最小化"按钮、"最大化"按钮和"关闭"按钮。单击"最小化"按钮可使窗口缩小为任务栏上的图标；单击"最大化"按钮可使窗口扩大到覆盖整个屏幕，此时"最大化"按钮变为"向下还原"按钮，单击此按钮可使窗口还原为原始大小；单击"关闭"按钮可关闭当前窗口。

　　当窗口不处于最大化状态时，将鼠标指针置于窗口标题栏，按下鼠标左键并拖动鼠标即可移动窗口位置。双击标题栏可使窗口在"最大化"和"向下还原"两种状态间进行切换。在标题栏上右击鼠标，将弹出窗口的控制菜单，使用它也可完成最小化、最大化、还原、关闭及移动窗口等功能。

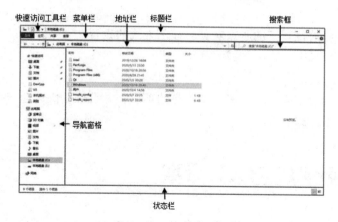

图 2-17　窗口的组成部分

当窗口没有处于最大化状态时，可把鼠标指针移到窗口的边框处，此时鼠标指针变成双向箭头形状，按下鼠标左键拖动即可改变窗口的大小。

(2) 菜单栏。

标题栏下方是菜单栏。默认菜单栏上有"文件""主页""共享""查看"几个选项卡。这些工具都和文件及文件夹的操作有关，将在 2.4.2 节"文件资源管理器"中进行详细介绍。

(3) "后退"和"前进"按钮。

菜单栏下方从左开始的第一个区域是"后退""前进""最近浏览"和"上移"按钮，用户可以通过单击"后退"和"前进"按钮，导航至已经访问过的位置。用户还可以通过单击"后退"按钮右侧的向下箭头，然后从下拉列表中进行选择以返回到以前访问过的窗口。单击"上移"按钮会进入上一级文件夹。

(4) 地址栏。

地址栏将用户当前的位置显示为以箭头分隔的一系列链接，不仅当前目录的位置在地址栏中给出，而且地址栏中的各项均可单击，以帮助用户直接定位到相应层次。如果用鼠标单击地址栏空白处，以箭头分隔的可单击目录形式会立即变成以"\"分隔的文本路径形式，便于查看和复制路径；用户还可以在地址栏中直接输入路径来导航到特定位置。

(5) 搜索框。

地址栏的右边是搜索框。用户在这里输入想要查询的内容，系统会在当前文件夹下进行搜索并给出搜索结果。如果用户不知道要查找的文件位于哪个文件夹或库中，可以先移到尽可能高层次的目录，比如"本地磁盘"，甚至是"此电脑"，然后再使用搜索框进行搜索；或者在任务栏的搜索框中进行全局搜索。

(5) 导航窗格。

导航窗格提供了快速定位到系统其他位置的直观视图，包括"快速访问""此电脑"和"网络"三部分。"快速访问"列出最近最常访问的一些文件夹。"此电脑"列出常用文件夹和系统磁盘。"网络"指向网络中的其他计算机和网络设备。导航窗格是否显示，以及怎样显示，可以在"查看"选项卡中设置。

(6) 主窗口。

主窗口中显示当前位置下的所有对象。显示方式的设置在 2.4.2 节"文件资源管理器"中进行详细介绍。

(7) 状态栏。

状态栏中显示当前文件夹内有多少个可见的项目，并且可以快速地切换"详细信息"和"大图标"两种显示方式。

2.4　Windows 10 的文件管理

在操作系统中，文件是最基本的数据组织单位。无论是文本、数据，还是声音、图像、视频，都可作为文件来存储和处理。Windows 10 操作系统将所有文件组织在一个树状结构中，其中用来容纳多个文件的组织结构叫作文件夹。经由一系列逐层嵌套的文件夹就能找到某一个文件，这一系列文件夹就构成这个文件的路径。在 Windows 10 系统中，一个完整的路径由磁盘名、若干个层次的文件夹名和文件名组成。

2.4.1　文件和文件夹

1. 文件

文件是操作系统中用于组织和存储各种信息的基本单位。用户所编写的程序、撰写的文章、绘制的图画或制作的表格在计算机中都是以文件的形式存储的。文件是一个按一定规律组织起来的相关数据的集合，这些数据以用户给定的文件名存储在外存储器中。当用户需要使用某个文件时，操作系统会根据文件路径及文件名找到该文件，然后将其调入内存储器中使用。

Windows 10 系统通过文件的名称对文件进行管理。同一个文件夹下，每个文件的名称必须是唯一的。文件名一般包括两部分：主文件名和文件扩展名，用"."分开。文件扩展名用来标识该文件的类型，常见的扩展名及对应的文件类型如表 2-2 所示。

表 2-2　常见的文件类型

扩展名	文件类型	扩展名	文件类型
.avi	声音影像文件	.doc/.docx	Word 文档文件
.rar	rar 格式的压缩文件	.pdf	pdf 格式的文本文件
.bat	批处理文件	.mp3	使用 MP3 格式压缩存储的声音文件
.bmp	位图文件	.hlp	帮助文件
.exe	可执行文件	.inf	信息文件
.dat	某种形式的数据文件	.ini	系统配置文件

（续表）

扩展名	文件类型	扩展名	文件类型
.dbf	某些数据库管理软件的数据库文件	.mid/.midi	MIDI 格式的声音文件
.psd/.pdd	Photoshop 专用的图像文件	.jpg/.jpeg	广泛使用的图像压缩文件格式
.dll	动态链接库文件	.txt	文本文件
.sys	系统配置文件	.xls/.xlsx	Excel 电子表格文件
.wma	微软公司制定的声音文件格式	.wav	波形声音文件
.ppt/.pptx	PowerPoint 幻灯片文件	.zip	压缩文件

不同的文件类型，图标往往不一样。图标指示出打开这个文件默认使用的工具，特定类型的文件只有用特定的工具才能正确地读写。

在 Windows 10 操作系统中，文件的命名具有以下特征。

- 支持长文件名。文件名的长度最多可达 260 个字符。
- 文件名不区分字母大小写。
- 文件的名称中允许有空格，但不能含有"?""*""/""\""|""<"">"和
  ":"等字符。

2. 文件夹

众多的文件在磁盘上需要分门别类地存放在文件夹里才能有效地管理，文件夹本身也可以分门别类地存放在文件夹里，形成分层级的嵌套关系。Windows 10 操作系统采用目录树或称为树状文件目录的结构来组织系统中的所有文件。

树状文件目录结构是一种由多层次的文件夹及各级文件夹中的文件组成的结构形式，从磁盘开始，逐级向下产生分支，形成一棵倒长的"树"。最上层的文件夹称为根目录，每个磁盘只能有一个根目录，在根目录下可建立多层次的文件夹。在任何一个层次的文件夹中，既可以包含文件夹也可以包含文件。

访问一个文件时，必须指明该文件在文件系统中的位置，也就是指明从根目录(或当前文件夹)开始到文件所在文件夹所经历的各级文件夹名组成的序列。书写时序列中的文件夹名之间用分隔符"\"隔开，一般采用以下格式。

[盘符][路径]文件名[.扩展名]

对其中各项的说明如下。

- [ ]：表示其中的内容为可选项。
- 盘符：用以标识磁盘驱动器。常用一个字母后跟一个冒号表示，如 A:、C:、D:等。
- 路径：由"\"分隔的若干个文件夹名组成。例如，C:\Windows\media\ir_begin.wav
  表示存放在 C 盘 Windows 文件夹下的 media 文件夹中的 ir_begin.wav 文件。由扩展
  名.wav 可知，该文件是一个声音文件。

2.4.2 文件资源管理器

文件资源管理器是 Windows 10 中各种文件资源的管理中心，用户可通过它对计算机中的文件进行管理。在 2.3.6 节中介绍的文件夹窗口其实就是文件资源管理器窗口。

打开文件资源管理器的方法包括下面几种。

● 单击"开始"按钮，选择"Windows 系统"，然后单击"文件资源管理器"命令。

● 右击"开始"按钮，在弹出的快捷菜单中选择"文件资源管理器"命令。

● 按 Win+E 组合键。

● 双击任意文件夹，都会通过文件资源管理器打开这个文件夹。

文件资源管理器的基本界面及操作已在 2.3.6 节"窗口及其操作"中介绍过。下面围绕文件和文件夹详细介绍文件资源管理器的各项功能。

1．新建文件或文件夹

在"文件资源管理器"窗口中打开欲新建文件或文件夹的存放位置，然后在空白处右击打开快捷菜单，在"新建"命令下选择新建"文件夹"或某种类型的文件即可。

还可以单击菜单栏的"主页"标签，在展开的功能区中有"新建"栏目，可以从中选择"新建文件夹"选项，或者单击"新建项目"按钮，从中可以选择新建文件夹、快捷方式或者某种类型的文件。

2．选择对象

对文件的各种操作首先需要选择所要操作的对象。并且在实际操作中，经常需要对多个对象进行相同的操作，如移动、复制、删除等。为了快速执行任务，用户可以一次选择多个文件或文件夹，然后执行操作。选择一个或多个对象的方式如下。

(1) 选择单个对象。单击某个对象，该对象即被选中。被选中的对象会呈现背景色突出显示。

(2) 选择不连续的多个对象。按住 Ctrl 键的同时逐个单击要选择的对象，即可选择不连续的多个对象。

(3) 选择连续的多个对象。先单击要选择的第一个对象，然后按住 Shift 键，移动鼠标单击要选择的最后一个对象，即可选择连续的多个对象。也可以按下鼠标左键拖出一个矩形，被矩形包围的所有对象都将被选中。

(4) 选择组内连续、组间不连续的多组对象。单击第一组的第一个对象，然后按下 Shift 键并单击该组的最后一个对象。选中一组后，按下 Ctrl 键，单击另一组的第一个对象，再同时按下 Ctrl+Shift 键并单击该组的最后一个对象。反复执行此步骤，直至选择结束。

(5) 反向选择对象。如果要选择的对象占多数，可以先选择想要排除的少数对象，然后通过"反向选择"选中所有未被选中的对象。操作方法是，先通过前面的方法选中想要排除的对象，然后在"主页"选项卡中的"选择"功能区选择"反向选择"选项。

(6) 取消对象选择。按下 Ctrl 键并单击要取消的对象即可取消单个已选定的对象。若要取消全部已选定的文件，只需要在文件列表旁的空白处单击即可，或者在"主页"选项卡中的"选择"功能区选择"全部取消"选项。

(7) 全选。按下键盘上的 Ctrl+A 组合键，即可选择"文件资源管理器"主窗格中的所有对象，或者在"主页"选项卡中的"选择"功能区选择"全部选择"选项。

对于多个对象的选择，还可以打开菜单栏中的"查看"选项卡，在"显示/隐藏"功能区选中"项目复选框"，然后所有的对象左侧都会出现一个复选框，可以使用鼠标选中相应的复选框来任意地选择一个或者多个文件。

3. 重命名文件或文件夹

右击"文件资源管理器"窗口中欲更名的对象，在弹出的快捷菜单中选择"重命名"命令，或者选中对象后，在"主页"选项卡的"组织"功能区中选择"重命名"命令，此时，该对象名称呈反白显示状态，输入新名称并按回车键即可。

还可以在选中文件后按 F2 功能键进入重命名状态。

另一种简便方式是单击欲更改的对象名称之后，再次单击该对象的名称，此时名称就变为反白显示的重命名状态，输入新名称并按回车键即可。

4. 复制或移动对象

复制或移动对象有几种常用方法：利用剪贴板、左键拖动、右键拖动，以及使用菜单栏中的工具。

(1) 利用剪贴板复制或移动对象。

剪贴板是内存中的一块区域，用于暂时存放用户剪切或复制的内容。

欲利用剪贴板实现文件或文件夹的移动操作，须在"文件资源管理器"窗口中，右击欲移动的对象，在弹出的快捷菜单中选择"剪切"命令，该对象即被移到剪贴板上；再右击欲移到的目标文件夹，在弹出的快捷菜单中选择"粘贴"命令，对象即从剪贴板移到该文件夹下。

如果用户要执行的是复制操作，只需要将上述操作步骤中的"剪切"命令改为"复制"命令即可。注意：此时对象被复制到剪贴板上，然后将该对象从剪贴板复制到目标位置，所以该对象可被粘贴多次。例如，用户可以按上述方法对 C 盘中的一个文件执行快捷菜单中的"复制"命令，然后将其分别粘贴到桌面、D 盘、E 盘和 F 盘，这样就可以得到该文件的 4 个副本。

注意：

"剪切"命令的快捷键为 Ctrl+X，"复制"命令的快捷键为 Ctrl+C，"粘贴"命令的快捷键为 Ctrl+V。

(2) 左键拖动复制或移动对象。

打开"文件资源管理器"窗口，在右窗格中找到欲移动的对象，按住 Shift 键的同时将其拖动到目标文件夹上即可完成移动该对象的操作。按住 Ctrl 键的同时将其拖动到目标文件夹上会完成复制该对象的操作。注意观察，按下 Ctrl 键并拖动对象时，对象旁边有一个小"+"号标记。

(3) 右键拖动复制或移动对象。

打开"文件资源管理器"窗口，在右窗格中找到欲移动的对象，按住鼠标右键将其拖动到目标文件夹上。松开鼠标右键后将弹出如图 2-18 所示的快捷菜单，选择该菜单中的相应命令即可完成移动或复制该对象的操作。

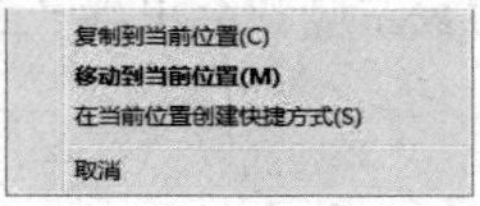

复制到当前位置(C)
移动到当前位置(M)
在当前位置创建快捷方式(S)

取消

图 2-18 快捷菜单

(4) 使用菜单栏的工具复制或移动对象。

单击菜单栏的"主页"标签，在"剪贴板"功能区，可以单击"复制""粘贴""剪切"等按钮，完成剪贴板操作。还可以在"组织"功能区中选择"移到"或者"复制到"选项，然后快速地把对象移动或复制到一个常用位置。

5. 删除与恢复对象

删除文件或文件夹的方法为：右击"文件资源管理器"中欲删除的对象，在弹出的快捷菜单中选择"删除"命令。为了避免用户误删除文件，Windows 10 提供了"回收站"工具。被用户删除的对象一般存放在"回收站"中，必要时可以从"回收站"中还原。

使用"回收站"还原对象的方法为：双击桌面上的"回收站"图标，打开"回收站"窗口，在窗口中右击欲还原的对象，在弹出的快捷菜单中选择"还原"命令即可将该对象恢复到其原始位置。也可单击"回收站"菜单栏上的"回收站工具"，在展开的"还原"工具区中选择"还原选定的项目"来实现还原功能；或者选择"还原所有项目"来还原"回收站"中的所有对象。此外，还可以通过"移动"对象操作把对象移出"回收站"。

"回收站"的容量是有限的。当"回收站"满时，再向"回收站"放入新的内容就会使系统删除较早的内容。所以用户应注意被删除文件的大小及"回收站"的剩余容量，必要时可清理"回收站"或调整"回收站"容量的大小。

清理"回收站"的方法为：右击"回收站"中的对象，在弹出菜单中选择"删除"命令，该操作可将对象永久删除。如果想清空回收站，可以右击"回收站"图标，或在"回收站"窗口中右击空白处，在弹出的快捷菜单中选择"清空回收站"命令，或者在"回收站"菜单栏的"回收站工具"中选择"清空回收站"。

要调整"回收站"容量的大小，需要进入回收站的"属性"设置窗口。可以右击桌面上的"回收站"图标，或在"回收站"窗口中右击空白处，在弹出的快捷菜单中选择"属性"命令，也可以在"回收站"菜单栏的"回收站工具"中选择"回收站属性"命令，以上操作都能打开如图 2-19 所示的"回收站属性"对话框。

用户可以在"最大值(MB)"右边的文本框中输入回收站容量的最大值。选中"不将文件移到回收站中。移除文件后立即将其删除"单选按钮后，删除的所有对象都不再放入"回收站"，而是直接永久删除。若选中"显示删除确认对话框"复选框，则删除对象时，会弹出如图 2-20 所示的对话框。

在未选中"不将文件移到回收站中。移除文件后立即将其删除"的情况下，如果用户希望绕过"回收站"，直接将某对象永久删除，可先选择该对象，然后按 Shift+Delete 组合键，也将弹出图 2-20 所示的对话框。单击"是"按钮后，该对象即被永久删除。

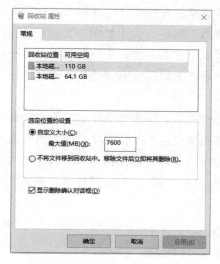

图 2-19　"回收站 属性"对话框

图 2-20　"删除文件"对话框

注意:

一般来说，无论对文件的复制、移动、删除还是重命名操作，都只能在文件没有被打开使用的时候进行。例如，某个 Word 文档被打开后，就不能进行移动、删除或重命名等操作了。

当希望撤销刚刚执行的复制、移动、删除操作时，可以按 Ctrl+Z 组合键恢复原有状态。

另外，有可能在执行某些操作后，虽然文件或文件夹的实际状态发生了变化，但屏幕显示还停留在原来的状态。此时可使用刷新功能来解决。右击"文件资源管理器"右窗格的空白处，在弹出的快捷菜单中选择"刷新"命令即可执行刷新操作。

6. 文件和文件夹的属性

属性包含文件(文件夹)自身的一些重要信息，使用文件(文件夹)的属性对话框可以查看和改变文件(文件夹)的属性。在"文件资源管理器"中右击要查看属性的对象，在弹出的快捷菜单中选择"属性"命令，即可显示对象的属性对话框。或者在菜单栏的"主页"选项卡中选择"打开"功能区的"属性"命令，也可显示对象的属性对话框。

(1) 文件的属性。

不同类型文件的属性对话框有所不同，下面以如图 2-21 所示的 desktop.ini 文件的属性对话框为例来说明文件属性对话框的使用。在图 2-21 所示对话框的"常规"选项卡中，从上到下显示了文件的名称、类型、打开方式、位置、大小、时间、属性(attribute)等信息。文件的

"属性(properties)"和属性对话框之中的"属性(attributes)"虽然中文同名，但含义略有差别，请根据上下文注意区分。

如果修改了属性相关的信息，单击"应用"按钮可以使修改生效，并且不退出属性对话框；单击"确定"按钮在使修改生效的同时会退出对话框。

"打开方式"是文件的重要属性，它指出这种类型的文件默认的打开工具是什么。如需修改"打开方式"，单击"打开方式"旁边的"更改"按钮，弹出如图 2-22 所示的对话框，可以在下拉列表中选择用来打开这种类型的文件的默认工具。如果某种类型的文件没有默认打开工具，在属性对话框的"打开方式"一栏会显示"未知的应用程序"，更改打开方式之后，新选择的工具会成为默认的打开工具。

如果用户并不想修改这种类型的文件的默认打开方式，只是想临时地使用非默认工具打开这个文件，那么可以在"文件资源管理器"中单独选中这个文件，在右击的弹出菜单中选择"打开方式"命令，然后选中想使用的工具。也可以选择"选择其他应用"命令，在弹出窗口中选中工具的同时勾选"始终使用此应用打开.×××文件"，那么同样可以更换.×××类型文件的默认打开方式。

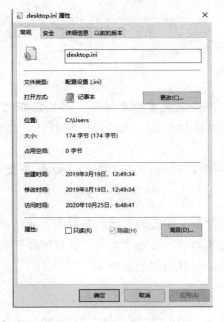

图 2-21　"常规"选项卡　　　　　图 2-22　更改"打开方式"对话框

"属性(attributes)"栏的常用设置包括修改"只读"和"隐藏"属性。若将文件属性设置为"只读"那么文件只允许被读取，不允许被修改。若将文件属性设置为"隐藏"，则默认情况下该文件在"文件资源管理器"中不显示(但仍然可以被访问)。对于 desktop.ini 这样的系统文件，其隐藏属性不可被修改。

(2) 文件夹的属性。

文件夹属性对话框和文件属性对话框是类似的，在图 2-23 中以"用户"文件夹为例，文件夹属性中没有"打开方式"属性,但是有"包含"的文件和文件夹数目属性。其中的文件夹大小和占用空间的信息对于用户进行磁盘空间的管理具有重要的参考价值。

文件夹属性(properties)对话框中的"只读(仅应用于文件夹中的文件)"属性(attribute),作用于文件夹中的文件。打开文件夹属性对话框之后,这一复选框中可能是如图 2-23 中显示的一个黑色方块,这表示文件夹中的文件具有不同的"只读"属性。如果单击这一复选框,可以在空白(对全部文件取消设置"只读")、勾选(对全部文件设置"只读")、方块(保持原状)之间切换。对这一属性做出修改,在单击"应用"按钮或"确定"按钮之后,会弹出如图 2-24 所示的对话框,在这个对话框中用户若选中"将更改应用于此文件夹、子文件夹和文件"单选按钮,则该文件夹、从属于它的所有子文件夹和文件的属性都会被改变。由于"只读"属性"仅应用于文件夹中的文件",所以"仅将更改应用于此文件夹"单选按钮是不可选的。如果修改的是"隐藏"属性,则可以在两个单选按钮之间进行选择,此时如果选择了"仅将更改应用于此文件夹",则这个文件夹中的子文件夹和文件的"隐藏"属性并不改变。

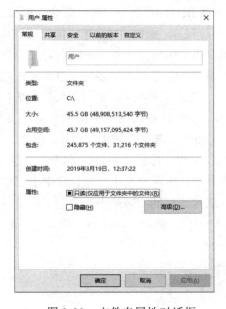

图 2-23 文件夹属性对话框

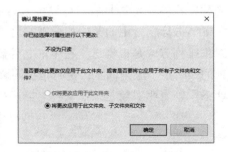

图 2-24 "确认属性修改"对话框

7. 设置查看方式

(1) 窗格。

单击"文件资源管理器"菜单栏的"查看"选项卡,第一个功能区"窗格"可以用来设置"文件资源管理器"的视图区域,在"导航窗格"下拉菜单中,"导航窗格"选项默认是被勾选上的,取消它则无法看到"文件资源管理器"的导航区。"导航窗格"能够呈现系统中所有库、磁盘、网络资源的组织结构,使用户在任何位置浏览的时候都能够通过"导航窗格"快速进入其他位置。选中"展开到打开的文件夹",会使导航窗格中的文件夹结构随着用户打开的文件夹而不断展开。选中"显示所有文件夹",会增加显示一些不常用的位置。选中"显示库"会在导航窗格中增加一个分类"库"。库不是文件夹,但是操作上与文件夹类似。它可以包含分散在不同位置的具有相同特征的文件夹，给予它们统一的入口。系统中默认的库有"视频""图片""文档"等。上述三个选项通过在"导航窗格"的空白处右击，在弹出菜单中选择。

在"窗格"功能区的右侧，有"预览窗格""详细信息窗格"两个选项，二者只能选择其中一个，也可以都不选。选中二者中任意一个都会在主窗格右侧开辟一个新的区域。当用户选中"预览窗格"后，在主窗格中选择一个文件时，右侧的区域会出现选中文件的预览内容。当用户选中"详细信息窗格"后，右侧区域会显示选中文件的详细信息。

(2) 布局。

在"文件资源管理器"菜单栏的"查看"选项卡中，"布局"功能区用来设置主窗格中对象的显示方式。

"超大图标""大图标""中图标""小图标"用来设置对象图标的不同显示大小，并且对象按行来显示，长的对象名称只显示前面的部分。

"列表"布局按列显示文件夹的内容，并且对象图标为小图标，对象名会完整显示出来。

"详细信息"布局会列出各个对象的名称、修改日期、类型、大小等详细资料，如图 2-25 所示。在文件列表的标题栏上右击，从弹出的快捷菜单中可以选择显示哪些对象信息。菜单中选项名称前已打对号的是已经加载的信息，如果用户希望显示更多的信息，可在此菜单中选择添加，如图 2-25 中增加了"创建日期"一栏。选择菜单最下面的"其他"命令，还可选择加载其他更多的信息。当鼠标指向标题栏时，每一个标题栏的右侧会出现一个倒三角符号，单击这个符号，可以依据该栏目中的文件属性值快速地筛选文件夹中的对象。图 2-25 中显示了单击名称一栏的三角符号后，可以根据名称的首字母，选择"A-H""I-P""Q-Z"中的对象。如果单击标题栏中的某一栏，则在这一栏上方会出现一个小三角，这个小三角标志着当前的对象排列方式是根据这一栏中的文件属性值来排列的，如果小三角向上，说明是按照升序排列的，如果小三角向下，说明是按照降序排列的。例如，如果小三角位于"名称"列，且方向朝下，则表明对象是按照文件名降序排列的。

图 2-25　详细信息查看方式

　　"平铺"布局以按列排列图标的形式显示文件和文件夹。这种图标和"中等图标"查看方式一样大，并且会显示文件的属性信息。

　　在"内容"布局下会列出各个文件与文件夹的名称、修改时间和文件的大小。

　　设置布局还有两种快捷方法。

● 在主窗口空白处右击，在弹出菜单中选择"查看"命令，在子菜单中选择具体方式。

● 按住 Ctrl 键，滚动鼠标滚轮，即可在不同的查看方式之间连贯切换。

　　此外，"文件资源管理器"窗口的右下方有两个按钮，可以在"详细信息"(Ctrl+Alt+6) 和"大图标"(Ctrl+Alt+2)布局之间快速切换。

　　(3) 当前视图。

　　在"文件资源管理器"菜单栏的"查看"选项卡中，"当前视图"功能区用来设置对象的排序和分组等方式。

　　单击"排序方式"按钮，在弹出的下拉菜单中可以选择依据哪一种对象属性进行排序，还可以选择按照递增还是递减的顺序排序。选择"选择列"，还可以看到更多的属性选项。

　　单击"分组依据"按钮，在弹出的下拉菜单中，如果选中某一个属性，则会根据这一属性的值对所有的对象进行分组。如果用户想恢复不分组的状态，再次单击"分组依据"按钮，会发现下拉菜单中多出一个"(无)"命令，选择它即可恢复到无分组状态。

　　"排序方式"和"分组依据"两个选项还可以通过在"文件资源管理器"的主窗口空白处右击弹出的菜单中看到。

　　如果当前布局是"详细信息"的形式，在"当前视图"功能区中，"添加列"和"将所有列调整为合适的大小"两个按钮是可以选择的。选择"添加列"可以增加或减少"详细信息"布局中的属性列。当把鼠标指向属性列之间的分隔线时，鼠标箭头会变成类似十字的形状，这时可以按住鼠标左键，拖动鼠标调整属性列的宽度。单击"将所有列调整为合适的大小"按钮，可以立即将所有属性列调整为正好可以完整展示属性信息的宽度。

　　(4) 显示/隐藏。

　　前面介绍过，在文件和文件夹属性中可以设置"隐藏"属性，使对象在默认设置中变得不可见。在菜单栏的"查看"选项卡中，单击"显示/隐藏"功能区的"隐藏所选项目"命令可以快速设置选中对象的"隐藏"属性。选中"隐藏的项目"复选框则可以使具有"隐藏"属性的对象以半透明图标显示出来。"文件扩展名"复选框用来使文件扩展名显示或隐藏起来。显示出文件的扩展名有助于判断文件的类型，并可以通过"重命名"修改文件的类型。显示或隐藏文件和文件的扩展名，还可以通过"文件夹选项"来设置，见下文。

8. 文件夹选项

　　在"文件资源管理器"菜单栏的"查看"选项卡中，单击最右侧的"选项"按钮，会弹出如图 2-26 所示的"文件夹选项"对话框。其中有"常规""查看""搜索"三个选项卡。在此对话框中所做的任何设置和修改，都会对以后打开的所有窗口起作用。

　　在"常规"选项卡中可设置"打开文件资源管理器时打开"的视图，默认是"快速访问"，此时打开"文件资源管理器"后看到的是最近访问的文件夹和文件，用户可以从下拉菜单中选择"此电脑",则打开"文件资源管理器"后看到的就是常用位置和各个磁盘驱动器。在"隐私"选项组中可以设置"快速访问"显示的内容,还可以清除文件资源管理器历史记录。此外还可以设置在一个窗口中或是多个窗口中显示打开的多个文件夹,以及用单击还是双击的方式打开项目。

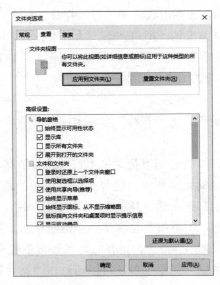

图 2-26 "文件夹选项"对话框

在"查看"选项卡中可设置文件夹和文件的显示方式,图 2-26 所示即为"查看"选项卡的内容。在"文件夹视图"选项组中可以把对当前文件夹的设置应用到同类型的文件夹上。在"高级设置"中,"导航窗格"的设置和在菜单栏中通过"查看"选项卡设置"导航窗格"是一样的;"文件和文件夹"的选项中,可以设置很多显示的细节,包括设置扩展名和隐藏文件是否显示。

在"搜索"选项卡中可以设置是否在搜索时使用索引,以及索引的范围、文件类型、搜索方式等。

2.4.3 磁盘管理

磁盘是计算机最重要的存储设备,操作系统文件及用户的大部分文件都存储在磁盘中。在"文件资源管理器"窗口中,可以看到本地磁盘(C:)、本地磁盘(D:)、本地磁盘(E:)等磁盘标识,但实际上,这些盘符可能对应着磁盘的若干分区,而不是磁盘本身。由于硬盘容量越来越大,为了便于管理,通常需要把硬盘划分为多个分区,这些分区默认被分配了从 C 开始编号的盘符。用户可对每个磁盘分区进行格式化、重命名、清理、查错、备份与碎片整理等操作。

1. 磁盘格式化

格式化是为磁盘存储数据做基础的准备工作。磁盘格式化操作主要用于以下两种情况。

(1) 磁盘在第一次使用之前需要进行格式化操作。

(2) 欲更改某磁盘分区的文件系统时需要进行格式化操作。

格式化的方法为：右击"文件资源管理器"窗口中待格式化的磁盘图标，在弹出的快捷菜单中选择"格式化"命令，打开如图 2-27 所示的用于格式化磁盘的对话框。

图 2-27　用于格式化磁盘的对话框

在"文件系统"下拉列表中可以选择用于格式化的文件系统。通过"分配单元大小"下拉列表可以设置磁盘的最小读写单位。这个单位越大，磁盘一次性读写的数据就越多，速度也越快，但是在这个单元中因数据不能填满而浪费的空间也越多。此处通常选择 4096 字节。在"卷标"输入框中用户可以为磁盘取一个易于记忆的名字。选中"快速格式化"复选框，格式化时将快速删除磁盘中的文件，但是不对磁盘的错误进行检测。在对话框中设置完毕后，单击"开始"按钮，即可执行格式化操作。

注意：
格式化操作会清除磁盘上的全部数据，要谨慎操作。

2. 磁盘重命名

右击"文件资源管理器"窗口中的磁盘图标，在弹出的快捷菜单中选择"重命名"命令，可更改磁盘的名字。

通常可给磁盘取一个反映其内容的名字，例如，若 D 盘中存放的是一些用户资料，可以给 D 盘取名为"资料"。

3. 磁盘清理与优化

右击"文件资源管理器"窗口中的磁盘图标，在弹出的快捷菜单中选择"属性"命令，弹出如图 2-28 所示的磁盘属性对话框。"常规"选项卡的最上方有一个显示磁盘名称的输入框，用户也可在此处修改磁盘名称。下面的栏目中会显示"已用空间"和"可用空间"信息，提供对磁盘容量进行管理的依据。下方"容量"一栏显示磁盘的容量大小，并通过饼图直观地显示磁盘容量的使用状况。

图 2-28　磁盘属性对话框

如果磁盘空间已使用较多，想要释放一些空间，可以单击"磁盘清理"按钮，在弹出的"磁盘清理"对话框中，提示了两种可以删除以释放磁盘空间的文件：DirectX 着色器缓存文件和回收站文件。删除这两种文件都不会影响系统的功能和稳定，缓存文件可以在需要时重新生成出来，回收站中的文件都是已经被删除但没有被彻底清除的文件。单击"确定"按钮，会弹出删除确认对话框，单击"删除文件"按钮即可删除这些文件。

如果想进一步清理磁盘，单击"清理系统文件"按钮，会弹出一个新的"磁盘清理"对话框。"磁盘清理"选项卡中的功能同上。单击"其他选项"选项卡，上面提供了其他两种清理磁盘的方法。

● 在"程序和功能"选项组中，单击"清理"按钮可以删除不用的程序以释放磁盘空间。
● 在"系统还原和卷影复制"选项组中，单击"清理"按钮，可以通过删除系统较早的还原点来释放磁盘空间。还原点是为了系统的安全而在某些时间点对整个系统建立的备份。如果建立过多个还原点，那么只有最近一次的还原点是最有意义的，所以可以删掉较早的还原点来释放空间。

在属性对话框中，打开"工具"选项卡，可以检查磁盘文件系统中的错误及对磁盘进行优化。磁盘的清理和优化功能还可以在"文件资源管理器"菜单栏中打开。单击磁盘，观察菜单栏，会发现出现了一个"驱动器工具"菜单按钮。单击这个按钮，在"管理"功能区中，可以选择"优化""清理"和"格式化"。

2.5　Windows 10 的系统设置

　　Windows 10 系统中，主要有两个用于系统设置的入口，一个是系统"设置"窗口，一个是"控制面板"。在任务栏的搜索框中搜索"控制面板"，可以快速打开"控制面板"工具，如图 2-29 所示。或者在"开始"菜单的应用列表中找到"Windows 系统"文件夹，在其中可以选择"控制面板"并打开。"控制面板"是 Windows 长期以来用于设置系统的主要工具，但是从 Windows 8 开始，Windows 引入了"设置"窗口，并逐步丰富其功能，"控制面板"上的很多功能都可以在"设置"窗口中找到。2.3.1 节介绍的"显示设置"和"个性化"设置就是在"设置"窗口中进行的。"设置"窗口的交互风格与 Windows 10 的整体风格更为一致，其入口也处于更显著的位置。用户可以单击"开始"菜单，"电源"按钮上方就是"设置"按钮；或者在"开始"菜单的应用列表中找到"设置"程序；还可以按下组合键 Win+I 立即打开"设置"窗口，"设置"窗口如图 2-30 所示。

图 2-29　"控制面板"窗口

图 2-30　"设置"窗口

本节将通过"设置"窗口介绍一些系统配置的基本功能。遇到其他问题时，用户也可以通过设置窗口上方的"查找设置"来解决。

2.5.1 系统设置

在"设置"窗口中单击"系统"按钮，进入系统设置界面。

1. 通知设置

Windows 10 的任务栏右侧是"通知区域"，在"系统"窗口的"通知和操作"选项卡上可以设置是否获取来自应用和其他发送者的通知，还可以设置通知的提示信息，以及更具体的接收哪些应用发送的通知。在"专注助手"选项卡上，如果启用了"专注助手"，可以选择只接收高优先级的通知，甚至只接收闹钟通知，屏蔽其他所有通知。还可以设定"专注助手"的操作规则，如时间段、场景(如玩游戏时或者使用全屏时)等。

2. 能源设置

单击"电源与睡眠"选项卡，可以设置经过多长的空闲时间后，屏幕和计算机自动转入节能模式。屏幕的耗电量较高，在空闲时可以关闭屏幕，保持计算机开启，使后台程序继续工作。也可以让计算机进入睡眠状态，这时计算机停止工作，但是可以被立即唤醒。对这二者的设置可以针对"使用电池电源"和"接通电源"两种情况分别设置，对于"使用电池电源"的情况，由于电池的电量很有限，可以按照更高的节能要求来设置。

在"电池"选项卡，可以设置针对电池的节电模式，如限制后台的活动和推送通知等，或者降低屏幕的亮度。

3. 查看系统信息

单击"关于"选项卡，可以查看系统的基本信息。"设备规格"主要是关于计算机硬件的信息，如设备名称、处理器型号和主频、内存大小等。"Windows 规格"是关于操作系统的信息，如版本号、安装日期等。

2.5.2 鼠标设置

在"设置"窗口中单击"设备"按钮，进入设备设置界面。在其中可以设置蓝牙、鼠标、键盘、打印机等设备，这里介绍鼠标的设置。

1. 按键和滚动设置

单击"鼠标"选项卡，主窗口下可以设置鼠标的主按钮和滚轮。默认情况下，鼠标的左侧按钮是主要按钮，但是对于左利手用户，这可能不符合使用习惯。"选择主按钮"可以让用户把鼠标主按钮设置为左按钮或者右按钮。"滚动鼠标滚轮即可滚动"下拉列表中有"一次多行"和"一次一个屏幕"两个选项。选择"一次多行"后，可以进一步地在滑动条上设置一次滚动的具体行数。

如果需要更多设置，可以在"相关设置"中单击"其他鼠标选项"按钮，会弹出如图 2-31

所示的"鼠标 属性"对话框。

图 2-31　"鼠标 属性"对话框

在"鼠标键"选项卡下，"切换主要和次要的按钮"复选框也可以用来设置鼠标主按钮。同时，还可以设置"双击速度"。默认情况下，鼠标双击操作用来打开文件。两次连续单击的时间间隔在一定的时间范围内才被认为是一次双击。这个间隔的时间过小，会使用户感到手指疲劳，不易操作；这个间隔的时间过大，又可能使用户的操作效率降低。因此，用户可以在这里将双击速度设置为令自己最舒适的时间间隔，还可双击右侧的文件夹图标来检验设置的速度。

在"滑轮"选项卡下，也可以设置滚轮一次滚动的行数或是滚动一个屏幕。

2. 光标和指针设置

在鼠标设置主窗口的"相关设置"中选择"调整鼠标和光标大小"后，可以用滑动条更改指针的大小，还可以更改鼠标的颜色。

也可以打开"鼠标 属性"对话框，在如图 2-32 所示的"指针"选项卡下对鼠标方案进行详细设置。"鼠标方案"包含了鼠标在各种状态下的表现，如正常状态、等待状态、文本中的光标状态、调整尺寸时的状态等。系统内置了一系列方案，用户可以在"方案"下拉列表中进行选择。用户也可以针对某一种状态，设置鼠标的光标。选中"自定义"选项组中想要修改的状态，单击"浏览"按钮，在打开的"浏览"对话中选择要用于该选项的新指针即可。并且，用户可以把个性化的设置方案通过单击"方案"选项组中的"另存为"按钮保存起来。

若选中"启用指针阴影"复选框，则鼠标指针会显示阴影效果。

在"指针选项"选项卡中，拖动"移动"栏的滑块可对鼠标指针的移动速度进行设置。鼠标移动速度快，有利于用户迅速移动鼠标指向屏幕的各个位置，但不利于精确定位。鼠标移动速度慢，有利于精确定位，但会降低操作效率。设置后用户可在屏幕上来回移动鼠标指针以测试速度。如果选中"提高指针精确度"复选框，则可以提高指针移动中的稳定性，利于精确定位。

在"贴靠"栏选中"自动将指针移到对话框中的默认按钮"复选框并应用后，则在打开对话框时，鼠标指针会自动移到默认按钮(如"确定"或"应用"按钮)上。

"可见性"栏的选项用于改善鼠标指针的可见性。若选中"显示指针轨迹"复选框，则在移动鼠标指针时会显示指针的移动轨迹，拖动滑块可调整轨迹的长短；若选中"在打字时隐藏指针"复选框，则在输入文字时会隐藏鼠标指针，移动鼠标时指针会重新出现；若选中"当按 Ctrl 键时显示指针的位置"复选框，则按下 Ctrl 键后松开时会以同心圆的方式显示指针的位置。

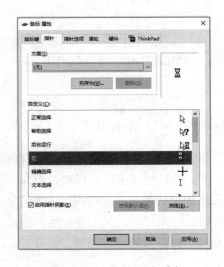

图 2-32　"指针"选项卡

2.5.3　应用管理

1. 卸载、移动或更改应用

在"设置"窗口中单击"应用"按钮，进入"应用"设置界面。在"应用与功能"选项卡下，可以浏览系统中安装的所有应用，如图 2-33 所示。选择"排序依据"下拉列表，可以选择按照"名称""大小"或"安装日期"对应用进行排序。选择"筛选条件"下拉列表，可以根据驱动器来筛选应用。也可以利用搜索框，直接搜索要管理的应用。

找到想要管理的应用之后，单击应用条目，会显示出该应用的版本、大小、安装日期等信息。根据应用的类型，右下角会出现"卸载"和"移动"或者"修改"按钮。传统的桌面应用没有"移动"按钮，但是有些可以"修改"。单击"修改"按钮，会调用应用的安装向导，允许用户修改安装选项，重新设置应用。对于 Windows 10 系统的新型应用，单击"移动"按钮，会弹出选择新驱动器的对话框，允许用户将应用移到一个新的位置。单击"卸载"按钮，如果应用自身配备有卸载程序，就会弹出该程序，引导用户卸载应用；如果应用自身没有卸载程序，则 Windows 10 系统会引导用户逐步卸载程序。

注意：

为了卸载应用，简单地将应用所在的文件夹删除是不够的，一个应用还可能会在其他系统文件夹内创建文件，并且有关该应用的设置还遗留在 Windows 10 的配置文件中。利用手动方法找到并修正这些遗留问题是比较困难的。

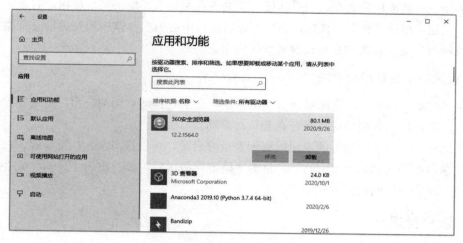

图 2-33 "应用和功能"窗口

2. 设置默认应用

"默认应用"选项卡中提供了对不同功能、文件类型或协议设置默认应用的统一管理界面，如图 2-34 所示。在主界面上可以根据功能选择默认的应用，如"电子邮件"功能、"地图"功能、"音乐播放"功能等。单击功能条目，可在弹出的"选择应用"菜单中选择想要用于该功能的默认应用。

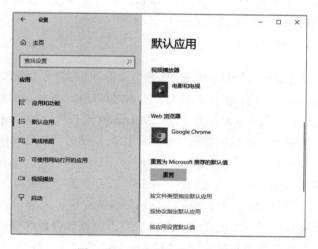

图 2-34 "默认应用"选项卡

在主界面下方，还可以根据文件类型或协议选择默认应用。单击"按文件类型指定默认应用"按钮，会弹出一个文件类型与应用的对应窗口，对于某种文件类型，如果需要修改它的默认应用，只需单击该条目，在弹出的"选择应用"菜单中选择即可。

单击"按协议指定默认应用"按钮，会弹出一个协议与应用的对应窗口。协议可以支持不同的应用之间相互调用。对于某种协议，可以在这里指定其默认调用的应用。设置方式与"按文件类型指定默认应用"类似。

如果单击"按应用设置默认值"按钮，会进入应用列表，单击某个应用，右下角会出现"管理"按钮。单击"管理"按钮，在新的弹出窗口中会列出与该应用有关的文件类型和协议。可以针对这些文件类型和协议设置默认应用。

3. 设置应用在登录时启动

单击"启动"选项卡，该选项卡下列出了当前登录时自动启动的应用，用鼠标单击"开关"按钮，可以控制相应的应用是否在登录时启动。

如果想将一个列表中没有的应用设置为登录时启动，可以按 Win+R 组合键，在弹出的"运行"窗口中输入"shell:startup"，单击"确定"按钮后，在弹出的"启动"文件夹中放入你希望启动的应用的快捷方式即可。

2.5.4　账户管理

Windows 10 是多用户系统，允许系统中存在多个账户，每位用户都可以拥有自己的工作环境，如屏幕背景、鼠标设置，以及网络连接和打印机连接等，保证了同一台计算机中各用户之间互不干扰。

Windows 10 设置了两种账户登录的方式，一种是本地账户，另一种是 Microsoft 账户。本地账户只用于登录当前系统；Microsoft 账户则可以联机到微软公司的账户中心，通过 Microsoft 账户登录到微软公司的多种产品，并在这些产品之间同步账户信息。

不同的账户可能需要分配不同的权限。Windows 10 系统预置了管理员和标准用户两种权限，具有管理员权限的用户可以管理系统所有资源。

1. 管理当前账户

用户如果要查看当前账户的信息，单击"账户"按钮，即可进入"账户"设置界面。在"账户信息"选项卡下面，可以看到当前的账户名、本地账户或者 Microsoft 账户、权限等信息。在这些基本信息下面，可以在"本地账户"和"Microsoft 账户"两种登录方式之间切换。

在"创建头像"标签下，可以选择用"相机"拍照，或者"从现有图片中选择"两种添加头像图片的方式。

如果需要设置或修改当前账户的密码，则单击"账户"窗口左侧的"登录选项"选项卡，其中有多种认证方式可供选择。"Windows Hello"服务提供了人脸识别、指纹识别和 PIN 登录的方式。PIN 登录只能用于本地登录，保证账户不会被远程破解登录。"安全密钥"是一种物理设备，需配合指纹或者 PIN 使用。"图片密码"通过在一幅图片上设置三个用直线、圆或点表示的手势作为认证方式，主要用于带有触摸屏的电脑。单击"密码"按钮，单击右下方的"更改"按钮，即可更改当前账户的密码。

如果用户使用了 Microsoft 账户登录系统，则可以通过单击"账户"窗口左侧的"同步你的设置"选项卡，在其中对账户信息同步的内容进行控制。

2. 创建新账户

只有管理员账户才能把新账户添加到计算机中。

单击"家庭和其他用户"选项卡。在"你的家庭"标签下，可以添加家庭成员账户；在"其他用户"标签下，可以添加非家庭成员账户。家庭成员账户主要用于对儿童使用计算机时进行访问控制，比如过滤某些不良网站和游戏等。

以添加普通账户为例，单击"将其他人添加到这台电脑"按钮。如果当前管理员账户是Microsoft 账户，则在弹出窗口中，会提示用户"此人将如何登录"。如果要添加的使用者已经有了 Windows 或微软公司其他产品的账户，可以直接添加这个账户；如果没有的话，选择"我没有这个人的登录信息"，然后根据如图 2-35 中的提示，使用邮箱或者手机号码创建一个Microsoft 账户或者使用用户名来创建一个本地账户。创建本地账户时，可以不输入密码，如果输入了密码，还需要同时设置三个安全问题，当用户忘记密码时可以通过安全问题登录账户。

图 2-35　创建新账户窗口

添加账户成功后，新账户会出现在账户列表中。单击账户，单击"修改账户类型"按钮，可以把默认的"标准用户"权限提升为"管理员"权限。

注意：

指派给账户的名称就是将出现在"欢迎"屏幕和"开始"菜单中的用户名称。

3. 切换账户

需要切换账户时，可以不用退出当前账户直接切换到其他账户。方法在 2.3.4 "'开始'菜单及其操作"一节中有介绍。

2.5.5　时间和语言

1. 时间和区域

在"设置"窗口中单击"时间和语言"按钮，首先会进入"日期和时间"设置界面，如图 2-36 所示。

图 2-36 "日期和时间"设置界面

在其中可以选择"自动设置时间"或者"手动设置日期和时间"。关闭"自动设置时间"开关，即可单击"手动设置日期和时间"下的"更改"按钮，在弹出的"更改日期和时间"对话框中设置时间。打开"自动设置时间"开关后系统会通过互联网和时间服务器进行同步，从而实现对时间的自动设置。默认的时间服务器地址是 time.windows.com。单击"立即同步"按钮可以立即和服务器进行一次同步，刷新当前时间。类似地，也可以通过"自动设置时区"开关选择自动或者手动设置时区。

在"相关设置"中单击"日期、时间和区域格式设置"按钮，会进入"区域"设置界面。用户可以在此选择所在的国家或地区并设置区域格式，Windows 10 会根据这些信息调整输出的内容、设置日期和时间的格式。在"区域格式数据"标签下，用户可以单击"更改数据格式"按钮，在弹出的对话框中可设置日期和时间的显示样式。

2. 语言和语音

在"语言"选项卡中可以选择"Windows 显示语言"，选择的语言将用于"设置"和"文件资源管理器"等功能。

"首选语言"是应用和网站所显示的语言，也是输入和输出所使用的首选语言。比如输入法、手写识别和语音识别默认使用"首选语言"，而将文本转换为语音输出时也默认使用"首选语言"。

当需要设置输入和输出使用的默认语音时，可以进入"语音"选项卡，选择需要使用的语言用于语音识别，或者选择系统输出所使用的语音。

2.6 Windows 10 的实用工具

Windows 10 自带了很多应用软件，其中有一些非常实用的小工具，掌握它们的基本使用方法能为日常工作带来很大便利。

2.6.1　画图

　　Windows 10 的"画图"是一个位图绘制程序，如图 2-37 所示。用户可以用它打开图片进行浏览或编辑简单的图画，还可以方便地将图片设置为桌面背景。

　　"画图"窗口上方是绘制图画所需的工具箱。在"图像"功能区中可以对图像进行裁剪、调整大小和旋转等操作。"工具"中有铅笔、填充颜色、插入文本、不同风格的笔刷、橡皮等绘图工具。在"形状"中可以选择不同的几何图形进行绘制，并可以选择不同风格和填充色。颜色框可以用来选择绘画所需的前景色和背景色，默认的前景色和背景色显示在颜色盒的左侧，颜色 1 的颜色方块代表前景色，颜色 2 的颜色方块代表背景色。要将某种颜色设置为前景色或背景色，只需先单击颜色 1 按钮或颜色 2 按钮，再单击该颜色框即可。

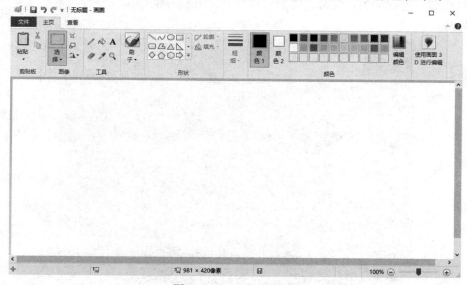

图 2-37　"画图"应用

　　若要将处理好的图片设置为桌面背景，可执行以下操作。

　　(1) 保存图片。

　　(2) 单击"文件"菜单，选择下拉菜单中的"设置为桌面背景"命令，并选择图片的契合样式。

2.6.2　截图和草图

　　Windows 10 中有多种截图的方法，比如，按 PrtSc 键可以截取当前屏幕，然后使用画图工具，把截屏粘贴到新建图片中并保存。

　　如果要截取屏幕的某一个区域，上述方法还需要在画图工具中对图片进行二次裁剪，不是很方便，而"截图和草图"就是专门用来解决这一问题的小工具。在搜索框搜索，或者在"开始"菜单中打开"截图和草图"，如图 2-38 所示。应用主窗口会提示你可以按 Win+Shift+S 组合键打开这个应用。

　　在"截图和草图"主窗口中单击"新建"按钮，可以设置截图的形式："矩形截图"会以按下鼠标后拖动出的线路作为对角线，截取一个矩形区域；"任意形状截图"会随着鼠标拖动出的边界截取任意形状的区域；"窗口截图"会判断鼠标是否位于一个窗口上，并沿着窗口边界截取窗口；"全屏幕截屏"会截取整个屏幕。单击"新建"按钮旁边的倒三角，可以设置截图的延迟时间，这个功能在用户截取时需要用鼠标经过一系列操作才能出现的窗口等情况时非常有用。

截图之后，图片会进入剪贴板。如果是通过"截图和草图"主窗口进入截图界面，截图会自动在"截图和草图"的编辑窗口中打开；如果是按 Win+Shift+S 组合键进入截图界面，截图后系统会发送一个截图被保存到剪贴板的通知，单击该通知会使截图在"截图和草图"的编辑窗口中显示出来。在编辑窗口中，用户可以使用工具栏中部的笔、橡皮、尺、裁剪工具对图片进行编辑，编辑完成后可以选择工具栏右侧的工具进行查看、保存、复制、分享等操作。

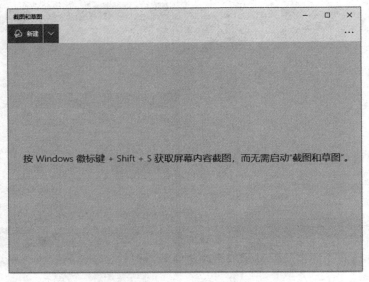

图 2-38　截图和草图应用

2.6.3　记事本

"记事本"是一个用于编辑纯文本文件的编辑器，除了可以设置字体格式，几乎不具备格式处理能力。但是"记事本"运行速度快，用它编辑产生的文件占用空间小，所以在不要求文本格式的情况下，"记事本"是一个很实用的工具。

在搜索框输入"记事本"，或者在"开始"菜单中找到"Windows 附件"文件夹，在其中单击"记事本"后，"记事本"程序会自动在其中打开一个名为"无标题"的文件，用户可直接在其中输入和编辑文字。编辑完成后，若要保存文件，可执行"文件"菜单中的"保存"命令，并在弹出的"保存"对话框中为该文件指定一个名字进行保存。

若需要在"记事本"中打开一个已经存在的文件，可执行"文件"菜单中的"打开"命令，此时将弹出"打开"对话框。用户可在"打开"对话框中选择准备打开的文件所在的文件夹，然后选定准备打开的文件，单击"打开"按钮。

在"编辑"菜单中，可以对文件进行"剪切""复制""粘贴""删除""查找"等基本操作。在"查看"菜单中，可以对显示文字的界面进行缩放。当勾选了"状态栏"之后，可以在"记事本"下方的状态栏中看到光标所在的行和列等信息。

2.6.4　计算器

Windows 10 的"计算器"可以完成所有手持计算器能完成的标准操作，如加法、减法、对数和阶乘等，还可以用于更复杂的科学运算及专为程序员准备的专业性运算。

单击"导航"菜单，可以选择使用"标准""科学""程序员"或"日期计算" 4 种计算模式。如图 2-39 所示的"标准"模式计算器用于执行基本的运算，如加法、减法、开方等。"科学"模式计算器主要用于执行一些函数操作，如求对数、正弦、余弦等。程序员经常需要进行二进制、八进制、十六进制的运算和进制之间的转换，他们可以使用"程序员"模式的计算器。例如，想查看十进制数 182 对应的二进制数，可在如图 2-40 所示的"程序员"模式计算器中输入"182"，这时对应的十六进制(HEX)、十进制(DEC)、八进制(OCT)、二进制(BIN)值就会同时显示出来，在 BIN 一行中可以看到 182 的二进制值是"1011 0110"。"程序员"模式下，可以使用二进制输入数字，并选择按照"字节(BYTE)""字(WORD)""双字(DWORD)""四字(QWORD)"的不同大小输入二进制数，还可以对数字进行位运算和位操作。

图 2-39　"标准"模式计算器

图 2-40　"程序员"模式计算器

2.7　Windows 10 操作训练

一、文件操作

在 D 盘根目录下新建两个文件夹，名字分别为"a1"和"a2"。在文件夹"a1"内新建两个 Word 文档"w1.docx"和"w2.docx"。

(1) 设置 Word 文档"w1.docx"的属性为"只读"和"存档"。

(2) 将 Word 文档"w1.docx"复制到文件夹"a2"内。

(3) 将 Word 文档"w2.docx"移到文件夹"a2"内。

(4) 设置文件夹"a1"的属性为"隐藏"。

(5) 将文件夹"a2"中的 Word 文档"w1.docx"重命名为"a2"。

(6) 将文件夹"a1"删除。

二、语言设置

(1) 将区域格式设置改为：中文(简体汉字，澳门特别行政区)。

(2) 系统首选语言设置加选：中文(繁体，香港特别行政区)。

(3) 把"微软拼音"设置为默认输入法。

(4) 将语言栏悬浮于桌面上。

(5) 添加一种中文输入法。

三、任务栏设置

(1) 将屏幕上的任务栏位置设置为"右侧"。

(2) 使任务栏自动隐藏。

(3) 从任务栏打开任务管理器，查看内存使用率。

(4) 将一种常用应用固定到任务栏。

(5) 将地址添加到任务栏的菜单栏中。

(6) 在"开始"菜单中设置"显示最近打开的项"。

四、系统及个性化设置

(1) 将分辨率设置为 800 × 600 像素。

(2) 将显示方向设置为"纵向"。

(3) 设置电源使用方案：使用电池的情况下，5 分钟后关闭屏幕；使用电源的情况下，15 分钟之后关闭屏幕。

(4) 将主题设置为：Windows(浅色主题)。

(5) 将桌面背景设置为一张自选图片。

(6) 将锁屏背景设置为幻灯片播放。

五、综合操作

(1) 在桌面新建若干图标，并根据项目类型排列图标。

(2) 将任务栏的位置调整至屏幕上方。

(3) 使任务栏不显示系统时间。

(4) 在 D 盘建立"我的文件"文件夹。

(5) 在"我的文件"文件夹下建立"图片"和"资料"文件夹。

(6) 在"图片"文件夹下建立图片文件"smile.bmp"，图片内容为一张笑脸。

(7) 将图片文件"smile.bmp"复制一份至"我的文件"文件夹下。

(8) 在计算机中查找"notepad.exe"文件，观察它的存放位置。

(9) 将"notepad.exe"文件复制到 D 盘的"资料"文件夹中。

(10) 在桌面上建立"notepad.exe"文件的快捷方式。

(11) 将"资料"文件夹里的"notepad.exe"文件移到 D 盘根目录。

(12) 将 D 盘根目录下的"notepad.exe"文件的属性设置为隐藏。若需要，在"文件夹选项"对话框中进行设置，使其真正隐藏。

(13) 将桌面上"notepad.exe"文件的快捷方式放入"回收站"。

(14) 查看"回收站"，并将"notepad.exe"文件的快捷方式还原。

(15) 显示系统已知文件类型的扩展名。

(16) 将"我的文件"文件夹下的"smile.bmp"文件的文件名改为"laugh.bmp"。

(17) 将"laugh.bmp"文件设置为共享。

(18) 将"我的文件"文件夹设置为共享。

(19) 使所有项目以单击方式打开(鼠标指向该对象即被选中，单击即被打开)。

(20) 以"详细信息"的形式显示 D 盘根目录下的所有文件(包括隐藏文件和系统文件)，并按照文件大小升序排列。

(21) 将 D 盘重命名为"软件"。

(22) 在文件资源管理器中不显示导航窗格。

(23) 将桌面背景设置为自己喜欢的一幅画。

(24) 设置锁屏界面。

(25) 自定义一种主题色。

(26) 将系统日期设置为 2001 年 12 月 24 日。

(27) 将数字负数格式改为(1.1)，小数保留位数为 6 位。

(28) 将系统时间格式改为 HH:MM:SS。

(29) 利用"设置"窗口中的"应用"卸载一个软件。

(30) 创建以自己学号为名的用户账户，并切换至自己的账户。

第 3 章

Word 2016

3.1 Word 2016 基本知识

Microsoft Office Word 是 Office 家族的主要程序，是目前比较流行的文字处理软件。作为 Office 套件的核心程序，Word 提供了许多易于使用的文档创建工具，同时也提供了丰富的功能集供用户创建复杂的文档使用。

3.1.1 Word 2016 简介

微软于 2015 年 9 月 22 日发布 Office 2016，Word 2016 在操作上大量采用了选项卡加功能区的方式，使用更加清晰、便捷。Word 2016 的重要特性具体包括以下几个方面。

1. 全新的主题配色

相比 Word 2013 以及更早期的版本而言，Word 2016 的标题栏采用了全新的专属颜色，使得 Word 2016 具有极高的辨识度。这是一个可选的设置，用户可以通过"文件"选项卡中的"选项"命令打开"Word 选项"对话框，单击"常规"选项，通过"Office 主题"下拉列表框切换样式。

2. 搜索框功能

Word 2016 在功能区新增一个写有"告诉我您想要做什么…"的文本框，该文本框是功能区的搜索引擎，能够帮助用户快速查找到希望使用的功能。当用户输入关键字后，搜索框会给出相关命令，这些都是标准的 Office 命令，直接单击即可执行。

3. Insights 引擎

新的 Insights 引擎可借助必应的能力为 Office 带来在线资源，让用户可直接在 Word 文档中使用在线图片或文字定义。当用户选定某个字词时，侧边栏当中将会出现更多的相关信息。使用由必应提供支持的 Insights 引擎可增强阅读体验，该功能可在阅读 Office 文件时显示来自网络的相关信息。

4. 阅读模式

Word 2016 的阅读模式，可以在平板、手机、电脑等各种尺寸的屏幕上获得整洁、舒适的阅读体验。用户在激活阅读模式时，会自动清理菜单，以提供更多的屏幕空间来获得更好的阅读体验。

5. PDF 转换

Word 2016 解决了 PDF 文档内容编辑的问题。通过 Word 2016 打开 PDF 文件时，会自动将其转换为 Word 格式，并且用户能够随心所欲地对其进行编辑。用户可以将修改后的文档，以 PDF 格式保存或者以 Word 格式保存。

6. 协同工作功能

Word 2016 新加入了协同工作的功能，只要通过共享功能选项发出邀请，就可以让其他使用者一同编辑文件，与他人协作处理文档时，可查看其他人正在处理的位置及其所做的更改，而且每个使用者编辑过的地方也会出现提示，让所有参与者都可以看到哪些内容被编辑过。对于需要合作编辑的文档，这项功能提供了极大的便利。

7. 云模块与 Word 融为一体

Word 2016 中的云模块已经很好地与 Windows 10 的"云"功能融为一体，用户可以指定云作为默认存储路径，也可以继续使用本地硬盘存储。Word 2016 与 Windows 10 结合使用，为用户打造了一个开放的文档处理平台，通过手机、平板或其他客户端，用户可以随时存取刚刚存放到云端上的文件。

8. 第三方应用支持

Word 2016 的"插入"选项卡增加了"加载项"组，里面包含"应用商店""我的加载项"。"应用商店"是微软和第三方开发者开发的一些应用，类似于浏览器扩展，主要是为 Word 提供一些扩充性功能。

3.1.2　Word 2016 的安装、启动和退出

1. 自定义安装

将 Microsoft Office 2016 的安装光盘放入光驱，光盘将自动启动 Microsoft Office 2016 的安装程序。首先进入安装初始化界面，自动收集所需安装信息。

一般安装步骤如下。

(1) 按照提示的要求填入用户所购买软件的产品密钥，单击"下一步"按钮。

(2) 按照安装提示的要求输入用户的姓名、用户的公司名称等信息，单击"下一步"按钮。

(3) 显示最终用户许可协议，选中"我接受此协议的条款"复选框，单击"继续"按钮，进入下一个安装界面。

(4) 用户根据需要进行选择，建议单击"立即安装"按钮，安装程序将自动配置默认的文件系统，选择并安装常用的应用程序。若单击"自定义"按钮，则允许用户在安装过程中自定义需要安装的应用程序，"自定义安装"界面如图 3-1 所示。用户可以通过切换

选项卡，选择需要配置的信息，可以在"安装选项"选项卡中，选择想要安装的 Office 组件；在"文件位置"选项卡中，修改 Microsoft Office 2016 的安装位置；在"用户信息"选项卡中，输入用户的全名、缩写和组织。

2. 启动

启动 Word 2016 的常用方法如下。

(1) 从"开始"菜单启动。

单击"开始"菜单，选择 Microsoft Office 下面的 Microsoft Office Word 2016 命令。

图 3-1　Office 自定义安装界面

(2) 从桌面的快捷方式启动。

① 在桌面上创建 Word 2016 的快捷方式。

② 双击快捷图标，或右击快捷图标，从弹出的快捷菜单中选择"打开"命令。

(3) 通过文档打开。

① 双击要打开的 Word 文档。

② 启动 Word 2016，选择"文件"选项卡中的"打开"命令。

3. 退出

退出 Word 2016 的常用方法如下。

(1) 单击 Word 2016 窗口标题栏右侧的"关闭"按钮。

(2) 双击 Word 2016 窗口标题栏最左侧的位置。

(3) 选择"文件"选项卡中的"关闭"命令。

3.1.3　Word 2016 的工作界面

Word 2016 的工作界面主要由标题栏、状态栏、工作区、选项卡和功能区等部分构成，如图 3-2 所示。

1．标题栏

标题栏位于整个 Word 工作界面的最上面，除显示正在编辑的文档的标题外，还包括控制图标、功能区显示选项及"最小化""最大化"/"向下还原"和"关闭"按钮。最左侧是快速访问工具栏，快速访问工具栏用来快速操作一些常用命令，默认包含"保存""撤销键入"和"恢复键入"3 个命令，用户可以自定义快速访问工具栏，增加需要的命令或删除不需要的命令，位置可选择放在功能区下方或功能区上方。

2．选项卡

选项卡是 Word 2016 的一个重要功能。Word 2016 的功能选项卡由"文件"选项卡、"开始"选项卡、"插入"选项卡、"设计"选项卡、"布局"选项卡、"引用"选项卡、"邮件"选项卡、"审阅"选项卡、"视图"选项卡等组成。默认情况下，第一次启动Word 2016 时打开的是"开始"选项卡。

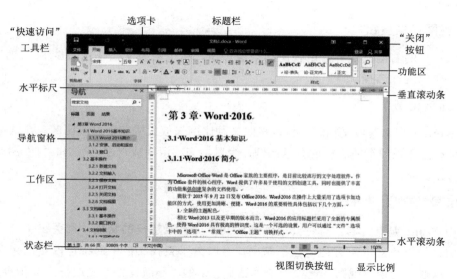

图 3-2　Word 2016 的工作界面

3．功能区

Word 2016 中的功能区，位于选项卡下方的带状区域，它包含了用户使用 Word 程序时需要的几乎所有功能。例如，"开始"选项卡主要包括剪贴板、字体、段落和样式等功能区。有些功能区右下角带有↘标记的按钮，表示有命令设置对话框，打开对话框(即单击)可以进行相应的各项功能的设置。

4．标尺

Word 2016 提供了水平、垂直两种标尺。用户可以利用鼠标对文档边界进行调整。打开 Word 2016 文档时，标尺可以显示也可以隐藏。可以通过选中"视图"选项卡中"显示"组的"标尺"复选框来显示标尺，通过取消"标尺"复选框来隐藏标尺。

5．工作区

工作区也可称为文档编辑区，是输入和编辑文本的区域，鼠标指向正在编辑的文档中的这个区域时呈现"Ⅰ"形状，正处于编辑状态时光标为闪烁的"|"，称为插入点，表示当前输入文字出现的位置。

6．滚动条

滚动条位于工作表的右侧和下方，右侧的称为垂直滚动条，下方的称为水平滚动条。当文本的高度或宽度超过屏幕的高度或宽度时，会出现滚动条，使用垂直或水平滚动条可以显示更多的内容。

7．状态栏

状态栏位于 Word 窗口的下方，用于显示系统当前的状态，如当前的页号、总页数和字数等相关信息。

8．视图切换按钮

在状态栏的右侧有几种常用视图的切换按钮，用于切换文档视图的显示方式，用户可根据实际要求进行选择。

9．显示比例

在 Word 窗口中查看文档时，可以按照某种比例来放大或缩小显示比例。在状态栏的最右侧，可更改正在编辑的文档的显示比例，用鼠标拖动滑块或单击"−"和"+"图标来选择不同的显示比例。

10．导航窗格

使用 Word 编辑文档，有时会遇到长达几十页甚至超长的文档，用关键字定位或用键盘上的翻页键查找，既不方便，也不精确，有时为了查找文档中的特定内容，会浪费很多时间。可以通过选中"视图"选项卡中"显示"组的"导航窗格"复选框来显示导航窗格，通过取消"导航窗格"复选框的选中状态来隐藏导航窗格。

Word 2016 提供文档导航功能的导航方式有 3 种：标题导航、页面导航、结果导航，可以让用户轻松查找、定位到想查阅的文本、批注、图片、表格、公式等文档内容，这大大提高了用户的工作效率。

3.2 基本操作

在进行文字处理前，首先要创建一个新的文档，然后才可以对其进行编辑、设置和打印等操作。

3.2.1　新建文档

新建文档的常用方法如下：

1. 启动 Word 2016

在启动 Word 2016 后，选择"空白文档"，系统会创建一个名为"文档 1"的新文档，默认扩展名为.docx。

2. 利用选项卡

操作步骤如下：

(1) 选择"文件"选项卡，单击"新建"命令，显示"新建"任务窗格。

(2) 单击任务窗格中的"空白文档"模板，如图 3-3 所示，就可以新建一个空白文档，如图 3-4 所示。

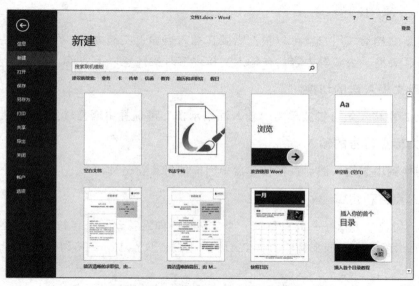

图 3-3　单击"空白文档"模板

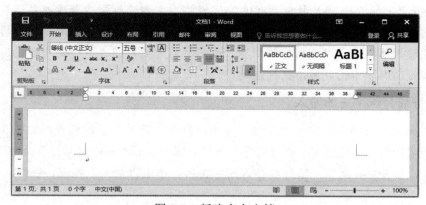

图 3-4　新建空白文档

3．利用快速访问工具栏

单击快速访问工具栏上的"新建空白文档"图标■，也可以新建一个空白文档。

4．利用模板

新建文档时可利用文档模板快速地创建出具有固定格式的文档，如报告、简历、求职信和快照日历等，从而达到提高工作效率的目的。

(1) 选择"文件"选项卡，单击"新建"命令，显示"新建"任务窗格。

(2) 在"新建"区域，单击需要使用的模板；或者在"搜索联机模板"文本框内输入文本，然后单击"开始搜索"按钮；或者在"建议的搜索:"文字提示后面，单击"业务""卡""传单""信函""教育""简历和求职信""假日"，快速搜索相关模板。

(3) 选择所需的模板或向导。

3.2.2 输入文档内容

当创建新文档后，用户就可以根据需要在插入点输入文档内容。可以是汉字、字母、数字、符号、表格、公式等内容。在输入文档内容时应注意以下要点。

1．中西文输入法的切换

按"Ctrl+空格"组合键或单击"输入法指示器"可选择中西文输入法。

2．中文标点符号的输入

只需切换到中文输入法，直接按键盘上所需的标点符号即可。

3．插入点重新定位

(1) 利用键盘功能区，←向左移动一个字符、→向右移动一个字符、↑向上移动一行、↓向下移动一行、PgUp(向上翻一页)、PgDn(向下翻一页)、Home 移到当前行首、End 移到当前行尾。

(2) 利用鼠标移动或移动滚动条，然后在要定位处单击鼠标左键。

(3) 选择"开始"选项卡中的"查找"|"转到"命令，打开"查找和替换"对话框的"定位"选项卡，选择"定位目标:"，可以对"页""节""行""书签"等目标进行定位，在右侧输入框内输入对应目标的信息，单击"前一处"或"下一处"按钮进行定位，然后在文档窗口内欲定位处单击鼠标左键。

4．符号或特殊字符的输入

选择"插入"选项卡，单击"符号"按钮，打开"符号"下拉列表，如图 3-5 所示。

如果所需的符号未能显示，在"符号"下拉列表中选择"其他符号..."命令，弹出"符号"对话框，如图 3-6 所示。选择要插入的字符后，单击"插入"按钮。

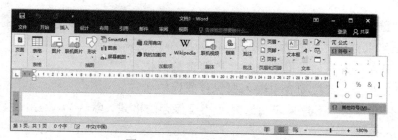

图 3-5　"符号"下拉列表

图 3-6　"符号"对话框

5. 插入状态和改写状态的切换

Insert 键控制插入和改写状态的切换。在插入状态下，输入的文字会出现在插入点的位置，以后的文字会向后退；而在改写状态下，输入的文字会取代插入点后的位置，以后的文字并不向后退。

6. 空格与回车键的使用

空格与回车键在输入文本时不要随意使用。为了排版方便起见，各行结尾处不要按回车键，段落结束时可按此键；对齐文本时也不要用空格键，可用缩进等对齐方式。

3.2.3　保存文档

由于 Word 对打开的文档进行的各种编辑工作都是在内存中进行的，因此如果不执行存盘操作，可能由于一些意外情况而使文档的内容得不到保存而丢失。

1. 保存新建文档

新建文档使用默认文件名"文档 1""文档 N"(数字按顺序排下去)等，如果要保存，可以选择"文件"选项卡的"保存"或"另存为"命令，新建文档选择"保存"命令会自动跳转到"另存为"命令。

"另存为"命令中，单击"OneDrive"选项可以从任何位置访问文件并与任何人共享，单击"这台电脑"选项可以将文件快速保存在今天、昨天、上周访问过的文件夹中，单击

"添加位置"选项可以添加 OneDrive 位置以便更加轻松地将 Office 文档保存到云，单击"浏览"选项可以打开"另存为"对话框，如图 3-7 所示。

(1) 在"保存位置"列表框中选择文档要存放的位置。

(2) 在"文件名"下拉列表中输入要保存文档的名称。

(3) 在"保存类型"下拉列表中选择文档要保存的格式，默认为 Word 文档类型，文件的扩展名为.docx。

(4) 单击"保存"按钮，保存该文档。

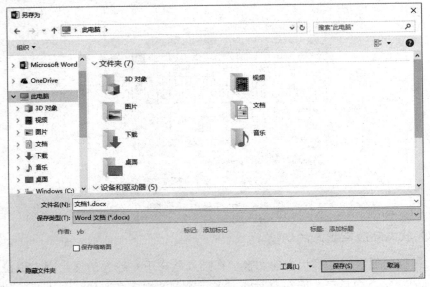

图 3-7　"另存为"对话框

2. 保存已有文档

如果打开的文档已经命名，而且对该文档做了编辑修改，可以进行以下保存操作。

(1) 以原文件名保存。

方法有：

① 选择"文件"选项卡，选择"保存"命令。

② 单击快速访问工具栏上的"保存"按钮。

③ 按 Ctrl+S 组合键。

(2) 另存文件。

选择"文件"选项卡，单击"另存为"命令或使用功能键 F12，打开"另存为"对话框，此处操作与保存新建文档的方法相同(可参考图 3-7)。

(3) 自动保存。

为防止因断电、死机等意外事件丢失未保存的大量文档内容，可执行自动保存功能，指定自动保存的时间间隔，让 Word 自动保存文件。设置"自动保存"的操作步骤如下：

① 选择"文件"选项卡，单击"选项"命令，打开"Word 选项"对话框。

② 单击"保存"选项，选中"保存自动恢复信息时间间隔"复选框，在右侧的数值框中设置自动保存间隔的时间，如图 3-8 所示。

③ 单击"确定"按钮，Word 将以"保存自动恢复信息时间间隔"的设置值为周期定时保存文档。

图 3-8　设置"保存自动恢复信息时间间隔"

3．保护文档

如果所编辑的文档不希望其他用户查看或修改，可以设置文档的安全性。打开保护文档的下拉菜单，有"标记为最终状态""用密码进行加密""限制编辑""限制访问"和"添加数字签名"5 个命令，如图 3-9 所示。前 3 个命令的功能介绍如下。

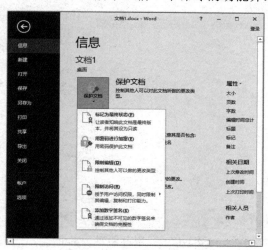

图 3-9　"保护文档"设置

(1)"标记为最终状态"命令：将文档标记为最终状态，使得其他用户知道该文档是最终版本。此设置将文档标记为只读文件，不能对此文件进行编辑操作。这是一种轻度保护，因为其他用户可以删除"标记为最终状态"设置，安全级别并不高，所以应该选择更可靠的保护方式结合使用才更有意义。

(2) "用密码进行加密"命令：打开文件时必须用密码才能操作。可以给文档分别设置"打开文件时的密码"和"修改文件时的密码"，操作步骤如下。

① 在需要设置密码的文档窗口中选择"文件"选项卡，单击"信息"命令。

② 保护文档。选择"保护文档"下拉菜单中的"用密码进行加密"命令，在弹出的对话框中设置密码，如图 3-10 所示。

③ 单击"确定"按钮，打开"确认密码"对话框，如图 3-11 所示。

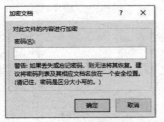 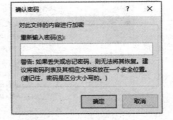

图 3-10　"加密文档"对话框　　图 3-11　"确认密码"对话框

④ 再次输入所设置的密码，单击"确定"按钮。

(3) "限制编辑"命令：控制其他用户可以对此文档所做的更改类型。单击该命令，弹出"限制编辑"窗格，如图 3-12 所示。

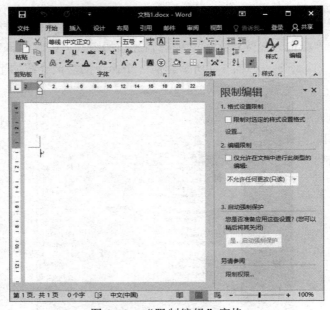

图 3-12　"限制编辑"窗格

① "格式设置限制"命令：要限制对选定的样式设置格式，选中"限制对选定的样式设置格式"复选框，然后单击"设置"按钮，弹出"格式化限制"对话框，如图 3-13 所示，从中进行相应设置。

② "编辑限制"命令：要对文档进行编辑限制，选中"仅允许在文档中进行此类型的编辑"复选框，如图 3-14 所示，然后打开下拉列表框，在弹出的下拉列表中选择限制

选项。当在"编辑限制"栏选中"不允许任何更改(只读)"选项时，会显示"例外项(可选)"。

要设置例外项，选定允许某个人(或所有人)更改的文档，可以选取文档的任何部分。如果要将例外项用于每一个人，选中"例外项"列表框中的"每个人"复选框。要针对某人设置例外项，若在"每个人"下拉列表框中已列出某人，则选中该人即可；若没有列出，则单击"更多用户…"选项，弹出"添加用户"对话框，在其中输入用户的 ID 或电子邮件后，单击"确定"按钮即可。

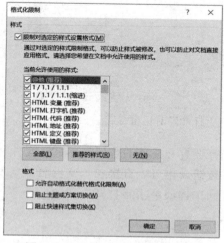

图 3-13 "格式化限制"对话框

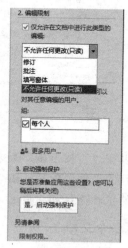

图 3-14 "仅允许在文档中进行此类型的编辑"下拉列表

③ "启动强制保护"命令：单击"启动强制保护"下的"是，启动强制保护"按钮，如图 3-14 所示。弹出"启动强制保护"对话框，如图 3-15 所示。用户可以通过设置密码的方式来保护格式限制。

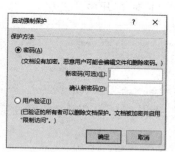

图 3-15 "启动强制保护"对话框

3.2.4 打开文档

1. 打开单个文档

用户可以打开以前保存的文档，单击快速访问工具栏上的"打开"按钮，或选择"文件"选项卡中的"打开"命令，快捷键为 Ctrl+O，用户可以在弹出的"打开"界面中通过

"最近""OneDrive""这台电脑""添加位置""浏览"按钮选择需要打开的文件。单击"浏览"按钮，弹出"打开"对话框，如图 3-16 所示。

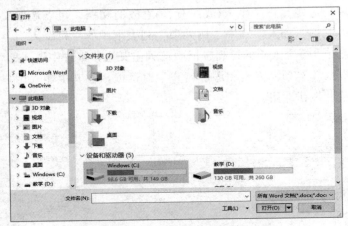

图 3-16　"打开"对话框

用户可以在"查找范围"列表框中选择要打开文档的位置，然后在文件和文件夹列表中选择要打开的文件，最后单击"打开"按钮。也可以直接在"文件名"文本框中输入要打开的文档的正确路径和文件名，然后按回车键或单击"打开"按钮。

2. 打开多个文档

Word 2016 可以同时打开多个文档，方法有两种：依次打开各个文档和一次同时打开多个文档。一次同时打开多个文档的步骤如下。

(1) 选择"文件"选项卡，单击"打开"命令，在弹出的"打开"界面中单击"浏览"按钮，弹出"打开"对话框。

(2) 选中需要打开的多个文档，如图 3-17 所示。

(3) 单击"打开"按钮，即可同时打开多个文档。

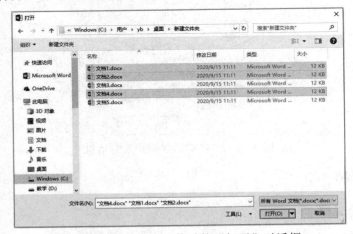

图 3-17　选定多个文件时的"打开"对话框

3.2.5 关闭文档

对操作完毕的文档保存后应将其关闭，常用方法如下。

1．利用"关闭"按钮

单击标题栏上的"关闭"按钮，若打开的是单个文件，在关闭文档的同时会退出 Word 2016 应用程序。

2．利用"文件"选项卡

选择"文件"选项卡，若单击"关闭"命令，作用就是关闭当前文档。若在文档关闭时还未执行保存命令，则显示如图 3-18 所示的提示框，询问是否保存修改的结果，若单击"保存"按钮，则保存对文档的修改并关闭文档；若单击"不保存"按钮，则不保存对文档的修改并关闭文档；若单击"取消"按钮，则重新返回文档编辑窗口。

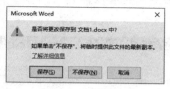

图 3-18 提示框

3.2.6 文档视图

为方便对文档的编辑，Word 提供了多种显示文档的方式，主要包括阅读视图、页面视图、Web 版式视图、大纲视图和草稿，如图 3-19 所示。

图 3-19 "文档视图"组

用户可以根据不同的需要选择适合自己的视图方式来显示和编辑文档。比如，可以使用"页面视图"来输入、编辑和排版文本，观看与打印效果相同的页面；使用"阅读视图"可以优化阅读方式；使用"大纲视图"可以使查看长篇文档结构变得很容易，可以折叠文档只查看主标题等。

1．文档视图概述

(1) 页面视图。

页面视图是首次启动 Word 后默认的视图方式，是"所见即所得"的视图模式。在这种视图模式下，Word 将显示文档编排的各种效果，包括显示页眉和页脚、分栏等，该视图中显示的效果和打印的效果完全一致。

在页面视图中,不再以虚线表示分页,而是直接显示页边框。只有页面视图能拥有两种标尺。

(2) 阅读视图。

阅读视图是 Word 2016 新优化的视图方式,可以使用该视图对文档进行阅读,并支持在平板、手机、电脑等各种尺寸的屏幕上获得整洁、舒适的阅读体验。该视图把整篇文档分屏显示,在该视图中没有页的概念,不会显示页眉和页脚,隐藏所有选项卡。该视图模式比较适合阅读比较长的文档,如果文字较多,它会自动分成多屏以方便用户阅读。

对于阅读视图下的操作,可以在"阅读视图"状态下,在标题栏左侧的"视图"菜单中进行设置。选择"视图"菜单中的"编辑文档"命令可退出阅读视图并进入页面视图;选择"导航窗格"命令可在阅读视图中显示导航窗格;选择"显示批注"命令可在阅读视图中显示批注。在阅读视图状态下,还可以控制"列宽""页面颜色""布局"这三种具体内容,如图 3-20 所示。

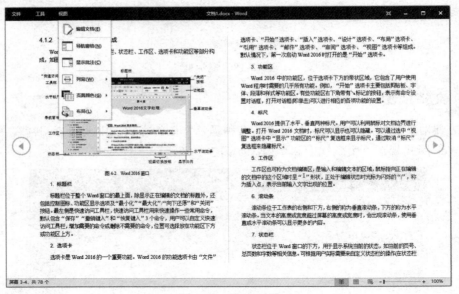

图 3-20 阅读视图

(3) Web 版式视图。

Web 版式视图是几种视图中唯一按窗口的实际大小来显示文本的视图,也是专为浏览、编辑 Web 网页而设计的,它能够以 Web 浏览器方式显示文档。在 Web 版式视图下,可以看到背景和文本,且图形位置和在 Web 浏览器中的位置一致。

(4) 大纲视图。

大纲视图主要用于显示文档的结构。在这种视图模式下,可以看到文档标题的层次关系。对于一个具有多重标题的文档来说,用户可以使用大纲视图来查看该文档。

在大纲视图中可以折叠文档、查看标题或者展开文档,这样可以更好地查看整个文档的结构和内容,移动、复制文字和重组文档都比较方便。

(5) 草稿。

草稿是 Word 中最简化的视图模式，它取消了页边距、分栏、页眉和页脚、背景图形等元素，仅显示标题和正文。因此草稿视图模式仅用于编辑内容和格式都比较简单的文档。

2. 视图切换

视图切换的常用方法如下。

(1) 利用"视图"选项卡。

选择"视图"选项卡，然后在"视图"组中选择相应的视图模式。

(2) 利用快捷按钮

单击状态栏右侧相应视图的切换按钮，即可完成视图切换。

3.3 文档编辑

文档编辑是指对文档内容进行添加、删除、修改、查找、替换、复制和移动等一系列操作。一般在进行这些操作时，需先选定操作对象，然后进行操作。

3.3.1 基本操作

1. 文本的选定

(1) 鼠标选定。

① 拖动选定。

将鼠标指针移到要选择部分的第一个文字的左侧，拖动至要选择部分的最后一个文字右侧，此时被选中的文字呈灰色背景显示。

② 利用选定区。

在文档窗口的左侧有一空白区域，称为选定区，当鼠标移到此处时，鼠标指针变成右上箭头 ⚲ 。这时就可以利用鼠标对一行、一段和整个文档来进行选定操作，操作方法如下。

单击鼠标左键：选中箭头所指向的一行。

双击鼠标左键：选中箭头所指向的一段。

三击鼠标左键：可选定整个文档。

(2) 键盘选定。

将插入点定位到要选定的文本起始位置，按住 Shift 键的同时，再按相应的光标移动键，和 Shift 与 Ctrl 配合便可将选定的范围扩展到相应的位置。

① Shift+↑：选定上一行。

② Shift+↓：选定下一行。

③ Shift+PgUp：选定上一屏。

④ Shift+PgDn：选定下一屏。

⑤ Shift+Ctrl+→：向右选取一个字或单词。

⑥ Shift+Ctrl+←：向左选取一个字或单词。

⑦ Shift+Ctrl+Home：选取到文档开头。

⑧ Shift+Ctrl+End：选取到文档结尾。

⑨ Ctrl+A：选定整个文档。

(3) 组合选定。

① 选定一句：将鼠标指针移到指向该句的任何位置，按住 Ctrl 键并单击鼠标左键。

② 选定连续区域：将插入点定位到要选定的文本起始位置，按住 Shift 键的同时，用鼠标单击结束位置，可选定连续区域。

③ 选定矩形区域：按住 Alt 键，利用鼠标拖动出欲选择的矩形区域。

④ 选定不连续区域：按住 Ctrl 键，再选择不同的区域。

⑤ 选定整个文档：将鼠标指针移到文档的开始位置，按住 Shift 键，再利用鼠标单击文档的结尾。

2．文本的编辑

(1) 移动文本。

移动文本是指将选择的文本从当前位置移到文档的其他位置。在输入文字时，如果需要修改某部分内容的先后次序，可以通过移动操作进行相应的调整，有两种基本操作，方法如下。

① 使用剪贴板：先选中要移动的文本，选择"开始"选项卡"剪贴板"组中的"剪切"命令，定位插入点到目标位置，再单击"剪贴板"组中的"粘贴"命令。

② 使用鼠标：先选中要移动的文本，将选中的文本拖动到目标位置。

(2) 复制文本。

当需要输入相同的文本时，可通过复制操作快速完成。复制与移动两种操作的区别在于：移动文本后原位置的文本消失，复制文本后原位置的文本仍然存在。有两种基本操作，方法如下。

① 使用剪贴板：先选中要复制的文本，选择"开始"选项卡"剪贴板"组中的"复制"命令，定位插入点到目标位置，再单击"剪贴板"组中的"粘贴"命令。只要不修改剪贴板的内容，连续执行"粘贴"操作就可以实现一段文本的多处复制。

② 使用鼠标：先选中要复制的文本，按住 Ctrl 键的同时拖动鼠标到目标位置后，释放鼠标左键和 Ctrl 键。

(3) 删除文本。

删除是将文本从文档中去掉，如果在工作区输入文本内容时出现了错误，可按 Backspace 键删除插入点左侧的一个字符，按 Delete 键删除插入点右侧的一个字符。也可以选中要删除的文本，然后按 Delete 键或 Backspace 键都可以完成删除操作。

3. 查找与替换

在编辑文本时，经常需要对文本进行查找和替换操作，Word 2016 提供了功能强大的查找和替换功能，优化了导航功能。

(1) 查找。

查找的操作步骤如下。

① 在"视图"选项卡的"显示"组中选中"导航窗格"复选框，弹出"导航"窗格，然后在"导航"窗格的"搜索文档"区右侧单击下拉按钮，如图 3-21 所示。

② 在弹出的下拉列表中选择"高级查找"选项，打开"查找和替换"对话框，在"查找内容"下拉列表框中输入要查找的内容。

③ 单击"查找下一处"按钮，开始查找文本。

如果找到要查找的文本，Word 将找到的文本用黄色背景显示，若再单击"查找下一处"按钮，将继续往下查找。完成整个文档的查找后，Word 将提示用户完成查找。

若需要更详细地设置查找匹配条件，可以在"查找和替换"对话框中单击"更多"按钮，此时的对话框如图 3-22 所示。单击"更多"按钮后会出现新的搜索选项，可继续操作，此时按钮文本变成"更少"。

图 3-21　"导航"窗格

图 3-22　"查找和替换"对话框

"搜索选项"选项组。

"搜索"下拉列表框：可以选择搜索的方向，即从当前插入点向上或向下查找。

"区分大小写"复选框：查找大小写完全匹配的文本。

"全字匹配"复选框：仅查找一个单词，而不是单词的一部分。

"使用通配符"复选框：在查找内容中使用通配符。

"同音(英文)"复选框：查找与目标内容发音相同的单词。

"查找单词的所有形式(英文)"复选框：查找与目标内容属于相同形式的单词，最典型的就是 is 的所有变化形式(如 Are、Were、Was、Am、Be)。

"区分前缀"复选框：查找与目标内容开头字符相同的单词。

"区分后缀"复选框：查找与目标内容结尾字符相同的单词。

"区分全/半角"复选框：查找全角、半角完全匹配的字符。

"忽略标点符号"复选框：在查找目标内容时忽略标点符号。

"忽略空格"复选框：在查找目标内容时忽略空格。

"查找"选项组。

"格式"按钮：可以打开一个菜单，选择其中的命令可以设置查找对象的排版格式，如字体、段落、制表位、语言、图文框、样式和突出显示等。单击其中每一项内容，多数都可以弹出一个对话框，以进行高级操作。

"特殊格式"按钮：可以打开一个菜单，选择其中的命令可以设置查找一些特殊符号，如分栏符、分页符等近 30 种内容。

"不限定格式"按钮：取消"查找内容"框下指定的所有格式。

(2) 替换。

Word 的替换功能不仅可以将整个文档中查找到的整个文本替换掉，而且还可以有选择性地替换。操作步骤如下。

① 在"视图"选项卡的"显示"组中选中"导航窗格"复选框，弹出"导航"窗格，然后在"导航"窗格的"搜索文档"区右侧单击下拉按钮，如图 3-21 所示。

② 在弹出的下拉列表中选择"替换"选项，打开"查找和替换"对话框，在"查找内容"下拉列表框中输入要查找的内容，在"替换为"下拉列表框中输入要替换的内容。

③ 若单击"替换"按钮，只替换当前一个，继续向下替换可再次单击此按钮；若单击"查找下一处"按钮，Word 将不替换当前找到的内容，而是继续查找下一处要查找的内容，查找到后是否替换，由用户决定。如果想提高工作效率，单击"全部替换"按钮，Word 会将满足条件的内容全部替换。

同样，替换功能除了能用于一般文本外，也能查找并替换带有格式的文本和一些特殊的符号等，在"查找和替换"对话框中，单击"更多"按钮，可进行相应的设置，相关内容可参考"查找"操作。

若进行"查找"和"替换"操作时不能确定具体内容，可使用通配符操作，表 3-1 所示为常用的通配符的含义和应用实例。

表 3-1　查找和替换中常用的通配符

通配符	含义	应用实例
?	代表任意单个字符	"基？"可查找到"基本""基础"等
*	代表任意多个字符	"基*"可查找到"基本""基本功""基本内容"等

4. 撤销与恢复操作

当进行文档编辑时，难免会出现输入错误，或在排版过程中出现误操作，在这些情况下，撤销和恢复以前的操作就显得很重要。Word 提供了撤销和恢复操作来修改这些错误和误操作。

(1) 撤销。

当用户在编辑文本时,如果对以前所做的操作不满意,要恢复到操作前的状态,可单击快速访问工具栏上的"撤销"按钮 右侧的下拉按钮,因为里面保存了可以撤销的操作。无论单击列表中的哪一项,该项操作及其以前的所有操作都将被撤销。

(2) 恢复。

在经过撤销操作后,"撤销"按钮右侧的"恢复"按钮图标 会变成图标 ,表明已经进行过撤销操作,如果用户想要恢复被撤销的操作,只需要单击快速访问工具栏上的"恢复"按钮。

文本编辑中最常用且最简捷的操作是使用快捷键,如表 3-2 所示。

表 3-2　常用的文本编辑快捷键

文本的编辑	组合键
复制	Ctrl+C
粘贴	Ctrl+V
剪切	Ctrl+X
查找	Ctrl+F
撤销	Ctrl+Z
恢复	Ctrl+Y
保存	Ctrl+S

3.3.2　窗口拆分

当文档比较长时,处理起来很不方便,这时可以将文档的不同部分同时显示,实现方式有以下两种。

(1) 新建窗口。

新建窗口的操作步骤如下。

① 打开需要显示的文档。

② 选择"视图"选项卡,单击"窗口"组中的"新建窗口"按钮。

③ 屏幕上产生一个新的 Word 应用程序窗口,显示的是同一个文档,可以通过窗口的切换和滚动,使不同的窗口显示同一文档的不同部分。

(2) 拆分窗口。

拆分窗口的操作步骤如下。

① 打开需要显示的文档。

② 选择"视图"选项卡,单击"窗口"组中的"拆分"按钮。

③ 选择要拆分的位置,单击鼠标左键,就可以将当前窗口分割为两个子窗口,如图 3-23 所示。

拆分后,任何一个子窗口都可以独立地工作,而且由于它们都是同一窗口的子窗口,因此当前都是活动的，可以迅速地在文档的不同部分传递信息。

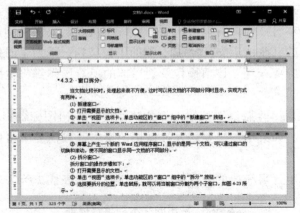

图 3-23　拆分窗口

3.4　文档排版

文档排版是指对文档外观的一种美化。用户可以对文档格式进行反复修改，直到对整个文档的外观满意和符合用户阅读要求为止。文档排版包括字符格式化、段落格式化和页面设置等。

3.4.1　字符格式化

字符格式化是指对字符的字体、字号、字形、颜色、字间距、文字效果等进行设置。设置字符格式可以在字符输入前或输入后进行，输入前可以通过选择新的格式，设置将要输入的格式；对已输入的字符格式进行修改，只需选定需要进行格式设置的字符，然后对选定的字符进行格式设置即可。字符格式的设置是通过"开始"选项卡中的"字体"组和"字体"对话框等方式实现的。

1．"开始"选项卡中的"字体"组

"字体"组如图 3-24 所示。

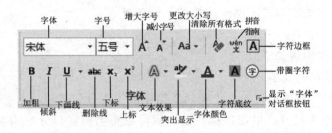

图 3-24　"字体"组

为了能更好地了解"字体"组，表 3-3 中给出了各按钮的简单功能介绍和效果演示。

表 3-3　"字符格式化"效果展示

按钮	名称	功能	效果
华文琥珀	字体	更改字体(包含各种 Windows 已安装的中英文字体，Word 2016 默认的中文字体是等线(中文正文)，英文字体是等线(西文正文))	字体
三号	字号	更改文字的大小	字号
A△	增大字号	增加文字大小	增大字体
A▽	减小字号	缩小文字大小	缩小字体
Aa ▾	更改大小写	将选中的所有文字更改为全部大写、全部小写或其他常见的大写形式	全部大写 AA 全部小写 aa
🧹	清除所有格式	清除所选内容的所有格式，只留下普通、无格式的文本	清除所有格式
B	加粗	使选定文字加粗	**加粗**
I	倾斜	使选定文字倾斜	*倾斜*
U ▾	下画线	在选定文字的下方绘制一条线，单击下三角按钮可选择下画线的类型	下画线
abc	删除线	绘制一条穿过选定文字中间的线	~~删除线~~
X₂	下标	设置下标字符	下$_{标}$
X²	上标	设置上标字符	上^{标}
字	带圈字符	为所选的字符添加圈号，可选择缩小文字和增大圈号，也可以选择不同形状的圈	带圈字符
A	字符底纹	为所选文本添加底纹背景	字符底纹
wén 文	拼音指南	可以在中文字符上添加拼音	pīnyīnzhǐnán 拼音指南
aby ▾	突出显示	给选定的文字添加背景色	效果很多，可在实际操作中体验
A ▾	文本效果	在文档中选择要添加效果的文字，可以将鼠标指向"轮廓""阴影""映像"或"发光"等效果，然后单击要添加的相应着色和效果到文字上	

2．"字体"对话框

单击"开始"选项卡中"字体"组的右下角带有↘标记的按钮，在打开的对话框中可以进行相应的各项功能的设置。

(1)"字体"对话框的"字体"选项卡。

利用"字体"选项卡可以进行字体相关设置，如图 3-25 所示。

① 改变字体：在"中文字体"下拉列表中选择中文字体，在"西文字体"下拉列表中选择英文字体。

② 改变字形：在"字形"列表框中选择字形，如常规、倾斜、加粗、加粗倾斜。

③ 改变字号：在"字号"列表框中选择字号。

④ 改变字体颜色：在"字体颜色"下拉列表中设置字体颜色。

如果想使用更多的颜色可以单击"其他颜色…"选项，打开"颜色"对话框，如图 3-26 所示。

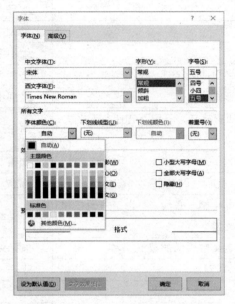 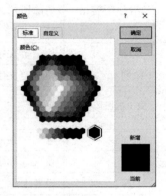

图 3-25　"字体"对话框的"字体"选项卡　　图 3-26　"颜色"对话框

利用"标准"选项卡可以选择标准颜色，在"自定义"选项卡中可以自定义颜色来设置具体颜色。

⑤ 设置下画线：可配合使用"下画线线型"和"下画线颜色"下拉列表来设置下画线。

⑥ 设置着重号：在"着重号"下拉列表中选定着重号标记。

⑦ 设置其他效果：在"效果"选项区域中，可以设置删除线、双删除线、上标、下标、小型大写字母等字符效果。

(2) "高级"选项卡。

利用"高级"选项卡可以进行字符间距设置。"高级"选项卡如图 3-27 所示。

① 字符间距：在"间距"下拉列表中可以选择"标准""加宽"和"紧缩"3 个选项。选择"加宽"或"紧缩"时，可以在右侧的"磅值"数值框中输入所要"加宽"或"紧缩"的磅值。

② 位置：在"位置"下拉列表中可以选择"标准""提升"和"降低"3 个选项。选择"提升"或"降低"时，可以在右侧的"磅值"数值框中输入所要"提升"或"降低"

的磅值。

③ 为字体调整字间距：选中"为字体调整字间距"复选框后，从"磅或更大"数值框中选择字体大小，Word 会自动设置选定字体的字符间距。

(3) "文字效果"按钮。

利用"文字效果"按钮可以进行字符的特殊效果设置。单击"文字效果"按钮，弹出"设置文本效果格式"对话框，如图 3-28 所示，在该对话框中可以进行各种文本效果的设置。

图 3-27　"高级"选项卡　　　图 3-28　"设置文本效果格式"对话框

3. 复制字符格式

复制字符格式是将一个文本的格式复制到其他文本中，使用"开始"选项卡"剪贴板"组中的"格式刷"按钮可以达到目的。操作步骤如下：

(1) 选中已编排好字符格式的源文本或将光标定位在源文本的任意位置处。

(2) 单击"剪贴板"组中的"格式刷"按钮，鼠标指针变成刷子形状。

(3) 在目标文本上拖动鼠标，即可完成格式的复制。

若将选定格式复制到多处文本块上，则需要双击"格式刷"按钮，然后按照上述步骤(3)完成复制。若取消复制，则单击"格式刷"按钮或按 Esc 键，鼠标恢复原状。

4. 设置文字方向

设置文字方向的步骤如下。

(1) 选定要设置文字方向的文本。

(2) 单击"布局"选项卡"页面设置"组中的"文字方向"按钮，在弹出的下拉列表中选择"文字方向选项"命令，打开"文字方向-主文档"对话框，如图 3-29 所示。

图 3-29　"文字方向-主文档"对话框

(3) 选择"方向"区域中相应文字方向的图框，单击"确定"按钮。

3.4.2　段落格式化

段落格式化是指对整个段落的外观进行处理。段落可以由文字、图形和其他对象所构成，段落以 Enter 键作为结束标识符。有时也会遇到这种情况，即录入没有到达文档的右侧边界就需要另起一行，而又不想开始一个新的段落，此时可按 Shift+Enter 键，产生一个手动换行符(软回车)，可实现既不产生一个新的段落又可换行的操作。

如果需要对一个段落进行设置，只需将光标定位于段落中即可，如果要对多个段落进行设置，首先要选中这几个段落。单击"开始"选项卡"段落"组中的按钮来进行相应设置，如图 3-30 所示。

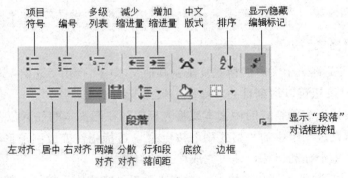

图 3-30　"段落"组

1. 设置段落间距、行间距

段落间距是指两个段落之间的距离，行间距是指段落中行与行之间的距离，Word 默认的行间距是单倍行距。

(1) 利用"开始"选项卡。

在"段落"组中设置段落间距、行间距的步骤如下。

① 选定要改变间距的文档内容。

② 单击"开始"选项卡"段落"组中的"行和段落间距"按钮 ≣▾；或单击"开始"选项卡"段落"组右下角带有↘标记的按钮，在打开的对话框中可以进行相应的各项功能设置，如图 3-31 所示。

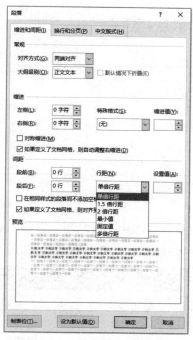

图 3-31 "段落"对话框

③ 选择"缩进和间距"选项卡，在"间距"选项组中的"段前"和"段后"数值框中输入间距值，可调节段前和段后的间距。

④ 在"行距"下拉列表中选择行间距，若选择"固定值"或"最小值"选项，需要在"设置值"数值框中输入所需的数值；若选择"多倍行距"选项，需要在"设置值"数值框中输入所需行数。表 3-4 是对行距的操作效果的一个简单展示。

⑤ 设置完成后，单击"确定"按钮。

表 3-4 行距效果展示

行距	操作方式	效果
单倍行距	选择单倍行距	行距设置得不同 单倍行距
1.5 倍行距	选择 1.5 倍行距	行距设置得不同 1.5 倍行距

(续表)

行距	操作方式	效果
2 倍行距	选择 2 倍行距	行距设置得不同 2 倍行距
最小值	行距(N): 最小值　　设置值(A): 12 磅	具体效果根据实际数字的变化而变化
固定值	行距(N): 固定值　　设置值(A): 12 磅	
多倍行距	行距(N): 多倍行距　　设置值(A): 3	

(2) 利用"布局"选项卡。

在"段落"组中设置段间距、行间距，与利用"开始"选项卡"段落"组的操作基本相同，但这个"段落"组中有可直接调节段前和段后距离的设置，如图 3-32 所示。

图 3-32　　"布局"选项卡的"段落"组

2. 段落缩进

段落缩进是指段落文字的边界相对于左、右页边距的距离。段落缩进有以下 4 种格式，具体内容如下。

左缩进：段落左边界与左边边距保持的距离。

右缩进：段落右边界与右边边距保持的距离。

首行缩进：段落首行的第一个字符与左边界的距离。

悬挂缩进：段落中除首行以外的其他各行与左边界的距离。

(1) 用标尺设置。

Word 窗口的标尺如图 3-33 所示，使用标尺设置段落缩进的操作如下：

图 3-33　　标尺

① 选定要进行缩进的段落或将光标定位在该段落上。

② 拖动相应的缩进标记，向左或向右移到合适位置。

(2) 利用制表符设置。

Word 窗口中的制表符如图 3-34 所示，利用制表符设置段落缩进的操作步骤如下。

① 选择制表符的类型，可单击标尺左侧的"制表符类型"按钮，直到出现用户所需要的对齐方式图标为止。

② 在标尺上适当的位置单击标尺下沿即可。

设置好制表符后，用户就可以用制表符输入文本。按 Tab 键使插入点到达所需的位置，然后输入文本内容，每行结束时按 Enter 键。

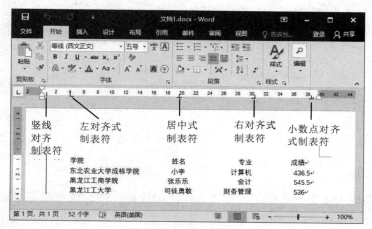

图 3-34　制表符设置

(3) 利用"开始"选项卡。

操作步骤如下：

① 单击"开始"选项卡"段落"组右下角带有↘标记的按钮，可打开"段落"对话框进行相应的各项功能的设置。

② 在"缩进和间距"选项卡的"特殊格式"下拉列表中选择"悬挂缩进"或"首行缩进"，在"缩进"区域设置左、右缩进。

③ 单击"确定"按钮。

(4) 利用"段落"组。

单击"段落"组中的"减少缩进量"按钮 或"增加缩进量"按钮 ，可以完成所选段落左移或右移一个汉字位置。

(5) 利用"布局"选项卡。

使用"段落"组中的"缩进"命令，也可以完成所选段落左移或右移一个汉字位置。

3. 段落的对齐方式

段落的对齐方式包括左对齐、居中对齐、右对齐、两端对齐和分散对齐，Word 默认的对齐格式是两端对齐。

如果要设置段落的对齐方式，则应先选中相应的段落，再单击"段落"组中相应的对齐方式按钮；或利用"段落"对话框中的对齐方式完成。操作步骤如下。

(1) 单击"段落"组右下角带有 标记的按钮，显示"段落"对话框，打开"缩进和间距"选项卡。

(2) 在"对齐方式"下拉列表中选择相应的对齐方式。

(3) 单击"确定"按钮。

段落的对齐效果如图 3-35 所示。

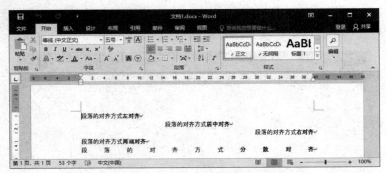

图 3-35　段落的对齐效果

4．边框和底纹

为起到强调或美化文档的作用，可以为指定的段落、图形或表格等添加边框和底纹。添加边框和底纹的操作步骤如下。

(1) 先选定要添加边框和底纹的文档内容。

(2) 单击"开始"选项卡中的"段落"组，选择"边框"下拉列表中的最后一项"边框和底纹"命令，弹出"边框和底纹"对话框，如图 3-36 所示。

图 3-36　"边框和底纹"对话框

(3) 可以进行如下设置。

① 加边框：可以对编辑对象边框的形式、线型、颜色、宽度等外观效果进行设置。

② 加页面边框：可以为页面加边框，设置"页面边框"选项卡与设置"边框"选项卡的操作相似。

③ 加底纹：在"底纹"选项卡的"填充"区域选择底纹的颜色(背景色)，在"样式"下拉列表中设置底纹的样式，在"颜色"下拉列表中选择底纹内填充的颜色(前景色)。

④ 设置完毕后，单击"确定"按钮。

5. 首字下沉

首字下沉就是把文档中某段的第一个字或前几个字放大，以引起注意，效果如图 3-37 所示。

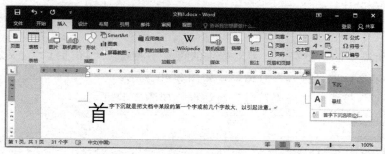

图 3-37　首字下沉

首字下沉分为"下沉"和"悬挂"两种方式，设置段落首字下沉的操作步骤如下。

(1) 先将插入点定位在要设置"首字下沉"的段落中。

(2) 选择"插入"选项卡，单击"文本"组中的"添加首字下沉"下拉列表的最后一项"首字下沉选项"，显示"首字下沉"对话框，如图 3-38 所示。在"位置"区域中选择需要下沉的方式，还可以为首字设置字体、下沉行数，以及与正文的距离。

(3) 单击"确定"按钮。

图 3-38　"首字下沉"对话框

3.4.3　项目符号和编号

对一些需要分类阐述的条目，可以添加项目符号和编号，起到强调的作用，也可以起到美化文档的作用。

1. 添加项目符号

添加项目符号的步骤如下。

(1) 在打开的文档中选定文本内容。

(2) 选择"开始"选项卡，单击"段落"组中的"项目符号"下拉三角按钮，打开"项目符号"下拉列表，如图 3-39 所示。

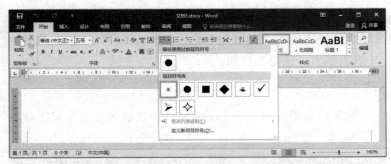

图 3-39 "项目符号"下拉列表

(3) 选择所需要的项目符号，若对提供的符号不满意，可以选择"定义新项目符号"选项，弹出"定义新项目符号"对话框，如图 3-40 所示。

单击"符号"按钮，弹出"符号"对话框，如图 3-41 所示。

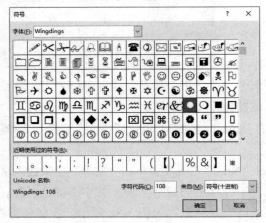

图 3-40 "定义新项目符号"对话框   图 3-41 "符号"对话框

(4) 设置完成后，单击"确定"按钮。

2. 添加编号

添加编号的操作步骤如下。

(1) 选定要设置编号的段落。

(2) 选择"开始"选项卡，单击"段落"组中的"编号"下拉三角按钮，在"编号库"区域中选择相应内容。

(3) 若对提供的编号不满意，也可以选择"定义新编号格式"选项，弹出"定义新编号格式"对话框。在"定义新编号格式"对话框中对"编号样式"和"字体"等相应内容进行设置，如图3-42 所示。

图 3-42 "定义新编号格式"对话框

(4) 设置完成后，单击"确定"按钮。

若对已设置好编号的列表进行插入或删除列表项操作，Word 将自动调整编号，不必人工干预，编号可自动产生。

3．使用多级编号

在文档中，用户可以通过更改编号列表级别来创建多级编号列表，使编号列表的逻辑关系更加清晰，以实现层次效果。具体操作如下。

(1) 选择段落标题文本。在"开始"选项卡单击"段落"组中"多级列表"按钮右侧的下拉三角按钮，在打开的多级列表中选择多级列表的格式，如图 3-43 所示。

(2) 按照插入常规编号的方法输入条目内容，然后选中需要更改编号级别的段落。单击"多级列表"按钮，在打开的面板中选择"更改列表级别"选项，并在打开的下一级菜单中选择编号列表的级别。

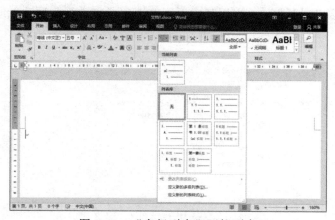

图 3-43　"多级列表"下拉列表

(3) 如有更多要求的设置，可选择"定义新的多级列表"和"定义新的列表样式"命令，在弹出的对话框中进行设置，如图 3-44 所示。

图 3-44　"定义新多级列表"和"定义新列表样式"对话框

3.4.4 页面设计

1. 页面设置

页面设置是指设置文档的总体版面布局，以及选择纸张大小、上下左右边距、页眉页脚与边界的距离等内容，可以利用"布局"选项卡中的"页面设置"组来完成，如图3-45所示。

图3-45 "布局"选项卡的"页面设置"组

选择"布局"选项卡的"页面设置"组，单击"页面设置"的右下角带有↘标记的按钮，弹出"页面设置"对话框，可根据其中不同的选项卡来进行各项功能的设置，如图3-46所示。

图3-46 "页面设置"对话框

(1) "页边距"选项卡。

页边距是指正文与页面边缘的距离，在"页边距"选项卡中主要进行以下设置。

在"页边距"区域的"上""下""左""右"数值框中设置正文与纸张顶部、底部、左侧和右侧预留的宽度；在"装订线位置"下拉列表中选择装订位置，有"左"和"上"两个位置，在"装订线"数值框中设置装订线与纸张边缘的间距；在"纸张方向"区域设置纸张是"横向"还是"纵向"。

(2) "纸张"选项卡。

在"纸张"选项卡中主要进行以下设置。

在"纸张大小"区域中选择使用的纸张类型(如 A4、B5 等)，此时系统显示纸张的默认宽度和高度；若选择"自定义大小"类型，则可在"宽度"和"高度"数值框中设置纸张的宽度和高度。

在"页边距"选项卡和"纸张"选项卡中，利用"预览"区域的"应用于"下拉列表可以选择应用范围。范围可以是"整篇文档""插入点之后"。

2. 页眉和页脚

页眉和页脚是指在文档每一页的顶部和底部加入的信息。这些信息可以是文字和图形等。内容可以是文件名、标题名、日期、页码和单位名等。

页眉和页脚的内容还可以用来生成各种文本的"域代码"(如页码、日期等)。域代码与普通文本的区别是，它随时可以被当前的最新内容所代替。例如，生成日期的域代码根据打印时的系统时钟生成当前的日期。

(1) 创建页眉和页脚。

要创建页眉和页脚，选择"插入"选项卡的"页眉和页脚"组，在"页眉""页脚"和"页码"的下拉列表中选择用户所需要的具体样式，进行操作时选项卡中会出现"页眉和页脚工具"的"设计"选项卡，如图 3-47 所示。其中功能区由"页眉和页脚"组、"插入"组、"导航"组、"选项"组、"位置"组和"关闭"组几部分组成。

图 3-47　"页眉和页脚工具"的"设计"选项卡

(2) 插入页码。

为了便于查找，常常在一篇文档中添加页码来编辑文档的顺序。页码可以添加到文档的顶部和底部。页眉、页脚设置中重要的一项就是页码的设置。页码可以按照域的形式插入页眉、页脚的相关位置上，并随着页的增加自动增加。对于页码本身的格式，可以按照字体设置和段落设置的步骤进行修改和调整。而对页码的编号方式，则需要进入"页码格式"对话框进行设置，如图 3-48 所示。

3. 分栏

"分栏"可以编排出类似于报纸的多栏版式效果。它可以对整篇文档或部分文档分栏。选择"布局"选项卡，单击"页面设置"组中的"分栏"下拉按钮，选择"更多分栏"命令，弹出"分栏"对话框，如图 3-49 所示。

在"栏数"数值框中可以指定分栏数；若要求各栏宽相等，可在"宽度和间距"区域中设置栏的宽度和间距，若要求栏宽不相等，可以取消对"栏宽相等"复选框的选择，在"宽度和间距"区域中设置每栏的宽度和间距；若选中"分隔线"复选框，则可在各栏之间加入分隔线。

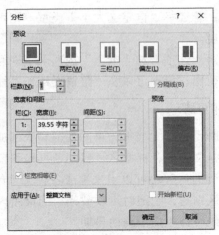

图 3-48　"页码格式"对话框　　　　　图 3-49　"分栏"对话框

4. 分页符和分节符

(1) 分页。

Word 自动在当前页已满时插入分页符，开始新的一页。这种分页符称为"自动分页符"或"软分页符"。但有时也需要强制分页，这时可以人工输入分页符，这种分页符称为"硬分页符"。

插入分页符的操作步骤如下。

① 将插入点定位到欲强制分页的位置。

② 选择"布局"选项卡，在"页面设置"组中单击"分隔符"按钮，打开"分隔符"下拉列表，如图 3-50 所示。

图 3-50　"分隔符"下拉列表

③ 在该下拉列表中选择"分页符"组下的"分页符"。

上述操作也可在定位插入点后，使用 Ctrl+Enter 快捷键插入分页符。

(2) 分节。

在页面设置和排版中，可以将文档分成任意几节，并且分别格式化每一节。节可以是整个文档，也可以是文档的一部分，如一段或一页。

在建立文档时，系统默认整个文档就是一节，如果要在文档中建立节，就需插入分节符。所在节的格式，如"页边距""页码"和"页眉和页脚"等，都存储在分节符中。如图 3-50 所示，在"分节符"区域中有"下一页""连续""偶数页""奇数页"4 个选项，用户可根据需要进行选择。

5. 设置背景

文档背景是显示 Word 文档最底层的颜色或图案，用于丰富 Word 文档的页面显示效果。水印用于打印的文档，可在正文文字的下面添加文字或图形。用户可以通过"设计"选项卡中的"页面背景"组来完成，如添加"水印""页面颜色"和"页面边框"等功能。

(1) 背景。

可以将过渡色、图案、图片、纯色或纹理作为背景，背景的形式多种多样，既可以是内容丰富的徽标，也可以是装饰性的纯色。在文档中设置页面背景的步骤如下。

① 打开要操作的文档，选择"设计"选项卡。

② 在"页面背景"组中单击"页面颜色"按钮，并在打开的"页面颜色"面板中选择"主题颜色"或"标准色"中的特定颜色，如图 3-51 所示。

如果"主题颜色"和"标准色"中显示的颜色依然无法满足用户的需要，可以选择"其他颜色"命令，在打开的"颜色"对话框中切换到"自定义"选项卡，并选择合适的颜色，如图 3-52 所示。

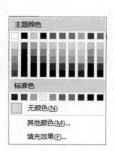

图 3-51 "页面颜色"面板　　　图 3-52 "自定义"选项卡

如果希望对页面背景进行渐变、纹理、图案或图片的填充效果设置，选择"填充效果"命令，然后在弹出的"填充效果"对话框中进行设置，如图 3-53 所示。

图 3-53　"填充效果"对话框

(2) 水印。

在许多实际操作中，常常需要为页面添加水印，例如，在公司文件和学习资料中添加水印。添加文字水印效果的步骤如下。

① 打开要操作的文档，选择"设计"选项卡。

② 在"页面背景"组中单击"水印"按钮，在弹出的"水印"下拉列表中选择合适的水印，如图 3-54 所示。

图 3-54　"水印"下拉列表

③ 在"水印"下拉列表中选择"自定义水印"命令，在弹出的"水印"对话框中选中"文字水印"单选按钮。在"文字"编辑框中输入用户所需要的水印文字内容，并根据需要设置字体、字号和颜色，选中"半透明"复选框，设置水印版式为"斜式"或"水平"，如图 3-55 所示。

④ 单击"确定"按钮，水印效果设置结束。

图 3-55　"水印"对话框

3.5　表格

表格以行和列的形式组织信息，其结构严谨，效果直观，而且信息量较大。Word 提供了表格功能，可以方便地创建和使用表格。

3.5.1　创建表格

表格由若干行和列组成，行列的交叉区域称为"单元格"。在单元格中可以填写数值、文字和插入图片等。

在 Word 中，可以手工绘制表格，也可以自动插入表格。

1. 手工绘制表格

操作步骤如下。

(1) 将插入点定位在要插入表格处。

(2) 选择"插入"选项卡，打开"表格"组中的"表格"下拉列表，选择"绘制表格"命令，如图 3-56 所示，此时，鼠标指针变成笔形。

(3) 绘制表格。可拖动鼠标在文档中画出一个矩形

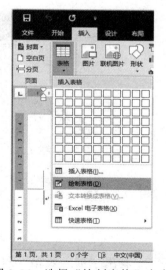

图 3-56　选择"绘制表格"命令

的区域，到达所需要设置表格大小的位置，即可形成整个表格的外部轮廓。然后再具体划分表格内部的单元格。拖动鼠标在表格中形成一条从左到右，或者是从上到下的虚线，释

放鼠标，一条表格中的划分线就形成了。在单元格内绘制斜线，以便需要时分隔不同的项目，绘制方法与绘制直线一样。

下面为一个手工绘制的表格实例，如图 3-57 所示。

当开始绘制表格时，自动激活"表格工具"的"设计"和"布局"选项卡。"表格工具"的"设计"选项卡由"表格样式选项"组、"表格样式"组和"边框"组三部分组成；"表格工具"的"布局"选项卡功能区由"表"组、"绘图"组、"行和列"组、"合并"组、"单元格大小"组、"对齐方式"组和"数据"组几部分组成。

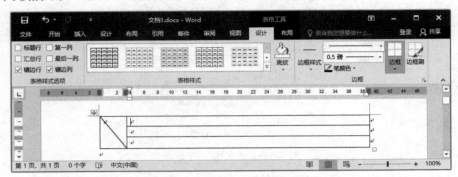

图 3-57　手工绘制表格实例

2. 利用"插入"选项卡

选择"插入"选项卡，打开"表格"组中的"插入表格"下拉列表，显示相应的网格框，在网格框中向右下拖动，直到所需的行、列数为止，即可在插入点处建立一个空表，如图 3-58 所示。

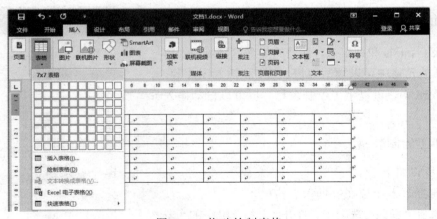

图 3-58　拖动绘制表格

3. 利用"插入表格"对话框

操作步骤如下。

(1) 在图 3-56 所示的"表格"下拉列表中选择"插入表格"命令，打开"插入表格"对话框，如图 3-59 所示。

(2) 在"表格尺寸"区域设置行数和列数。

若想使用 Word 提供的根据格式设置创建新样式，需要单击"表格工具-设计"选项卡的"表格样式"组，选择"新建表格样式"选项，弹出"根据格式设置创建新样式"对话框，如图 3-60 所示，选择所需的表格样式。

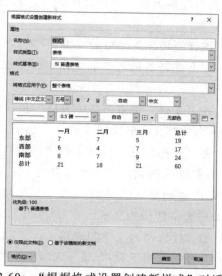

图 3-59　"插入表格"对话框　　　图 3-60　"根据格式设置创建新样式"对话框

(3) 单击"确定"按钮。

4．快速插入表格

为了快速制作出美观的表格，Word 2016 提供了许多内置表格，用户可以快速地插入内置表格并输入数据。

选择"插入"选项卡，在"表格"组中单击"表格"按钮，在弹出的下拉列表中选择"快速表格"命令，在弹出的子列表中选择并插入内置表格，如图 3-61 所示。

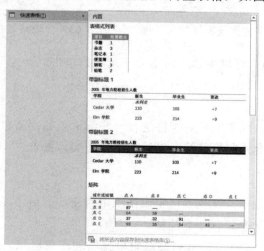

图 3-61　快速插入内置表格

5. 文本与表格的相互转换

Word 中允许在文本和表格之间进行相互转换。

(1) 将文本转换成表格。

将文本转换为表格时，使用逗号、制表符或其他分隔符标记新的列开始的位置。具体操作步骤如下。

① 选择要转换为表格的文本。

② 在准备转换成表格的文本中，用逗号、制表符或其他分隔符标记新的列开始的位置。

③ 在"表格"组中单击"表格"按钮，在弹出的下拉列表中选择"文本转换成表格"命令，弹出"将文字转换成表格"对话框，如图 3-62 所示。

④ 在"表格尺寸"区域中的"列数"微调框中输入所需要的列数，如果设置的列数大于原始数据的列数，后面会添加空列；在"文字分隔位置"区域选中所需要的分隔符选项，单击"确定"按钮。

(2) 将表格转换为文本。

① 选择要转换为文字的表格。

② 选择"表格工具-布局"选项卡，单击"数据"组中的"转换为文本"按钮，打开"表格转换成文本"对话框，如图 3-63 所示。

图 3-62　　"将文字转换成表格"对话框　　　图 3-63　　"表格转换成文本"对话框

③ 在"文字分隔符"区域中选择所需要的选项，单击"确定"按钮。

3.5.2　编辑表格

创建好一个表格后，经常需要对表格进行一些编辑，如行高和列宽的调整、行或列的插入和删除、单元格的合并和拆分等，以满足用户的实际要求。

1. 选定表格

对表格进行格式化之前，首先要选定表格编辑对象，然后才能对表格进行操作。选定表格编辑对象的鼠标操作方式有如下几种。

① 选定单元格：将鼠标指针移到要选定单元格的左侧区域，鼠标指针变成右上的箭头，单击即可选定该单元格。

②　选定一行：将鼠标指针移到要选定行左侧的选定区，当鼠标指针变成 ⬈，单击即可选定该行。

③　选定一列：将鼠标指针移到该列顶部的选定区，当鼠标指针变成 ⬇，单击即可选定该列。

④　选定连续单元格区域：拖动鼠标选定连续单元格区域即可。这种方法也可以用于选定单个、一行或一列单元格。

⑤　选定整个表格：将鼠标指针指向表格左上角，单击出现的"表格的移动控制点"图标 ⊞，即可选定整个表格。

2. 调整行高和列宽

创建表格时，表格的行高和列宽都是默认值，而在实际操作中常常要调整表格的行高或列宽。方法如下。

(1) 使用鼠标。

①　用鼠标指针直接拖动边框，则边框左右两列的宽度会发生变化，但整个表格的总体宽度不变。

②　将鼠标指针指向要改变行高(列宽)的垂直(水平)标尺处的行列标志上，此时，鼠标指针变为一个垂直(水平)的双向箭头，拖动垂直(水平)行列标志到所需要的行高和列宽即可。

(2) 使用"表格工具-布局"选项卡的"表"组。

操作步骤如下。

①　选定表格中要改变列宽(行高)的列(行)。

②　选择"表格工具-布局"选项卡"表"组中的"属性"命令，弹出"表格属性"对话框，如图 3-64 所示。

③　选择"列"(行)选项卡，在"指定宽度"(指定高度)数值框中输入数值。

④　单击"确定"按钮。

(3) 使用"单元格大小"组。

直接在"单元格大小"组中的"列"(行)数值框中输入数值即可，如图 3-65 所示。

图 3-64　"表格属性"对话框

图 3-65　"单元格大小"组

(4) 使用"自动调整"命令。

可以直接选择"单元格大小"组中的"自动调整"命令，打开的下拉列表中有3种自动调整方式：根据内容自动调整表格、根据窗口自动调整表格和固定列宽，如图3-65所示。

操作步骤如下。

① 把光标定位在表格的任意单元格。

② 单击"表格工具-布局"选项卡"单元格大小"组，选择"自动调整"下拉列表中的相应命令；或选中表格的某行(或列)，然后在选中区域单击鼠标右键，在弹出的快捷菜单中选择"自动调整"级联菜单中的相应命令。根据设置系统可自动进行调整。

3．行、列的插入和删除

(1) 插入行和列。

① 先在表格中选定某行(或列)，要增加几行(或列)就选定几行(或列)，在"表格工具-布局"选项卡的"行和列"组选择要增加行(或列)的位置，如图3-66所示。

图3-66　"表格工具-布局"选项卡

② 单击"行和列"组右下角带有↘标记的按钮，打开"插入单元格"对话框，可以进行相应的各项功能的设置，如图3-67所示。

(2) 删除行或列。

先在表格中选定要删除的行或列，单击"表格工具-布局"选项卡的"行和列"组。再选择"删除"命令，显示下拉列表，如图3-68所示，选择"删除行"或"删除列"命令，即可完成相应操作。

图3-67　"插入单元格"对话框

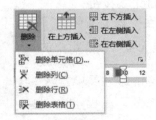

图3-68　"删除"命令下拉列表

4．单元格的合并和拆分

单元格的合并是把相邻的多个单元格合并成一个，单元格的拆分是把一个单元格拆分为多个单元格。

(1) 合并单元格。

如果要进行合并单元格操作，先选定要进行合并的多个单元格，然后右击选择的单元格，在弹出的快捷菜单中选择"合并单元格"命令或单击功能区"合并"组中的"合并单元格"按钮。

(2) 拆分单元格。

如果要进行拆分单元格操作，先选定要进行拆分的单元格，然后右击选择的单元格，在弹出的快捷菜单中选择"拆分单元格"命令或单击功能区"合并"组中的"拆分单元格"按钮，弹出"拆分单元格"对话框，如图 3-69 所示。在"列数"框中填入要拆分成的列数；在"行数"框中填入要拆分成的行数，再单击"确定"按钮即可。

图 3-69　"拆分单元格"对话框

3.5.3　表格的格式化

创建好一个表格之后，可以对表格的外观进行美化，以达到理想的效果。

1. 单元格对齐方式

一般在某个表格的单元格中进行文本输入时，该文本都将按照一定的方式，显示在表格的单元格中。Word 提供了 9 种单元格中文本的对齐方式：靠上两端对齐、靠上居中对齐、靠上右对齐；中部两端对齐、水平居中、中部右对齐；靠下两端对齐、靠下居中对齐、靠下右对齐。

进行单元格对齐方式设置的具体操作步骤如下。

(1) 快捷菜单操作。

① 选定单元格。

② 右击选定的单元格，选择弹出菜单中的"表格属性"命令，在弹出的对话框中进行对齐方式的设置。

(2) "对齐方式"组。

① 选定单元格。

② 选择"表格工具-布局"选项卡的"对齐方式"组，单击"单元格对齐方式"菜单中需要的对齐方式。

2. 设置文字方向

表格中文本的格式化方法与文档中文本的格式化相同，同时也可以设置文字的方向。设置表格文字方向的步骤如下。

(1) 选定要设置文字方向的单元格。

(2) 单击"对齐方式"组中的"文字方向"命令；或右击表格，在弹出的快捷菜单中选择"文字方向"命令，显示"文字方向-表格单元格"对话框。

(3) 在"方向"区域中选择所需要的文字方向。

(4) 单击"确定"按钮。

3. 设置表格的边框和底纹

设置表格的边框和底纹的步骤如下。

(1) 选定表格。

(2) 选择"表格工具-设计"选项卡，单击"底纹"和"边框样式"命令；或右击表格，选择快捷菜单中的"表格属性"命令，打开"表格属性"对话框，单击"边框和底纹"按钮，打开"边框和底纹"对话框。

(3) 在"边框和底纹"对话框的"底纹""边框"和"页面边框"选项卡中进行相应的设置。

(4) 设置完毕后，单击"确定"按钮。

3.5.4 表格中的数据

Word 提供了在表格中对数据进行计算和排序的功能。

表格中的单元格列号依次用 A、B、C、D、E 等字母表示，行号依次用 1、2、3、4、5 等数字表示，用列、行坐标表示单元格，如 A1、B2 等。

1. 表格中的数据计算

在表格中计算数据的操作步骤如下。

(1) 定位要放置计算结果的单元格。

(2) 选择"表格工具-布局"选项卡的"数据"组，单击"公式"命令，弹出"公式"对话框，如图 3-70 所示。

图 3-70   "公式"对话框

(3) 用户可以在"粘贴函数"下拉列表中选择所需的函数或在"公式"文本框中直接输入公式。

(4) 单击"确定"按钮。

2. 表格中的数据排序

可根据某几列内容对表格中的数据进行升序和降序排列。操作步骤如下。

(1) 选择需要排序的列或单元格。

（2）选择"表格工具-布局"选项卡的"数据"组，单击"排序"命令，打开"排序"对话框，如图 3-71 所示。

（3）设置排序的关键字的优先次序、类型、排序方式等。

（4）单击"确定"按钮。

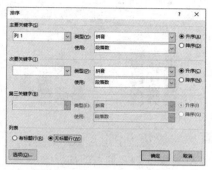

图 3-71　"排序"对话框

3.5.5　图表

Word 可以将表格中的部分或全部数据生成各种统计图，如柱形图、折线图、饼图等，默认生成的是柱形图，操作步骤如下。

（1）单击"插入"选项卡"插图"组中的"图表"命令。

（2）打开"插入图表"对话框，单击左侧图表类型，选择所需图表的类型具体项，然后单击"确定"按钮，如图 3-72 所示。

（3）所选择的图表会插入指定位置，同时弹出 Excel 表格，在其中可以编辑数据，如图 3-73 所示。

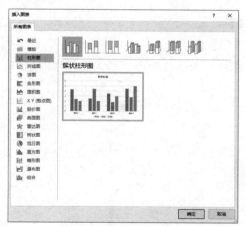

图 3-72　"插入图表"对话框

图 3-73　Excel 2016 数据编辑

数据编辑完毕后，可以关闭 Excel 表格，操作完成后的结果如图 3-74 所示。

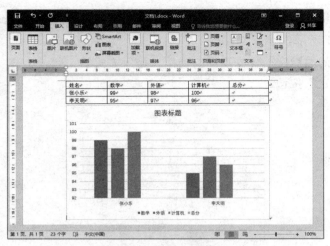

图 3-74　插入的柱形图

3.6　图文混排

在 Word 中，除了可以编辑文本外，还可以向文档中插入图片，并将图片以用户需要的形式与文本编排在一起进行图文混排。

Word 中可使用的图片有自选图形、图片文件、剪贴画、艺术字和公式等内容。

3.6.1　插入图片

1. 插入图片文件

在 Word 文档中插入图片文件的操作步骤如下。

(1) 将插入点定位在要插入图片的位置。

(2) 单击"插入"选项卡"插入"组中的"图片"命令，弹出"插入图片"对话框，如图 3-75 所示。

图 3-75　"插入图片"对话框

（3）在"查找范围"列表框中选择图片的所在位置，选择要插入的图片文件。

（4）单击"插入"按钮。

2．插入联机图片

在文档中插入"联机图片"的操作步骤如下。

（1）在文档中定位要插入联机图片的位置。

（2）单击"插入"选项卡"插图"组中的"联机图片"命令。

（3）在"插入图片"任务窗格的"搜索必应"输入框中输入文字，单击"搜索"按钮，会显示联网的图片搜索结果，如图 3-76 所示。

图 3-76　显示图片搜索结果

（4）选择要插入的联机图片，单击"插入"按钮，完成插入操作。

插入联机图片后，若不关闭任务窗格，可以继续插入其他剪贴画。完成插入后，单击任务窗格右上角的"关闭"按钮即可关闭任务窗格。

3．编辑图片

插入图片后，还可以对图片进行编辑，如图片的移动、复制和删除，尺寸、位置的调整，缩放和裁剪等。

1）图片的移动、复制和删除

移动图片，只需将鼠标定位在该图片上拖动即可，而图片的复制和删除操作与文本的复制和删除操作相同。

2）图片的缩放和裁剪

（1）缩放图片。

① 手动操作。

手动缩放图片的操作步骤如下。

选定要缩放的图片，此时图片四周显示 8 个句柄。

将鼠标指针指向某个句柄时，鼠标指针变成双向箭头，可根据需要进行拖动。

② 利用"图片工具-格式"选项卡。

选中图片后，"图片工具-格式"选项卡会被激活，若要精确地缩放图形，可以选定要操作的图片，在"大小"组的"数字高度"和"数字宽度"微调框中直接输入数字完成操作，如图 3-77 所示。

图 3-77　"图片工具-格式"选项卡

③ 利用"布局"对话框。

若要精确地缩放图形，也可以利用对话框进行相应的操作。操作步骤如下。

a. 选定要缩放的图形。

b. 单击"大小"组右下角带有↘标记的按钮，打开"布局"对话框，在"大小"选项卡中的"高度"和"宽度"位置输入数字即可。

(2) 设置图片的环绕方式。

可以对图片周围的环绕文字进行设置，操作方法如下。

① 利用"图片工具-格式"选项卡。

a. 选定图片。

b. 单击"排列"组中的"位置"下拉列表，选择需要的"文字环绕"方式，如图 3-78 所示。

② 利用对话框。

a. 单击"大小"组右下角带有↘标记的按钮，弹出"布局"对话框，选择"文字环绕"选项卡，如图 3-79 所示。

b. 选择所需要的环绕方式。

c. 单击"确定"按钮。

图 3-78　选择"文字环绕"方式

图 3-79　"文字环绕"选项卡

(3) 裁剪图片。

① 利用"图片工具-格式"选项卡。

裁剪图片的操作步骤如下。

a. 单击"大小组"中的"裁剪"命令，将鼠标指针指向某句柄，变成裁剪形状。

b. 向图片内部拖动鼠标即可裁剪掉相应部分。

② 利用"设置图片格式"窗格。

若要精确地裁剪图形，可以利用"设置图片格式"窗格进行相应的操作。操作步骤如下：

a. 选定要缩放的图形。

b. 单击"图片样式"组右下角带有↘标记的按钮，弹出"设置图片格式"窗格，选择"图片"选项卡中的"裁剪"，如图3-80所示。

c. 在"图片位置"的"宽度""高度"等位置输入数字。

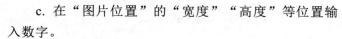

图3-80 "设置图片格式"窗格

(4) 改变图片的颜色、亮度、对比度和背景。

可直接使用"调整"组中的命令按钮或图3-80所示的"设置图片格式"窗格中的相关选项来进行设置。

3.6.2 插入艺术字

艺术字是可添加到文档的装饰性文本。艺术字也是一种图形。在文档中插入艺术字的操作步骤如下。

(1) 打开需要插入艺术字的文档，选定插入点的位置。

(2) 单击"插入"选项卡"文本"组中的"插入艺术字"命令。

(3) 在"艺术字库"中选择所需的"艺术字"样式。

(4) 直接输入艺术字内容即可。

3.6.3 绘制图形

单击"插入"选项卡"插图"组中的"形状"命令，可以在弹出的下拉列表中选择合适的图形来绘制"正方形""多边形""直线""圆形"和"箭头"等各种图形。

1. 绘制自选图形

绘制自选图形的操作步骤如下。

(1) 单击"插入"选项卡"插入"组中的"形状"下拉列表，从样式中选择图形。

(2) 在工作区拖动，绘制出相应的图形，大小可自行调整。

对绘制的自选图形也可以进行格式设置和编辑等操作，如通过"绘图工具-格式"选项卡对图形进行填充、添加阴影等操作，如图3-81所示。

图 3-81　"绘图工具-格式"选项卡

2. 在自选图形中添加文字

操作步骤如下。

(1) 右击要添加文字的图形，从弹出的快捷菜单中选择"添加文字"命令，此时在图形对象上会显示文本框。

(2) 在文本框中输入文字。

也可以对图形添加的文字进行格式设置，绘制自选图形并添加文字的实例如图 3-82 所示。

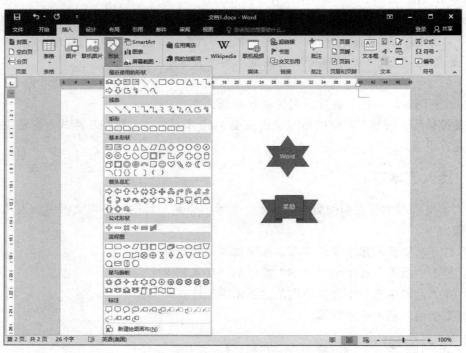

图 3-82　绘制自选图形实例

3. 图形的组合

在文档中，绘制的图形可以根据需要进行组合，以防止它们之间的相对位置发生改变，操作步骤如下。

(1) 按住 Shift(或 Ctrl)键的同时选定要组合的图形。

(2) 将鼠标移到要组合的某一个图形处。

(3) 右击，在弹出的快捷菜单中选择"组合"级联菜单中的"组合"命令。

4. 图形的叠放次序

设置图形叠放次序的操作步骤如下。

(1) 选定要设置叠放次序的图形。

(2) 右击，在弹出的快捷菜单中选择"置于顶层"或"置于底层"级联菜单中的相应命令即可。

5. 图形的旋转

在文档中，可以对绘制的图形进行任意角度的旋转，操作方法如下。

(1) 手动旋转。

① 选定要旋转的图形。

② 用图片上的旋转手柄来旋转图片，角度可自行调整。

(2) 使用"绘图工具-格式"选项卡。

选择"排列"组中的"旋转"命令，其中包括"向右旋转 90 度""向左旋转 90 度""垂直翻转""水平翻转"和"其他旋转选项"。

6. SmartArt 图形

SmartArt 图形是信息和观点的视觉表示形式。可以通过从多种不同的布局中进行选择来创建 SmartArt 图形，从而快速、轻松、有效地传达信息。

插入 SmartArt 示意图的操作步骤如下。

(1) 单击"插入"选项卡"插图"组中的 SmartArt 命令，弹出"选择 SmartArt 图形"对话框，如图 3-83 所示。

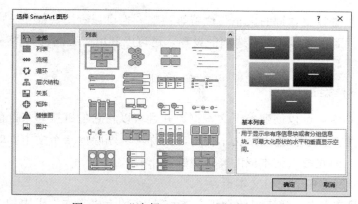

图 3-83　"选择 SmartArt 图形"对话框

(2) 选择其中所需要的类型，单击"确定"按钮后输入文字即可。

3.6.4　文本框

文本框是将文字和图片精确定位的有效工具。文档中的任何内容放入文本框后，就可以随时被拖动到文档的任意位置，还可以根据需要进行缩放。

1. 插入文本框

文本框的插入方法有两种：可以先插入空白文本框，确定好大小、位置后，再输入文本内容；也可以先选择文本内容，再插入文本框。

插入文本框的操作步骤如下。

(1) 单击"插入"选项卡"文本"组的"文本框"按钮，在弹出的下拉列表框中可以选择内置文本框的样式，也可以选择下面的"Office.com中的其他文本框""绘制文本框"和"绘制竖排文本框"。

(2) 在文档中的合适位置拖动即可画出所需的文本框，如图 3-84 所示。

插入文本框后，插入点在文本框中，根据需要，可以在文本框中插入适当的图片或添加文本。

图 3-84　"文本框"效果

2．编辑文本框

利用鼠标可以进行文本框的大小、位置等调整，也可以利用快捷菜单中的"设置形状格式"命令，进行形状选项、文本选项的设置。还可以利用"绘图工具-格式"选项卡设置填充色、三维效果等。

3．创建文本框链接

在 Word 文档中，可以创建多个文本框，并且可以将它们链接起来，前一个文本框中容纳不下的内容可以显示在下一个文本框中，同样，当删除前一个文本框时，下一个文本框的内容会上移。创建链接文本框的操作步骤如下。

(1) 在文档中创建多个空白文本框。

(2) 选择任意文本框，单击"绘图工具-格式"选项卡"文本"组中的"创建链接"按钮，鼠标变成直立的杯状 。

(3) 将鼠标指针移到要链接的文本框中单击即可。

当用户按照上述步骤链接了多个文本框后，就可以输入文本框的内容。当输入内容在前一个文本框中排列不下时，Word 就会自动切换到下一个文本框中排列。

若要断开两个文本框间的链接，操作步骤如下。

(1) 将鼠标移到要断开链接的文本框的边框线上。

(2) 单击"绘图工具-格式"选项卡"文本"组中的"断开链接"命令。

3.6.5　插入公式

Word 2016 提供了编写和编辑公式的内置支持，可以方便地创建和编辑各种复杂的数学公式。插入公式的操作步骤如下。

(1) 插入常用的公式。

在"插入"选项卡中，单击"符号"组中的"公式"命令下拉列表，从中选择相应的公式。

(2) 插入新公式。

如果系统自带的公式不能满足用户的需要，可以在"公式"命令下拉列表中选择"插入新公式"命令，此时在光标处插入一个空白公式框，用于输入用户需要的公式，同时自动激活"公式工具-设计"选项卡，如图 3-85 所示。

图 3-85　"公式工具-设计"选项卡

3.7　打印文档

Word 2016 提供了打印预览和打印功能。

1. 打印预览

在打印文档之前，可以先预览一下，打印预览有所见即所得的功能，通过打印预览，可以浏览打印的效果，以便将文档调整成最佳效果后，再打印输出。

操作方法如下。

选择"文件"选项卡，单击"打印"命令，屏幕右侧就是"打印预览"的效果，如图 3-86 所示。用户可以调整显示比例和显示的当前页面。

2. 打印文档

打印文档的操作步骤如下。

(1) 选择"文件"选项卡，单击"打印"命令，显示"打印"窗口，如图 3-86 所示。

(2) 在"打印机"区域下拉列表中选择要使用的打印机。

(3) 在"设置"区域设置"打印范围"下拉列表框，其中包括"文档"和"文档信息"等内容。可选择的打印范围包括"打印所有页""打印所选内容""打印当前页面""仅打印奇数页""仅打印偶数页"等，如图 3-87 所示。

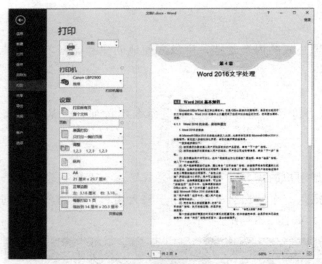

图 3-86　"打印"窗口　　　　　　　图 3-87　"打印范围"下拉列表框

(4) 在"页面设置"区域可以选择"纸张方向"和"纸张大小"等。

(5) 选择打印份数后，单击"打印"按钮，即可开始打印文档。

3.8　Word 2016 操作训练

一、对指定素材进行相应操作

请在打开的 Word 文档中，进行下列操作。完成操作后，请保存文档，并关闭 Word。

(1) 将页面设置为：A4 纸，上、下页边距为 2.5 厘米，左、右页边距为 3 厘米，每页 40 行，每行 39 个字符。

(2) 给文章加标题"荷塘月色"，居中显示，设置其格式为华文行楷、粗体、小一号字。

(3) 参考样张，给正文第二段加蓝色 1.5 磅方框边框，填充橙色底纹。

(4) 设置正文各段均为 1.5 倍行距，第一段首字下沉 2 行，首字字体为隶书，其余各段均设置为首行缩进 2 字符。

(5) 设置页眉为"荷塘月色"，页脚为"朱自清"。

(6) 参考样张，在正文第五段适当位置插入试题文件夹中的图片"fengjing.jpg"，设置图片的高度、宽度缩放比例均为 40%，环绕方式为紧密型。

(7) 将正文倒数第二段分成等宽两栏，加分隔线。

素材：

这几天心里颇不宁静。今晚在院子里坐着乘凉，忽然想起日日走过的荷塘，在这满月的光里，总该另有一番样子吧。月亮渐渐地升高了，墙外马路上孩子们的欢笑，已经听不见了；妻在屋里拍着闰儿，迷迷糊糊地哼着眠歌。我悄悄地披了大衫，带上门出去。

　　沿着荷塘，是一条曲折的小煤屑路。这是一条幽僻的路；白天也少人走，夜晚更加寂寞。荷塘四面，长着许多树，蓊蓊郁郁的。路的一旁，是些杨柳，和一些不知道名字的树。没有月光的晚上，这路上阴森森的，有些怕人。今晚却很好，虽然月光也还是淡淡的。

　　路上只我一个人，背着手踱着。这一片天地好像是我的；我也像超出了平常的自己，到了另一世界里。我爱热闹，也爱冷静；爱群居，也爱独处。像今晚上，一个人在这苍茫的月下，什么都可以想，什么都可以不想，便觉是个自由的人。白天里一定要做的事，一定要说的话，现在都可不理。这是独处的妙处，我且受用这无边的荷香月色好了。

　　曲曲折折的荷塘上面，弥望的是田田的叶子。叶子出水很高，像亭亭的舞女的裙。层层的叶子中间，零星地点缀着些白花，有袅娜地开着的，有羞涩地打着朵儿的；正如一粒粒的明珠，又如碧天里的星星，又如刚出浴的美人。微风过处，送来缕缕清香，仿佛远处高楼上渺茫的歌声似的。这时候叶子与花也有一丝的颤动，像闪电般，霎时传过荷塘的那边去了。叶子本是肩并肩密密地挨着，这便宛然有了一道凝碧的波痕。叶子底下是脉脉的流水，遮住了，不能见一些颜色；而叶子却更见风致了。

　　月光如流水一般，静静地泻在这一片叶子和花上。薄薄的青雾浮起在荷塘里。叶子和花仿佛在牛乳中洗过一样；又像笼着轻纱的梦。虽然是满月，天上却有一层淡淡的云，所以不能朗照；但我以为这恰是到了好处——酣眠固不可少，小睡也别有风味的。月光是隔了树照过来的，高处丛生的灌木，落下参差的斑驳的黑影，峭楞楞如鬼一般；弯弯的杨柳的稀疏的倩影，却又像是画在荷叶上。塘中的月色并不均匀；但光与影有着和谐的旋律，如梵婀玲上奏着的名曲。

　　荷塘的四面，远远近近，高高低低都是树，而杨柳最多。这些树将一片荷塘重重围住；只在小路一旁，漏着几段空隙，像是特为月光留下的。树色一例是阴阴的，乍看像一团烟雾；但杨柳的丰姿，便在烟雾里也辨得出。树梢上隐隐约约的是一带远山，只有些大意罢了。树缝里也漏着一两点路灯光，没精打采的，是渴睡人的眼。这时候最热闹的，要数树上的蝉声与水里的蛙声；但热闹是它们的，我什么也没有。

　　忽然想起采莲的事情来了。采莲是江南的旧俗，似乎很早就有，而六朝时为盛；从诗歌里可以约略知道。采莲的是少年的女子，她们是荡着小船，唱着艳歌去的。采莲人不用说很多，还有看采莲的人。那是一个热闹的季节，也是一个风流的季节。梁元帝《采莲赋》里说得好：于是妖童媛女，荡舟心许；鹢首徐回，兼传羽杯；櫂将移而藻挂，船欲动而萍开。尔其纤腰束素，迁延顾步；夏始春余，叶嫩花初，恐沾裳而浅笑，畏倾船而敛裾。可见当时嬉游的光景了。这真是有趣的事，可惜我们现在早已无福消受了。

　　于是又记起《西洲曲》里的句子：

　　采莲南塘秋，莲花过人头；低头弄莲子，莲子清如水。

　　今晚若有采莲人，这儿的莲花也算得"过人头"了；只不见一些流水的影子，是不行的。这令我到底惦着江南了。——这样想着，猛一抬头，不觉已是自己的门前；轻轻地推门进去，什么声息也没有，妻已睡熟好久了。

样张：

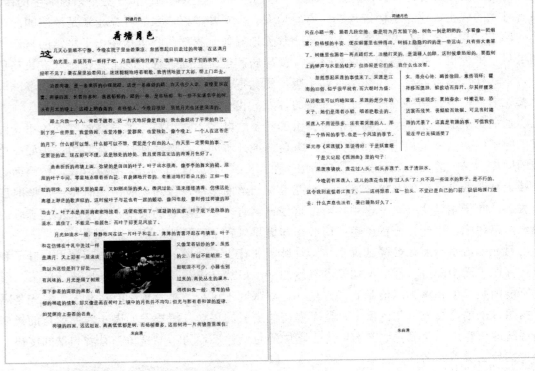

二、对指定素材进行相应操作

请在打开的 Word 文档中，进行下列操作。完成操作后，请保存文档，并关闭 Word。

(1) 设置标题文字"四世同堂"字体为"黑体"，字号为"三号"，加"删除线"，颜色为"红色"，字符间距为"加宽、2 磅"，对齐方式为"居中"。

(2) 设置正文所有段首行缩进为"2 字符"，段后间距均为"18 磅"。

(3) 设置正文第 2 段"为什么祁老太爷……灾难过不去三个月！"分栏，栏数为"2 栏"，栏宽相等。

(4) 设置正文第 3 段"七七抗战那一年……"首字下沉，行数为"2 行"。

(5) 在适当位置插入一竖排文本框，设置正文内容为"四世同堂"，字号为"三号"，颜色为"蓝色"，对齐方式为"居中"，文本框填充色为"浅绿"，环绕方式为"紧密型"，水平对齐方式为"右对齐"。

(6) 设置正文第 1 段第 1 句"祁老太爷……八十大寿。"加批注，批注文字为"节选自四世同堂"。

(7) 在正文最后插入一个 3 行 3 列的表格，并在第 1 行第 1 列画斜线。

素材：

四世同堂

祁老太爷什么也不怕，只怕庆不了八十大寿。在他的壮年，他亲眼看见八国联军怎样攻进北京城。后来，他看见了清朝的皇帝怎样退位，和接续不断的内战；一会儿九城的城门紧闭，枪声与炮声日夜不绝；一会儿城门开了，马路上又飞驰着得胜的军阀的高车大马。战争没有吓倒他，和平使他高兴。逢节他要过节，遇年他要祭祖，他是个安分守己的公民，只求消消停停的过着不至于愁吃愁穿的日子。即使赶上兵荒马乱，他也自有办法：最值得说的是他的家里老存着全家够吃三个月的粮食与咸菜。这样，即使炮弹在空中飞，兵在街上乱跑，他也会关上大门，再用装满石头的破缸顶上，便足以消灾避难。

为什么祁老太爷只预备三个月的粮食与咸菜呢？这是因为在他的心理上，他总以为北平是天底下最可靠的大城，不管有什么灾难，到三个月必定灾消难满，而后诸事大吉。北平的灾难恰似一个人免不了有些头疼脑热，过几天自然会好了的。不信，你看吧，祁老太爷会屈指算计：直皖战争有几个月？直奉战争又有好久？啊！听我的，咱们北平的灾难过不去三个月！

七七抗战那一年，祁老太爷已经七十五岁。对家务，他早已不再操心。他现在的重要工作是浇浇院中的盆花，说说老年间的故事，给笼中的小黄鸟添食换水，和携着重孙子孙女极慢极慢地去逛大街和护国寺。可是，芦沟桥的炮声一响，他老人家便没法不稍微操点心了，谁教他是四世同堂的老太爷呢。

样张：

三、对指定素材进行相应操作

请在打开的 Word 文档中，进行下列操作。完成操作后，请保存文档，并关闭 Word。

(1) 给文章加标题"邯郸学步"，设置其字体格式为华文彩云、二号字、加粗、深红色、居中对齐。

(2) 参考样张，为正文中的小标题段填充浅蓝色底纹，加红色 1.5 磅带阴影边框。

(3) 除小标题段落外，设置正文其他段落首行缩进 2 字符。

(4) 将正文第三小节的第一段分为等宽两栏，栏间加分隔线。

(5) 设置奇数页页眉为"邯郸学步"，偶数页页眉为"HanDanXueBu"。

素材：

这句成语出自《庄子·秋水》讲的一个寓言故事。

1、邯郸学步

邯郸是春秋时期赵国的首都。那里的人非常注意礼仪，无论是走路、行礼，都很注重姿势和仪表。因此，当地人走路的姿势便远近闻名。

在燕国的寿陵地方，有个少年人很羡慕邯郸人走路的姿势，他不顾路途遥远，来到邯郸。在街上，他看到当地人走路的姿势稳健而优美，手脚的摆动很别致，比起燕国走路好看多了，心中非常羡慕。于是他就天天模仿着当地人的姿势学习走路，准备学成后传授给燕国人。

但是，这个少年原来的步法就不熟练，如今又学上新的步法姿势，结果不但没学会，反而连自己以前的步法也搞乱了。最后他竟然弄到不知怎样走路才是，只好垂头丧气地爬回燕国去了。

学习一定要扎扎实实，打好基础，循序渐进，万万不可贪多求快，好高骛远。否则，就只能像这个燕国的少年一样，不但学不到新的本领，反而连原来的本领也丢掉了。

2、邯郸学步

邯郸是春秋时期赵国的首都。那里的人非常注意礼仪，无论是走路、行礼，都很注重姿势和仪表。因此，当地人走路的姿势便远近闻名。

在燕国的寿陵地方，有个少年人很羡慕邯郸人走路的姿势，他不顾路途遥远，来到邯郸。在街上，他看到当地人走路的姿势稳健而优美，手脚的摆动很别致，比起燕国走路好看多了，心中非常羡慕。于是他就天天模仿着当地人的姿势学习走路，准备学成后传授给燕国人。

但是，这个少年原来的步法就不熟练，如今又学上新的步法姿势，结果不但没学会，反而连自己以前的步法也搞乱了。最后他竟然弄到不知怎样走路才是，只好垂头丧气地爬回燕国去了。

学习一定要扎扎实实，打好基础，循序渐进，万万不可贪多求快，好高骛远。否则，就只能像这个燕国的少年一样，不但学不到新的本领，反而连原来的本领也丢掉了。

3、邯郸学步

邯郸是春秋时期赵国的首都。那里的人非常注意礼仪，无论是走路、行礼，都很注重姿势和仪表。因此，当地人走路的姿势便远近闻名。

在燕国的寿陵地方，有个少年人很羡慕邯郸人走路的姿势，他不顾路途遥远，来到邯郸。在街上，他看到当地人走路的姿势稳健而优美，手脚的摆动很别致，比起燕国走路好看多了，心中非常羡慕。于是他就天天模仿着当地人的姿势学习走路，准备学成后传授给燕国人。

但是，这个少年原来的步法就不熟练，如今又学上新的步法姿势，结果不但没学会，反而连自己以前的步法也搞乱了。最后他竟然弄到不知怎样走路才是，只好垂头丧气地爬回燕国去了。

学习一定要扎扎实实，打好基础，循序渐进，万万不可贪多求快，好高骛远。否则，就只能像这个燕国的少年一样，不但学不到新的本领，反而连原来的本领也丢掉了。

4、邯郸学步

邯郸是春秋时期赵国的首都。那里的人非常注意礼仪，无论是走路、行礼，都很注重姿势和仪表。因此，当地人走路的姿势便远近闻名。

在燕国的寿陵地方，有个少年人很羡慕邯郸人走路的姿势，他不顾路途遥远，来到邯郸。在街上，他看到当地人走路的姿势稳健而优美，手脚的摆动很别致，比起燕国走路好看多了，心中非常羡慕。于是他就天天模仿着当地人的姿势学习走路，准备学成后传授给燕国人。

但是，这个少年原来的步法就不熟练，如今又学上新的步法姿势，结果不但没学会，反而连自己以前的步法也搞乱了。最后他竟然弄到不知怎样走路才是，只好垂头丧气地爬回燕国去了。

学习一定要扎扎实实，打好基础，循序渐进，万万不可贪多求快，好高骛远。否则，就只能像这个燕国的少年一样，不但学不到新的本领，反而连原来的本领也丢掉了。

样张：

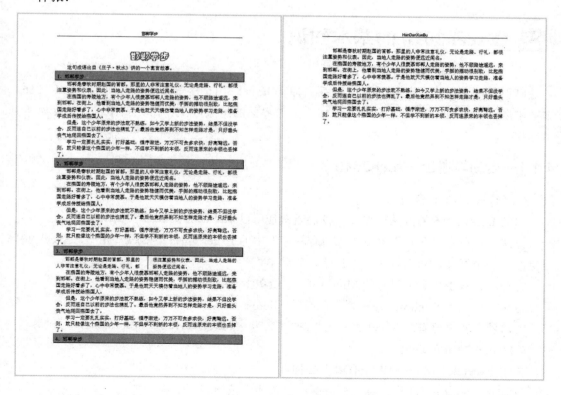

第 4 章
Excel 2016

　　Excel 2016 是由美国微软公司开发的办公自动化软件 Office 2016 的主要组件之一。Excel 2016 软件界面简单、使用简单易上手，其强大的函数公式运算使得 Excel 2016 可快速对二维表格中的数据信息进行统计和分析，提高了数据统计和分析效率。Excel 2016 中的图表和图形可以将复杂的数据以图形的形式清晰直观地展示数据之间的关联及变化趋势，实现了数据可视化。Excel 2016 在旧版本功能的基础之上，新增了获取和转换、3D 地图、智能查找、软件单独更新、文件共享等功能。此外，图表类型、Office 主题更加丰富，还新增了 FORECAST 函数进行扩展，允许基于指数平滑进行预测。Excel 2016 应用范围广泛，主要包括管理、金融、财务、统计报表、业务决策、销售等数据处理和分析方面。

4.1　Excel 2016 的基本知识

　　确保系统已成功安装 Excel 2016 后，启动 Excel 2016 程序即可正常使用 Excel 2016。本节主要介绍 Excel 2016 的启动与退出、工作界面的组成、工作簿、工作表、单元格等基本知识。

4.1.1　启动与退出 Excel 2016

　　(1) Excel 2016 的启动。

　　启动 Excel 2016 的方法有很多，我们通常使用以下 4 种方法。

　　方法一：单击"开始"菜单的"所有程序"中的 Excel 组件(与旧版本相比，Excel 2016 已更改为一个组件，独立存在于"开始"菜单中)。

　　方法二：双击桌面上已有的 Microsoft Excel 2016 的快捷方式。

　　方法三：双击 Windows 任务栏中已有的 Microsoft Excel 2016 程序图标。

　　方法四：双击已有的 Excel 表格文件(扩展名为.xls 或.xlsx)。

　　(2) Excel 2016 的退出。

　　关闭 Excel 2016 的常用方法有以下三种。

　　方法一：单击 Excel 窗口标题栏右侧的"关闭"按钮。

　　方法二：双击 Excel 窗口标题栏"快速访问工具栏"前方的空白处，或者使用鼠标右击 Excel 窗口标题栏的空白处，在弹出的快捷菜单中选择"关闭"命令。

方法三：使用快捷键 Alt+F4。

4.1.2 基本概念

1. Excel 2016 的工作界面

启动 Excel 2016 后，进入启动界面，如图 4-1 所示。此时通过双击启动界面中的"空白工作簿"或在 Excel 模板列表中双击选择合适的主题模板，即可进入 Excel 2016 工作界面。工作界面由标题栏、快速访问工具栏、功能区、名称框、编辑栏、工作区、状态栏等组成，如图 4-2 所示。

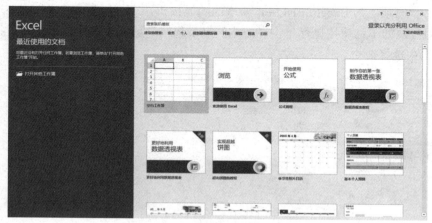

图 4-1　Excel 2016 的启动界面

图 4-2　Excel 2016 的工作界面

工作界面的组成部分及其功能如下。

(1) 快速访问工具栏。

快速访问工具栏是一个可自定义的工具栏，为方便使用者快速执行常用命令，将功能区选项卡中的一个或几个命令在此区域独立显示，以减少在功能区查找命令的时间。快速访问工具栏位于程序窗口左上角。默认情况下，快速访问工具栏中包含了三个快捷按钮，分别为"保存""撤销""恢复"。如需自定义快速访问工具栏，可单击其右侧的箭头，在下拉菜单中选中常用的命令。若显示的命令中没有想要添加的命令，可单击"其他命令"选项，进入自定义快速访问工具栏对话框，如图 4-3 所示，在选项卡中挑选命令添加到快速访问工具栏中。

(2) 标题栏。

标题栏主要由标题和窗口控制按钮两部分组成。标题用于显示当前正在编辑的工作簿名称。控制按钮由"功能区显示选项""最小化""最大化/还原"和"关闭"按钮组成。其中"功能区显示选项"为 Excel 2016 版本新增的功能按钮，可控制选项卡或功能区的显示与隐藏。使用方法如下：使用鼠标单击"功能区显示选项"功能按钮，在弹出的下拉菜单(如图 4-4 所示)中选择命令。

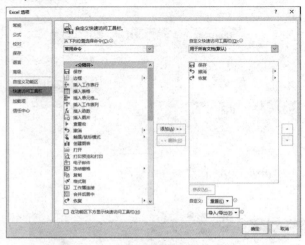

图 4-3　自定义快速访问工具栏　　　　图 4-4　功能区显示选项的下拉菜单

(3) 功能区。

Excel 功能区位于标题栏下方，由"文件""开始""插入""页面布局""公式""数据"等选项卡组成。每个选项卡中分为多个组，每个组中包括不同的工具命令。单击各个选项卡名称，即可切换到相应的选项卡。

① 文件。

单击"文件"功能区，进入后台视图界面，界面如图 4-5 所示。界面采用三栏式设计，分别是操作栏、信息栏和属性栏。其中操作栏可以完成新建、保存、另存为、打开、关闭、打印等操作。信息栏主要用于显示操作中的具体信息并进行相关设置。属性栏对信息栏中显示的信息进行细化。

② 开始。

"开始"功能区是最常用的功能区，主要用于对 Excel 电子表格的文字和单元格进行格式设置。"开始"功能区由剪贴板、字体、对齐方式、数字、样式、单元格和编辑 7 个组组成，如图 4-6 所示。

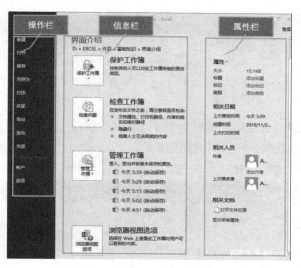

图 4-5　文件功能区

图 4-6　"开始"功能区

③ 插入。

"插入"功能区主要由表格、插图、加载项、图表、演示、迷你图、筛选器、链接、文本、符号 10 个组组成，如图 4-7 所示。通过"插入"功能区可以实现将图片、图表、迷你图、文字、特殊符号等对象插入 Excel 表格中。

图 4-7　"插入"功能区

④ 页面布局。

"页面布局"功能区主要由主题、页面设置、调整为合适大小、工作表选项、排列 5 个组组成，如图 4-8 所示。通过"页面布局"功能区，使用者可以设置 Excel 工作表的页面样式，如自定义页边距，设置纸张方向为横向、纸张大小为 B4 等。

图 4-8　"页面布局"功能区

⑤ 公式。

"公式"功能区属于 Excel 表格核心功能区，用于在 Excel 工作表中进行各种数据计算。主要由函数库、定义的名称、公式审核、计算 4 个组组成，如图 4-9 所示。

图 4-9　"公式"功能区

⑥ 数据。

"数据"功能区和"公式"功能区均属于 Excel 表格核心功能区。"数据"功能区用于在 Excel 工作表中进行数据处理相关方面的操作，如图 4-10 所示。"数据"功能区由获取外部数据、获取和转换、连接、排序和筛选、数据工具、预测、分级显示 7 个组组成。

图 4-10　"数据"功能区

⑦ 审阅。

"审阅"功能区主要由校对、中文简繁转换、语言、批注、保护等几个组组成，如图 4-11 所示。该功能区主要用于对 Excel 工作表进行如添加批注、限制编辑等操作。

图 4-11　"审阅"功能区

⑧ "视图"功能区。

"视图"功能区主要由工作簿视图、显示、缩放、窗口、宏 5 个组组成，如图 4-12 所示。通过"视图"功能区可以设置 Excel 表格的视图方式并通过"设置冻结窗口"等常用操作固定窗口，方便使用者编辑 Excel 复杂的表格内容。

图 4-12　"视图"功能区

⑨ 帮助。

"帮助"功能区主要由"帮助"组组成，如图 4-13 所示。通过"帮助"功能区，使用者可以快速寻求帮助。

图 4-13　"帮助"功能区

功能区在使用的过程中可随时隐藏或恢复显示，显示或隐藏功能区主要有以下三种方法：

方法 1：单击功能区右下角的"折叠功能区"按钮，即可将功能区隐藏。选中"显示选项卡和命令”选项，即可恢复功能区显示。

方法 2：将光标放在任一选项卡上，双击鼠标。

方法 3：使用快捷键 Ctrl+F1。

(4) 名称框。

名称框位于功能区下方，用来显示当前活动对象的名称信息，包括单元格列标和行号、图表名称、表格名称等。当鼠标单击 C3 单元格时，名称框中显示的是当前处于编辑状态的单元格列标和行号——C3，如图 4-14 所示。相反，若在名称框中输入单元格列标和行号，Excel 表格会自动定位到对应的单元格，如图 4-14 所示，在名称框中输入“C3”，Excel 会自动定位至 C3 单元格。

图 4-14　名称框

(5) 编辑栏。

编辑栏位于名称框右侧，用于显示名称框中对应的单元格内容，也可通过编辑栏更改所选单元格的内容。

(6) 工作区。

工作区位于编辑栏下方，用于编辑工作表中各单元格的内容。

(7) 状态栏。

状态栏位于窗口底端，用于显示当前工作表的状态，包括所选单元格的平均值、数量、总和、视图模式、缩放比例等。当使用者通过鼠标选择多个单元格时，状态栏右侧会自动计算所选单元格的平均值、总和及数量。状态栏中提供了三种视图模式供用户进行快速切换，单击对应视图按钮即可完成切换。使用鼠标拖动状态栏右端的缩放比例滑块，可以调节工作表的显示比例。状态栏默认包括的功能若不能满足使用者的要求，可自定义状态栏，更改状态栏显示的功能，将光标放在状态栏，单击鼠标右键，在弹出的快捷菜单中选择相应选项，可使其功能显示在状态栏中。

2. 专业术语

(1) 工作簿。

在 Excel 2016 中，工作簿以文件的形式独立存在，即一个 Excel 文档就是一个工作簿。一个工作簿由一个或多个工作表组成。工作簿的扩展名为.xls 和.xlsx，其中.xls 是 Excel 2003 及其以下版本的扩展名，而.xlsx 是 Excel 2007 及其以上版本的扩展名。

(2) 工作表。

打开一个工作簿后，在 Excel 表格状态栏左下角会看到 Sheet1、Sheet2、Sheet3 字样内容，这些 Sheet1、Sheet2、Sheet3 就是工作表。工作表是工作簿的基本组成部分，一个工作簿可由一个或多个工作表组成。

(3) 单元格。

每个工作表里面都有长方形的"存储单元"，这些长方形的"存储单元"就是单元格。单元格是 Excel 中存储数据的最基本元素。单元格通过行号和列标进行命名和引用，每个单元格地址可表示为"列标行号"，如表格中第三列第二行的单元格地址为"C2"。多个连续的单元格则称为"单元格区域"，其地址表示为单元格:单元格，如图 4-15 所示，当前选择的单元格区域地址为 A1:B3。

(4) 活动单元格。

正在使用的单元格叫作活动单元格，此时单元格四周出现绿色边框，如图 4-16 所示，当前图中的 C4 单元格即为活动单元格。

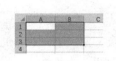

图 4-15　单元格区域　　　　　图 4-16　活动单元格

4.2　Excel 2016 的基本操作

Excel 2016 功能强大，但基本操作都建立在工作簿、工作表及单元格之上。本节主要从 Excel 表格的三大组成要素工作簿、工作表、单元格出发，介绍 Excel 2016 的基本操作，帮助读者快速掌握 Excel 2016 的基本使用方法。

4.2.1　工作簿的新建、保存和打开

1. 工作簿的新建

启动 Excel 程序即可新建一个工作簿，除此之外，还可以通过模板、空白工作簿新建工作簿。具体操作如下。

(1) 利用"空白工作簿"创建。

① 在 Excel 中，选择"文件"选项卡下的"新建"命令，此时单击窗口右侧的"空白工作簿"图标，如图 4-17 所示。

② 此时，程序自动跳转至新建的工作簿 1，如图 4-18 所示，此时文档的默认名称为"工作簿 1"。

通过该方法创建的 Excel 表格可以不受模板风格的限制，具有更多的灵活性。

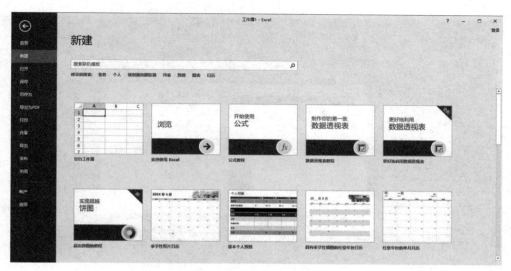

图 4-17　"新建"选项卡

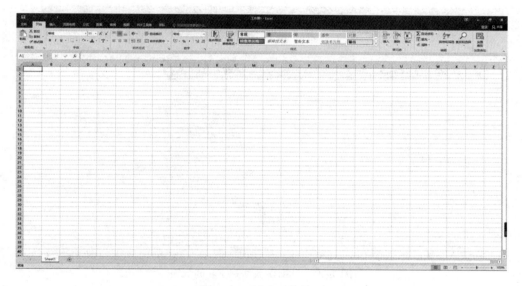

图 4-18　新建工作簿 1

(2) 利用"模板"创建。

模板提供了预定的主题、颜色搭配、背景图案、文本格式等表格显示方式，但不包含表格的数据内容。

① 在"新建"窗口(见图 4-17)显示的模板样式库中，通过关键字可搜索主题。

② 选择需要的主题模板(如学生课程安排)。

③ 单击"创建"按钮(见图 4-19)，此时 Excel 表格开始加载并显示，表格效果如图 4-20 所示。

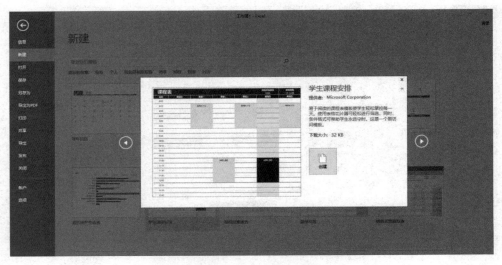

图 4-19　模板选择

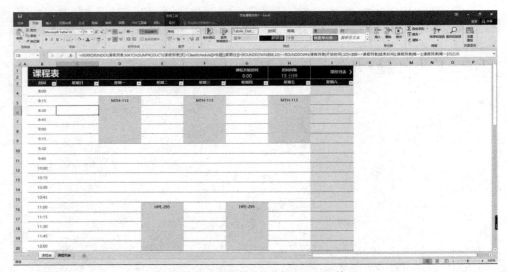

图 4-20　根据模板新建 Excel 表格

2. Excel 表格的打开和关闭

打开和关闭 Excel 表格的方法与 Word 类似。

3. 工作簿的保存

在使用 Excel 2016 电子表格时，应随时保存。保存工作簿的方法如下。

- 选择"文件"选项卡的"保存"命令。
- 单击快速访问工具栏中的"保存"按钮。
- 按 Ctrl+S 快捷键。
- 如果需要改变文件的存储位置，可以选择"文件"选项卡中的"另存为"命令，并选择保存位置。

4.2.2　单元格的定位

单元格的定位指的是在工作表中选择对应的单元格，如在 Sheet 工作表中选择 A2 单元格。在 Excel 2016 中可直接使用鼠标选择单元格来进行定位。但当表格数据较庞大，使用鼠标不方便定位单元格时，可采用以下方式快速定位单元格。

方法一：使用"转到"命令。

(1) 在"开始"选项卡中选择"编辑"组中的"查找和选择"命令。

(2) 在展开的下拉菜单中选择"转到"命令，弹出"定位"对话框，如图 4-21 所示。

(3) 在"引用位置"处填写要定位的单元格地址，如 A3，单击"确定"按钮。此时，表格中的 A3 单元格处于被选中的状态。若需要对表格中多个单元格进行定位，即单元格区域，单元格地址形式改为"开始单元格地址：结束单元格地址"，如对 A1、A2、A3、B1、B2、B3 这 6 个单元格进行定位，则单元格地址为 A1:B3。

图 4-21　"定位"对话框

方法二：使用名称框。

在名称框处(位于 Excel 工作表的左上角)输入单元格地址，如"C3"，按回车键确定。此时，C3 单元格处于定位状态。

以上两种方式适用于定位单个单元格或连续的单元格区域。若定位整行或是整列，Excel 提供了更快捷简便的方式，可单击行标或列标。如定位第五行，直接单击行标 5 即可。

在实际使用中，不连续的单元格使用 Ctrl 进行定位，具体操作如下：选中单元格或单元格区域后，按住 Ctrl 的同时使用鼠标拖曳选择另一单元格或单元格区域，选择完成后松开 Ctrl 键。

4.2.3　单元格的引用与插入

1. 单元格的引用

单元格引用指的是单元格在表中坐标位置的标识。通过单元格引用，可直接使用单元格中的数值，避免了重复输入数据以及频繁操作输错的概率。在 Excel 中单元格的引用分为三种：相对引用、绝对引用和混合引用。

相对引用指的是直接输入单元格地址，如 A2。在相对引用中，单元格地址的行和列均未锁定，会随着公式所在单元格位置的移动而发生改变。

绝对引用指的是在引用单元格的同时添加符号$，如$A$2。在绝对引用中，单元格地址的行和列均已锁定，不会随着公式所在单元格位置的移动而发生改变。

在实际应用中，我们有时需要让单元格引用时行或列其中一个保持不变。在这种情况下，就要使用混合引用。混合引用指的是：在一个单元格地址引用中，既有相对引用，也有绝对引用。如"$A2"表示"列"不变，但"行"会随着公式所在单元格的位置发生变化，"A$2"表示"行"不变，但"列"会随着公式所在单元格的位置发生变化。我们可以这样理解，行或是列哪一个标号前面带有$符号，则代表该标号保持不变，另一个标号变化。

2. 单元格的插入

Excel 表格在编辑过程中，可插入单元格。单元格以行或列为单位进行插入。插入方法如下(以在 A2 单元格前插入 1 列为例)。

(1) 单击选中 A2 单元格。

(2) 在"开始"选项卡的"单元格"组中单击"插入"命令下方的箭头。

(3) 在展开的"插入"命令下拉菜单中，选择 "插入单元格"命令，如图 4-22 所示，弹出"插入"对话框，如图 4-23 所示。

(4) 在"插入"对话框中选择插入单元格的方式，此处应选择"整列"。若在 A2 单元格上方插入 1 行，则选择"整行"。

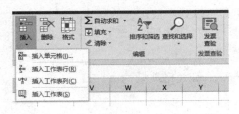

图 4-22 "插入"命令下拉菜单   图 4-23 插入对话框

若想要插入多列，插入方式与上述方式一致，但第一步，选中单元格时，需要选中多个单元格(多个单元格不能处于同一列)，Excel 会根据选择的单元格数量添加对应数量的列。例如，要在 A2 前插入 2 列，应选择 A2 和 B2 两个单元格。

4.2.4 数据的输入

Excel 表格对数据进行统计和处理的前提是基础数据的输入。在 Excel 中有 3 种数据类型，分别为数值、文本及公式。单击"开始"选项卡"数字"组中的"数字格式"下拉列表(如图 4-24 所示)，该下拉列表中展示了 Excel 表格支持的所有数据格式。其中最后一个列表项的数据类型为文本，其余的列表项数据类型均为数值，只是将数值以不同的形式进行展示，包括日期和时间。

无论输入 3 种数据类型中的哪一种，输入的操作基本一致。使用鼠标双击单元格，在该活动单元格内直接输入数据或使用鼠标单击单元格，在编辑框中输入数据。

图 4-24 数据类型

1. 数值类型数据

(1) 负数。

在 Excel 表格中输入负数主要有以下两种方式：

方法一：在负数数字前面添加"-"作为标识，如-5。

方法二：把负数数字使用括号()括起来，如(5)。

在实际使用时涉及保留小数点位数，如在 B5 单元格显示数据 5.0，但实际输入 5.0 时，Excel 自动省略小数点后的 0，显示 5。此时需要设置小数点位数，保留小数点后一位。设置小数点位数的步骤如下。

① 在"开始"选项卡单击"数字"组中的右下角的箭头按钮。

② 在弹出的"设置单元格格式"对话框中选择"数值"模块(如图 4-25 所示)。

③ 设置"小数位数"数值为 1。

④ 单击"确定"按钮。

图 4-25　"数值"模块

(2) 比值。

在 Excel 中直接输入比值，如 1:2，发现在单元格中显示为 1:02，自动转换为时间。因此在输入比值时，需先将单元格格式转换为文本，再输入比值即可。

单元格格式转换方法主要有以下两种。

方法一

① 右击单元格，在弹出的快捷菜单中选择"设置单元格格式"命令，如图 4-26 所示。

② 在弹出的"设置单元格格式"对话框中选择"文本"模块，如图 4-27 所示。单击"确定"按钮。

方法二

① 单击单元格，使该单元格处于选中状态，成为活动单元格。

② 在"开始"选项卡的"数字"组中单击"数字格式"文本框右侧的箭头，在展开的下拉菜单中选择"文本"命令，如图 4-28 所示。

(3) 分数。

分数的格式为"分子/分母"，按照此格式在 Excel 单元格中输入分数 1/2，则显示 1 月 2 日，出现上述情况的原因是斜杠/在 Excel 中是日期年月日的分隔符号。为了和日期进行区分，在输入分数前，先输入数字 0，将 0 和分数用空格分隔即可。输入分数 1/2 应输入"0 1/2"。

图 4-26　选择"设置单元格格式"命令

图 4-27　"文本"模块

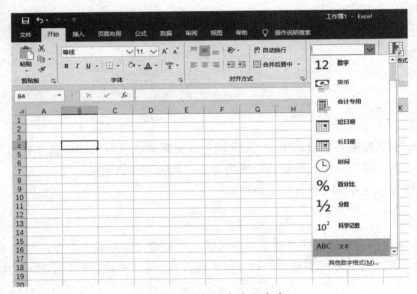

图 4-28　选择"文本"命令

(4) 日期。

在 Excel 表格中，日期默认格式是"年/月/日"或"年-月-日"。如输入日期 2021 年 4 月 23 日，在 Excel 表格中的输入形式为 2021/4/23 或 2121-4-23。如果需要输入当前日期，可使用 Ctrl+；组合键。Excel 表格中除默认格式外，还提供了不同的日期格式供使用者选择。具体操作如下。

① 选中单元格，在"开始"选项卡的"数字"组中单击右下角的箭头按钮，弹出"设置单元格格式"对话框。

② 在"分类"列表框中选择"日期"模块，如图 4-29 所示。

③ 在右侧的类型中选择合适的显示格式,最后单击"确定"按钮。

图 4-29　设置日期类型

(5) 时间。

在 Excel 表格中,时间的默认格式是"时:分:秒",其中,时分秒中间使用冒号进行分隔。如输入时间 11 时 12 分 30 秒,在 Excel 表格单元格的输入形式为 11:12:30。与日期一致,Excel 表格中除默认格式外,还提供了不同的时间格式供使用者选择。具体操作如下。

① 选中单元格,在"开始"选项卡的"数字"组中单击右下角的箭头按钮,弹出"设置单元格格式"对话框。

② 在"分类"列表框中选择"时间"模块,如图 4-30 所示。

③ 在右侧的类型中选择合适的显示格式,单击"确定"按钮。

图 4-30　设置时间类型

(6) 以 0 开头。

在 Excel 表格中，输入以 0 开头的数据，如 001，最终显示为 1，开头的 0 会被自动省略。如果想要保留开头的 0 有以下两种方式（以 001 数据为例）。

方法一：在开头 0 的前面输入单引号'，即在单元格中输入的内容为：'001。注意单引号为英文符号，中文符号无效。

方法二：将输入的数据设置为自定义文本。设置自定义文本的操作如下。

① 选中单元格，在"开始"选项卡中单击"数字"组右下角的箭头按钮，弹出"设置单元格格式"对话框。

② 在"分类"列表框中选择"自定义"模块，如图 4-31 所示。

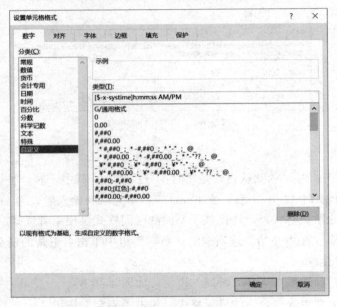

图 4-31　设置自定义类型

③ 在右侧的"类型"文本框中输入 000，单击"确定"按钮。

④ 在单元格中输入 001。

使用自定义格式还可快速输入开头相同的数据，如班级同学的学号，学号以 202112 开头，位数为 9 位。当需要快速输入学号时，可在图 4-31 中，设置自定义格式为 202112000，在实际输入学号时，只需要输入后三位，如 111，Excel 单元格自动显示 202112111。

(7) 位数较多的数字。

在实际应用时，如果在 Excel 表格输入位数较多的数值，如身份证号、准考证时，Excel 会自动将数值转换为科学记数法进行显示。此时想要完整显示所有数字，可使用以下两种方法：

方法一：将单元格格式转换为文本。

方法二：在数值前加入英文单引号。

2. 文本

Excel 表格中文本类型的数据可完整显示在单元格中。可通过设置单元格格式为文本或在数据前添加英文符号单引号两种方法输入文本。若输入的文本长度较长，需要换行时，使用 Atrl+Enter 进行强制换行。

3. 公式

公式输入在 4.4 节"公式和函数"中将详细介绍。

4. 数据填充

当有大量数据输入时，以单元格为单位，依次输入数据效率较低。此时可采用 Excel 提供的数据填充功能快速实现数据的输入。Excel 数据填充包括自动填充、序列数据填充及自定义序列填充。无论使用哪种数据填充方式，首先应了解数据填充工具"填充柄"。当我们选中一个单元格时，该单元格右下角时会出现黑色方框，该方框就是填充柄。

(1) 自动填充。

自动填充可实现在多个连续的单元格中批量快速输入相同的数据。如在 A1:A10 单元格区域内输入数值 10。具体操作如下。

① 在 A1 单元格输入数值 10，将鼠标悬停至 A1 单元格填充柄处。

② 当鼠标指针变为黑色十字时，向下拖曳至 A10 单元格。

除使用鼠标拖曳方式，还可通过"填充"按钮实现数据自动填充。"填充"按钮的使用方法如下(以在 A1:A10 单元格区域内输入数值 10 为例)。

① 在 A1 单元格输入数值 10。

② 选中 A1 到 A10 所有的单元格。

③ 在"开始"选项卡中选择"编辑"组中的"填充"命令，弹出下拉菜单。

④ 在下拉菜单中选择填充方向"向下"(如图 4-32 所示)。若在 A3:D3 单元格区域内填充数据，填充方向应选择"向右"。填充方向根据实际应用酌情选择。

图 4-32　向下填充

(2) 序列数据填充。

在 Excel 中，序列填充包括等差序列和等比序列。等差序列是按照"步长"填充，即每次填充加上步长值。等比序列则是每次填充将上一个单元格的值乘以步长值。

如果等差序列或等比序列规模较小，可确定列项数量时，可直接使用自动填充工具拖曳至结束单元格处。如在 B1 单元格中输入数据 3，在 B2 单元格中输入数据 5，使用自动填充工具向下拖曳至 B6 单元格，Excel 自动将 B3 至 B6 单元格数据填充为 7、9、11、13。此时 B1 至 B6 数据是步长值为 2 的等差序列。

但若等差序列或等比序列规模较大，可通过下述方式添加等差序列或等比序列。以添加步长值为 2 的等比序列为例，其中等比序列起始值为 2，终止值为 1024，整个序列显示在 A

列。操作步骤如下。

① 单击 A1 单元格。

② 在"开始"选项卡中选择"编辑"组中的"填充"按钮，展开填充下拉菜单。

③ 在弹出的下拉菜单中选择"序列"命令，弹出"序列"对话框。

④ 在该对话框中选择"序列产生在"区域的"列"，即在 A 列中填充数据。

⑤ 选择"等比序列"选项。设置"步长值"为 2，"终止值"为 1024，最后单击"确定"按钮。

(3) 自定义序列填充。

在 B1 单元格中输入文本"星期一"，将鼠标悬停至 B1 单元格填充柄处并向下拖曳至 B5。用户会发现 B2~B5 单元格自动填充的数据并不都是"星期一"，而是按照"星期一、星期二、星期三、星期四、星期五"序列进行填充，B2 单元格填充的数据为星期二，B3 单元格填充的数据为星期三。

出现上述情况的原因为 Excel 中存在内置序列，当单元格中的数据与内置序列中的列表项一致时，进行填充时 Excel 执行序列填充。

查看 Excel 内置序列的方式为：选择"文件"选项卡中的"选项"命令，弹出"Excel 选项"对话框。在该对话框中单击"高级"模块中的"编辑自定义列表"按钮(如图 4-33 所示)，弹出"自定义序列"对话框，该对话框左侧显示的序列列表即为 Excel 支持的内置序列，如图 4-34 所示。

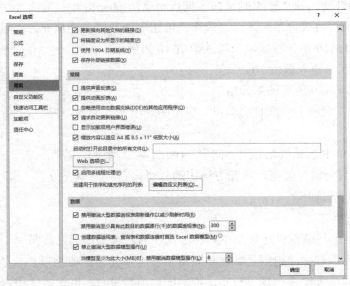

图 4-33　单击"编辑自定义列表"按钮

使用者还可根据使用需求创建自定义序列，打开"自定义序列"对话框后(如图 4-34 所示)，单击左侧"自定义序列"列表中的"新序列"选项，在右侧"输入序列"列表空白处填写序列列表项。填写列表项时，每个列表项独占一行，如图 4-35 所示。输入完所有的列表项后，单击"添加"按钮，更新自定义序列，新添加的序列会显示在自定义序列列表末端。

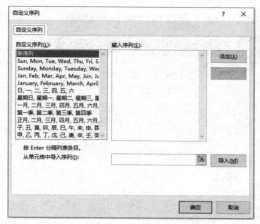 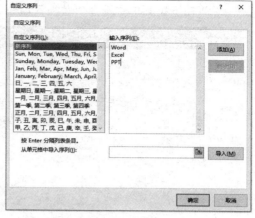

图 4-34　"自定义序列"对话框　　　　　图 4-35　添加自定义序列

4.2.5　数据编辑

1. 数据的修改

当表中数据较少,方便定位单元格时,可双击单元格进入编辑状态更改单元格数据,或在编辑框中修改数据。

若表中数据较多,需要批量修改数据时,可通过查找和替换功能快速修改数据,按下 Ctrl+H 组合键,可打开"查找和替换"对话框,如图 4-36 所示。该对话框中包括"查找""替换"两个选项卡。

选择"替换"选项卡,在"查找内容"文本框中输入修改前的数据,在"替换为"文本框中输入修改后的数据。如将图 4-36 所示的表格数据 2020 更改为 2021,在"查找内容"文本框中输入 2020,在"替换为"文本框中输入 2021,单击"查找全部"按钮,所有符合条件的单元格(即单元格中数据为 2020)显示在对话框中。当前工作表中共找到两个符合条件的单元格,C3 和 C5 单元格,如图 4-36 所示。单击查找列表中的某条数据,Excel 表格会自动定位至对应的单元格,将其变更为活动单元格。如单击 C3 单元格,C3 变更为活动单元格。单击对话框中的"替换"按钮可实现更改 C3 数据内容为 2021。如果想要同时更改 C3 和 C5 数据内容,需单击"全部替换"按钮。"替换"命令仅更改当前活动单元格中的数据内容,而"全部替换"命令才可更改所有符合要求的单元格数据内容。

若将 D 列薪资中的数据内容 2000 更改为 1000,若采用上述替换方式,单击"全部替换"按钮后,如图 4-37 所示,E 列奖金中符合要求的单元格内容也更改为 1000,这并不是我们想要的结果。这是因为"全部替换"命令的单元格范围为当前整个工作表,因此需要修改单元格范围。对于本例而言,首先应单击 D 列列标,确定替换单元格范围为 D 列,再执行替换操作。

通过"查找与选择"命令也可打开"查找和替换"对话框进行数据的批量替换,具体操作如下。

① 在"开始"选项卡的"编辑"组中选择"查找与选择"命令,弹出下拉菜单。

② 在下拉菜单中选择"替换"命令，也可打开"查找和替换"对话框。

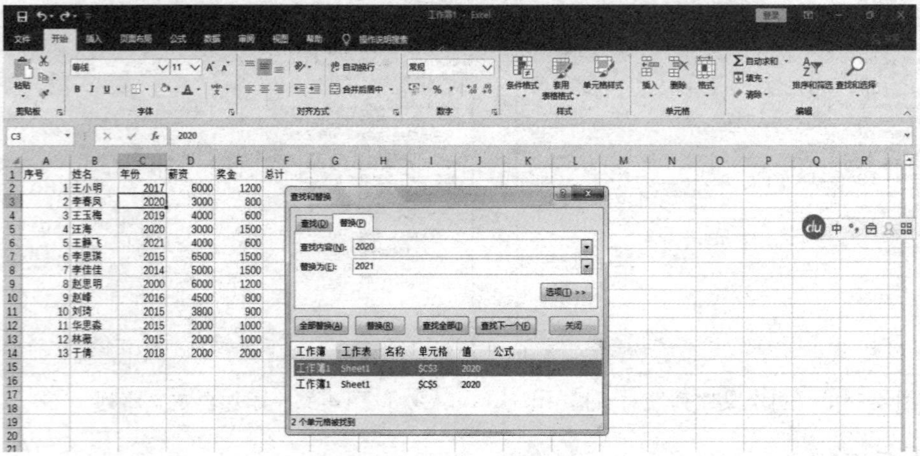

图 4-36 查找和替换

图 4-37 更改数据

2. 数据的清除

清除数据可清除 Excel 数据内容及格式。具体操作如下：首先单击选定单元格区域，然后按 Delete 键或单击鼠标右键，在弹出的快捷菜单中选择"清除内容"命令。

此时，数据内容已被清除，但格式并未清除，如背景颜色，边框等。通过以下操作可清除格式。首先在"开始"选项卡中选择"编辑"组中的"清除"命令，弹出下拉菜单，如图 4-38 所示。然后在下拉菜单中选择"清除格式"命令。如果想要同时清除数据内容和格式，选择下拉菜单中的"全部清除"命令。

图 4-38 清除数据格式

3. 数据的移动和复制

若在 Excel 表格中输入数据时输错数据的位置，不必再次输入数据，只需将其移动至正确的单元格处即可。移动后原始单元格处数据被清除，相当于剪切操作。若是想要在不连续的单元格或其他工作表中的单元格中输入相同的数据，可采用复制的方式将原始单元格的数据复制到目标位置。

(1) 移动。

单击选中需要移动数据的单元格，将鼠标悬停至单元格边框，当鼠标指针变为十字箭头时，移动单元格至目标单元格处。

（2）复制。

单击选中需要复制的单元格，将鼠标悬停至单元格边框，当鼠标指针变为十字箭头时，按 Ctrl 键，拖曳单元格至目标单元格处。

上述复制方式适用于单元格数量较少的情况，若将工作表中所有的单元格复制至其他工作表中，使用剪贴板操作会更加简便，具体操作如下。

① 选中表中任意单元格，使用 Ctrl+A 快捷键选中表中所有单元格。

② 使用 Ctrl+C 快捷键进行复制。

③ 打开目标工作表，单击 A1 单元格。

④ 使用 Ctrl+V 快捷键完成粘贴操作。

上述两种复制方式可保留单元格数据及格式。如图 4-39 所示，将 A1 单元格通过鼠标拖曳方式复制至 B3 单元格，A1 单元格数据及格式均被保留。如果仅想复制单元格数据，不保留格式，需使用选择性粘贴。选择性粘贴的具体使用方法如下。

① 选中 A1 单元格，使用 Ctrl+C 快捷键进行复制操作。

② 单击选定目标单元格 B3，在"开始"选项卡中选择"剪贴板"组中的"粘贴"命令，弹出下拉菜单。

③ 选择"选择性粘贴"命令，弹出"选择性粘贴"对话框，如图 4-40 所示。

④ 在"粘贴"选项组中选中"数值"单选按钮。

⑤ 单击"确定"按钮。

图 4-39　复制单元格

图 4-40　"选择性粘贴"对话框

4.3　工作表的基本操作

本节主要从 Excel 表格的三大组成要素——工作簿、工作表、单元格出发，基于上一节的基本操作，继续深入介绍 Excel 2016 的常用操作。

4.3.1　工作表的选定

工作表名称以标签的形式显示在 Excel 窗口底部。通过工作表标签可快速选择一个或多个工作表。使用鼠标左键单击要编辑的工作表标签，如单击 Sheet2，此时该工作表被选中，如图 4-41 所示，该活动工作表 Sheet2 与其他工作表标签颜色不同，活动工作表标签名称变为绿色。

想要选定多个连续的工作表需搭配使用 Shift 键。首先选定第一个工作表，按住 Shift 键并单击最后一个工作表，此时第一个工作表和最后一个工作表之间所有的工作表均处于被选中状态，如图 4-42 所示，图中 Sheet2、Sheet3、Sheet4 处于被选中状态。

想要选定多个不连续的工作表需搭配使用 Ctrl 键。首先选定第一个工作表，按住 Ctrl 键并单击其他工作表，直至所有工作表均选择完成后，松开 Ctrl 键。

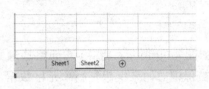

图 4-41　选定一个工作表　　　　图 4-42　选定连续的工作表

选定当前工作簿中所有的工作表可通过"选定全部工作表"命令快速实现，实现过程如下：将鼠标定位至工作表标签处，右击，在弹出的快捷菜单中选择"选定全部工作表"命令，此时当前工作簿中所有的工作表均处于被选中状态。

如果想要取消选定的工作表，在上述快捷菜单中选择"取消组合工作表"命令即可。

4.3.2　工作表的基本操作

选定工作表后，即可对工作表进行新建、删除、移动、复制、重命名、隐藏、保护、拆分等操作。

(1) 新建工作表。

默认情况下，Excel 表格只会创建一个工作表，名为 Sheet1。但在实际操作时，需要多个工作表，这就涉及新建工作表操作。新建工作表的方法有以下三种。

方法一：

① 将鼠标悬停至工作表标签处，右击，弹出快捷菜单。

② 在快捷菜单中选择"插入"命令，弹出"插入"对话框。

③ 选择"常规"选项卡中的"工作表"选项，如图 4-43 所示。

④ 单击"确定"按钮。

方法二：单击工作表标签右侧的"插入工作表"标签 ⊕ 。

方法三：使用 Shift+F11 快捷键。

(2) 删除工作表。

删除工作表的方法如下。

① 在工作表标签处选定工作表。

② 右击，在弹出的快捷菜单中选择"删除"命令，即可将选定的工作表从当前工作簿中删除。

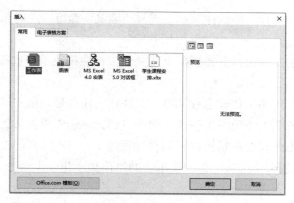

图 4-43　"插入"对话框

（3）重命名工作表。

在 Excel 中新建的工作表默认名称均为 Sheet1、Sheet2 等，在实际使用时，不同的工作表中存储不同的数据，为了方便用户辨别工作表中的内容，一般都以文档名作为标识。因此需要对工作表进行重命名。重命名工作表有以下两种方法。

方法一：

① 右击需要重命名的工作表，弹出快捷菜单。

② 在弹出的快捷菜单中选择"重命名"命令，此时当前选择的工作表处于文字编辑状态，输入新的工作表名，按回车键确认。

方法二：

双击选择需要重命名的工作表，进入文字编辑状态，输入新的工作表名，按回车键确认。

（4）移动或复制工作表。

Excel 工作表建立后可进行移动以更改 Excel 表格位置。移动工作表可使用"移动或复制"命令或使用鼠标进行拖曳这两种方法。

方法一：使用"移动或复制"命令。

① 选中需要移动的工作表并右击，在弹出的快捷菜单中选择"移动或复制"命令，弹出"移动或复制工作表"对话框，如图 4-44 所示。

图 4-44　"移动或复制工作表"对话框

② 在"工作簿"下拉列表中选择目标工作簿(该工作簿需处于打开状态)，在"下列选定工作表之前"列表框中选择工作表移动的位置，单击"确定"按钮。

方法二：使用鼠标进行拖曳。

单击要移动的工作表，拖曳至目标位置。使用鼠标拖曳方法适用于将工作表快速移动至当前工作簿中，如果移动到其他工作簿中，建议使用"移动或复制"命令。

（5）隐藏。

当工作表中的数据比较重要，不希望其他用户看到，可将工作表进行隐藏。具体操作为：

右击要隐藏的工作表，在弹出的快捷菜单中选择"隐藏"命令。此时该工作表消失在工作表标签中。

如果想恢复隐藏的工作表，只需重复上述操作，在快捷菜单中选择"取消隐藏"命令。

(6) 保护。

上述隐藏功能虽然可将工作表进行隐藏，但恢复工作表后，用户仍可对工作表及数据进行编辑，并不能真正意义上实现对工作表的保护，因此 Excel 提供了保护功能。通过密码加密，限制无关用户对工作表的编辑操作。实现过程如下。

① 在"审阅"选项卡中选择"保护"组中的"保护工作表"命令，弹出"保护工作表"对话框。

② 在"取消工作表保护时使用的密码"文本框处填写保护密码，如图 4-45 所示，密码可由数字、字母、特殊字符组成，区分大小写。密码需备份保存，Excel 暂未提供密码找回服务。在"允许此工作表的所有用户进行"列表框中勾选可进行操作的选项。单击"确定"按钮，弹出"确认密码"对话框，如图 4-46 所示。

③ 在"重新输入密码"文本框处再次输入密码，单击"确定"按钮。

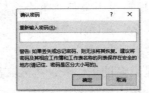

图 4-45　"保护工作表"对话框　　图 4-46　"确认密码"对话框

如果想要对当前工作簿中所有的工作表进行结构保护，防止其他用户进行移动、删除等修改工作表结构的操作，不必依次为每个工作表设置保护，直接使用"保护工作簿"命令对整个工作簿进行统一设置即可。具体操作如下。

① 在"审阅"选项卡中选择"保护"组中的"保护工作簿"命令，弹出"保护结构和窗口"对话框，如图 4-47 所示。

图 4-47　"保护结构和窗口"对话框

② 在"密码(可选)"文本框处输入保护密码，密码可由数字、字母、特殊字符组成，字母区分大小写。

③ 选中"结构"复选框，单击"确定"按钮，弹出"确认密码"对话框。

④ 在"重新输入密码"文本框处再次输入保护密码，单击"确定"按钮。

此时工作簿处于保护状态，使用者无法进行移动、删除工作表等操作，但可以编辑工作表中的单元格。

对工作表或工作簿设置保护后，可取消保护。取消保护只需再次选择"保护工作表"或"保护工作簿"命令，在弹出的对话框中输入保护密码。

4.3.3　冻结和拆分窗口

1. 冻结窗口

当工作表中数据量较大时，Excel 窗口右侧会出现滚动条，此时可通过滚动条调整窗口显示区域，但此时会出现能够看到表格后面的内容，看不到前面内容的情况，如图 4-48 所示。由于标题行未在显示区域中，无法确定每一列具体的含义，不利于使用者进行编辑操作。出现此种情况，可通过 Excel 冻结窗口功能将某些行或列(多为标题行或列，即表头部分)固定在可视区域中以便对照或是编辑。以图 4-48 所示的二季度销售表为例，冻结窗口的具体操作如下。

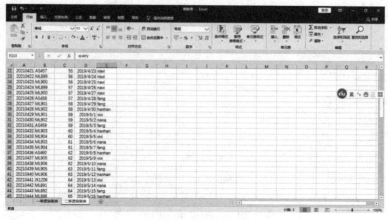

图 4-48　销售表

(1) 选中将要冻结的行和列交叉单元格右下角的单元格，如想要冻结第一列和第一行，那么第一列和第一行交叉单元格为 A1，A1 单元格右下角的单元格是 B2，因此选中 B2。

(2) 在"视图"选项卡中选择"窗口"组中的"冻结窗格"命令，在下拉菜单中选择第一项"冻结窗格"，如图 4-49 所示。

此时，工作表的第一行和第一列冻结在当前窗口中，无论如何拖动滚动条，调整显示区域，如图 4-50 所示，首行和首列一直显示在区域中，不会消失。

如果只需要冻结首行或首列，可以直接在"冻结窗格"下拉菜单中选择"冻结首行"或"冻结首列"命令。

冻结窗格后，"冻结窗格"下拉菜单第一项命令变更为"取消冻结窗格"，如果要取消冻结窗格(包括冻结首行或首列)，选择"取消冻结窗格"命令即可。

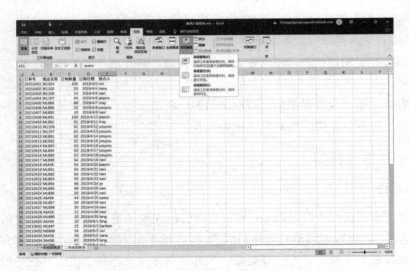

图 4-49　选择"冻结窗格"命令

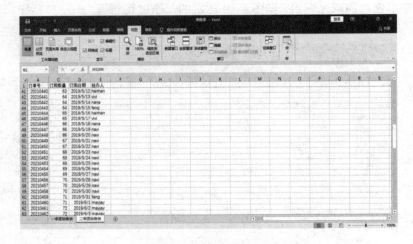

图 4-50　冻结窗格后的销售表

2. 拆分窗口

使用冻结窗口可固定行或列在显示区域中，但始终以一个窗口显示，无法同时查看不同位置的工作表数据，此时可使用 Excel 2016 提供的拆分窗口方式。拆分窗口将 Excel 工作表拆分成 4 个窗口显示，窗口相互独立，使用鼠标滚轮可调整各窗口的显示区域。以图 4-48 所示的销售表为例，对该工作表进行拆分。首先选中销售表中的一个单元格，如 D5。然后在"视图"选项卡中选择"窗口"组中的"拆分"命令。此时，销售表被拆分在四个窗口中显示，如图 4-51 所示，拖动窗口下方的滚动条可控制显示区域。通过拆分窗口，可方便地选定相隔较远的多个单元格进行编辑。

若要取消对工作表的拆分，最便捷的方法为双击拆分框。还可以在"视图"选项卡中单击"窗口"组中的"拆分"按钮，使其未处于激活状态。

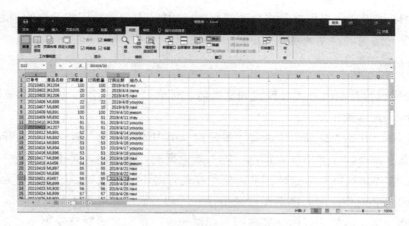

图 4-51　拆分后的销售表

4.3.4　格式化工作表

在工作表中编辑数据后，可对工作表及单元格格式进行设置，如调整行高/列宽、表格底纹、边框、对齐方式、字体设置、自动套用格式等，以增强工作表的视觉效果，使工作表的外观更加美观，排列更加整齐，重点更加突出。

1. 设置列宽

当输入的数据较长时，单元格会显示为"######"字符形式，出现这种情况的原因为数据长度超过列宽，无法在单元格中全部显示，此时只需调整列宽即可。Excel 表格有两种调整列宽的方法，具体如下：

方法一：在"开始"选项卡中选择"单元格"组中的"格式"命令，在展开的下拉菜单中选择"列宽"命令。在弹出的对话框(如图 4-52 所示)中输入要设置的列宽值后，单击"确定"按钮。

图 4-52　"列宽"对话框

方法二：首先将鼠标悬停定位到要调整列宽的列名右边框线处，当光标变为双向对拉箭头⊞时，向左或向右拖曳。向左拖动即可减小列宽，向右拖动即可增大列宽。

上述方法适用于调整单列的列宽，若调整多列的列宽，分为以下两种情况：

若是连续的列，选取多列时，应在第一列处按住鼠标左键不放拖曳至最后一列，然后将鼠标悬停至最后一列右边框线处，当光标变为双向对拉箭头后，根据实际需求向左或向右拖曳即可。

若是不连续的列，选取多列时，应在选取第一列后，长按 Ctrl 键，依次单击其他列，直至所有的列均已选中，松开 Ctrl 键。然后将鼠标悬停至最后一列右边框线处，当光标变为双向对拉箭头后，根据实际需求向左或向右拖曳即可。

Excel 2016 还提供了根据单元格自动调整列宽功能。双击需要调整列宽的列名右边框线，该列会根据单元格内容自动调整列宽。

2. 设置行高

Excel 表格调整行高的方式与设置列宽类似，可通过"行高"命令调整和鼠标拖曳调整两种方法实现。具体操作如下。

方法一：在"开始"选项卡中选择"单元格"组中的"格式"命令，在展开的下拉菜单中选择"行高"命令。在弹出的对话框中输入要设置的行高值后，单击"确定"按钮。

方法二：首先将鼠标悬停定位到要调整行高的行号下边框线处，当光标变为双向对拉箭头时，向上或向下拖曳。向上拖动即可减小行高，向下拖动即可增大行高。

自动调整行高，调整多行的行高与列宽操作一致，将选择的对象变更为行即可。

3. 设置边框

在 Excel 2016 中，工作表中的边框线是系统预设的。如果使用者不自行设置边框，打印出来的工作表没有边线，如图 4-53 所示。因此，为了方便数据的查看及工作表的美观，使用者需要添加边框。

添加边框的具体操作步骤如下。

(1) 选中要添加边框的单元格或单元格区域。

(2) 在"开始"选项卡中选择"单元格"组中的"格式"命令，弹出下拉菜单。

(3) 选择"设置单元格格式"命令，弹出"设置单元格格式"对话框，如图 4-54 所示。

(4) 单击"边框"选项卡，首先在"样式"列表框中选择线型，然后在"颜色"下拉列表中选择边框颜色，接着在"边框"区域选择需要添加的边框线。最后单击"确定"按钮。

图 4-53　无单元格边框效果

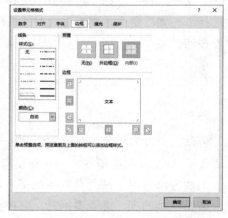

图 4-54　"设置单元格格式"对话框

4. 设置底纹

为单元格设置底纹可突出显示单元格内容，增强工作表的视觉效果。设置底纹的具体操作步骤如下。

(1) 选中要添加底纹的单元格或单元格区域。

(2) 在"开始"选项卡中选择"单元格"组中的"格式"命令，弹出下拉菜单。

(3) 选择"设置单元格格式"命令，弹出"设置单元格格式"对话框。

(4) 单击"填充"选项卡，如图 4-55 所示。首先在颜色列表中选择一种颜色。颜色列表中仅提供单色，如果想要实现渐变效果，即多个颜色组合，需单击对话框下方的"填充效果"按钮，在弹出的"填充效果"对话框(如图 4-56 所示)中选中"双色"单选按钮，然后在"颜色 1"和"颜色 2"下拉列表中选择渐变颜色，在"底纹样式"区域中选择渐变方向，单击"确定"按钮，返回"设置单元格格式"对话框。然后在"图案样式"下拉列表中选择底纹图案。最后单击"确定"按钮。

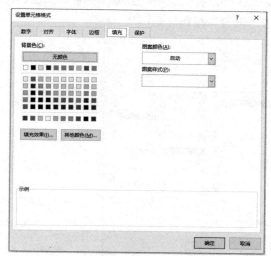

图 4-55　"填充"选项卡

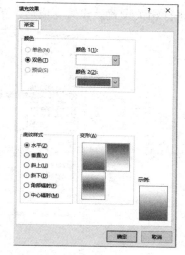

图 4-56　"填充效果"对话框

以销售表为例，为首行添加绿色背景色、12.5%灰底纹图案后的效果如图 4-57 所示。

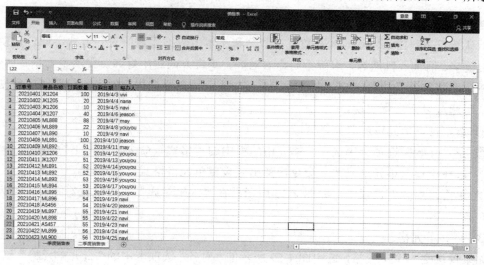

图 4-57　填充效果

5. 设置单元格格式

单元格格式主要指的是单元格中的文字格式、对齐方式。通过对单元格格式进行设置，可增强工作表的美观度。

(1) 设置文字格式。

文字格式主要包括字体、字形、字号、颜色、特殊效果。文字格式的设置方法如下。

① 选中目标单元格或单元格区域。

② 在"开始"选项卡中选择"单元格"组中的"格式"命令，弹出下拉菜单。

③ 选择"设置单元格格式"命令，弹出"设置单元格格式"对话框。

④ 单击"字体"选项卡，如图 4-58 所示，分别在字体、字形、字号、颜色、特殊效果区域内进行相关设置。设置完成后，单击"确定"按钮。

图 4-58 "字体"选项卡

(2) 设置对齐方式。

默认情况下，Excel 2016 针对数值型数据和文本型数据设置的对齐方式不同。数值型数据，如数字、时间、日期等，水平方向靠右对齐，垂直方向居中对齐。文本型数据，如字母、汉字或前面带单引号的数字等，水平方向靠左对齐，垂直方向居中对齐。想要调整数据的对齐方式可通过以下步骤实现。

① 选定目标单元格或单元格区域。

② 在"开始"选项卡中选择"单元格"组中的"格式"命令，弹出下拉菜单。

③ 选择"设置单元格格式"命令，弹出"设置单元格格式"对话框。

④ 单击"对齐"选项卡，如图 4-59 所示。在"水平对齐"和"垂直对齐"下拉列表中选择对齐方式。

(3) 合并单元格。

如果仅选定一个单元格，选中图 4-59 所示的"对齐"选项卡中的"合并单元格"复选框，单击"确定"按钮，此时无任何合并单元格效果。合并单元格指的是将多个单元格合并为一个单元格，因此在合并单元格前，选定的单元格应为单元格区域。我们还可以通过"合并后居中"命令实现合并单元格操作，具体操作如下。

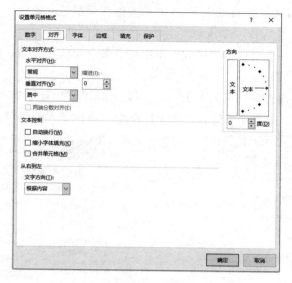

图 4-59　"对齐"选项卡

① 选中要合并的单元格区域。

② 在"开始"选项卡的"对齐方式"组中单击"合并后居中"按钮右侧的下拉按钮，展开下拉菜单。

③ 如果在合并单元格的同时，设置水平和垂直方向居中，则选择"合并后居中"命令，如果仅是执行合并单元格操作，则选择"合并单元格"命令。

(4) 自动套用格式。

Excel 2016 中内置大量现成的工作表格式，其中对文字颜色、底纹样式等格式进行了预先设置。使用者可直接套用这些格式，既可以增强工作表的美观度，也可以节省设置格式的时间，提高效率。自动套用格式的具体操作步骤如下。

① 选中要套用格式的单元格区域。

② 在"开始"选项卡中选择"样式"组中的"套用表格格式"命令，弹出下拉菜单。

③ 选择合适的表格格式。

在 Excel 2016 中，为了进一步美化工作表，在内置工作表格式的基础上，还提供了内置单元格格式，通过内置单元格格式可快速为单元格添加背景颜色或文字颜色，以达到突出单元格的效果。设置方式为首先选中要套用的单元格，接着在"开始"选项卡中选择"样式"组中的"单元格格式"命令，在下拉菜单中选择合适的单元格格式。

如果想要突出显示的数据具有一定的规律，即符合某个条件，可优先考虑采用条件格式进行操作。条件格式是指当条件为真时，Excel 2016 会自动应用于所选的单元格格式(如单元格的底纹或字体颜色)，即在所选的单元格中符合条件的以一种格式显示，不符合条件的以另一种格式显示，如设置区域内的所有负值的背景色为浅红色。条件格式内置了多种规则，比如突出显示单元格规则、最前/最后规则、数据条、色阶和图标集等。除此之外，也支持设置自定义规则。

以销售表为例，设置订购数量大于 54 的单元格背景颜色为蓝色，具体操作如下：

① 单击 C 列。

② 在"开始"选项卡中单击"样式"组中的"条件格式"按钮，弹出如图 4-60 所示的下拉菜单。

③ 通过分析我们得出条件应为大于 54，因此选择"突出显示单元格规则"命令，在展开的如图 4-61 所示的二级菜单中选择"大于"命令，弹出"大于"对话框。

图 4-60 "条件格式"下拉菜单

图 4-61 突出显示单元格规则

④ 在"为大于以下值的单元格设置格式"文本框处填写 54，如图 4-62 所示，单击右侧下拉列表展开按钮，在展开的下拉列表中选择样式。可发现没有与蓝色相关的背景颜色设置选项，此时应选择"自定义格式"命令，自行设置填充样式，弹出"设置单元格格式"对话框。

⑤ 单击"填充"选项卡，设置背景色为蓝色，如图 4-63 所示。

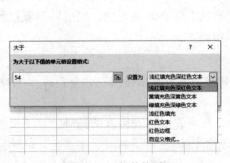

图 4-62 条件格式

图 4-63 自定义填充格式

条件格式除了上述案例用到的突出显示单元格规则外，还设有"最前/最后规则"，该规则将数据进行排名，通过该规则可将前 10 项、后 10 项、高于平均值、低于平均值、前 10%、后 10%的单元格快速应用特定的格式，进行突出显示。

要快速区分单元格数值大小，可利用条件格式中的数据条和色阶。使用数据条设置单元格格式时，数据条越长，表示单元格数值越大；数据条越短，则表示单元格数值越小。以销售表为例，使用蓝色渐变数据条对订购数量进行单元格设置，具体操作如下。

① 选中要进行格式设置的单元格区域，即 C 列。

② 在"开始"选项卡中单击"样式"组中的"条件格式"按钮，弹出下拉菜单。

③ 选择"数据条"命令，在展开的二级菜单中，在渐变填充中选择第一项，即蓝色渐变填充，如图 4-64 所示。

填充后的效果如图 4-65 所示。

图 4-64　数据条

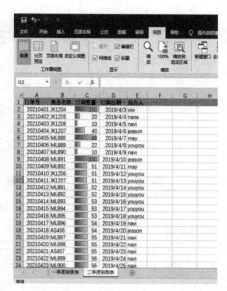

图 4-65　数据条填充效果

使用色阶设置单元格格式时，单元格具有两种或三种颜色渐变的阴影，这些颜色与最小值、中间值和最大值的阈值相对应，使 Excel 表格更加直观化。以销售表为例，采用红-黄-绿色对订购数量进行单元格设置，具体操作如下。

① 选中要进行格式设置的单元格区域，即 C 列。

② 在"开始"选项卡中单击"样式"组中的"条件格式"按钮，弹出下拉菜单。

③ 选择"色阶"命令，在展开的二级菜单中选择第二项"红-黄-绿色"，如图 4-66 所示。

填充后的效果如图 4-67 所示。最大值使用红色背景颜色进行标记，中间值使用黄色进行标记，最小值使用绿色进行标记。

在实际使用中，想要查看销售额的完成情况，使用条件格式中的图标集可更加直观化。图标集会在单元格旁边添加图标。以员工销售表为例，如图 4-68 所示，销售额达到 400 则代表完成当月销售指标，使用图标集的具体操作如下。

① 选中要进行格式设置的单元格区域，即 B 列。

② 在"开始"选项卡中单击"样式"组中的"条件格式"按钮，弹出下拉菜单。

③ 选择"图标集"命令，在展开的二级菜单中选择合适的图标，这里选择"四等级"图标，如图 4-69 所示。

填充后的效果如图 4-70 所示。

图 4-66 色阶　　　　　　　　图 4-67 色阶填充效果

图 4-68 员工销售表　　　图 4-69 图标集　　　图 4-70 图标集填充效果

条件格式添加后，通过下述操作可清除条件格式。

① 选中要清除条件格式的单元格区域。

② 在"开始"选项卡中单击"样式"组中的"条件格式"按钮，弹出下拉菜单。

③ 在下拉菜单中选择"清除规则"命令，弹出二级菜单。在该二级菜单中提供了两个选项，"清除所选单元格的规则"和"清除所选工作表的规则"，根据需求选择对应选项。如果想要清除某一个单元格区域的条件格式，则选择"清除所选单元格的规则"选项。想要清除该工作表中所有单元格区域的条件格式，则选择"清除所选工作表的规则"选项。

4.4 公式和函数

Excel 2016 之所以具有强大的数据处理及分析功能，公式和函数至关重要。Excel 2016 提供了大量实用的函数，熟练使用函数是高效、便捷处理数据的保证。本节主要介绍公式的输入和使用、不同函数的使用。

4.4.1　公式

公式以等号开始，对工作表中的数值进行计算。公式可以是简单的数学表达式，也可以是包含各种 Excel 函数的表达式。

1. 公式运算符

在 Excel 表格中，运算符分为四类：算术运算符、比较运算符、文本运算符、引用运算符。

(1) 算数运算符。

算数运算符可完成基本的数学运算，如加减乘除。算数运算符包括 6 种运算符，这 6 种运算符及其含义如表 4-1 所示。

表 4-1　算数运算符

运算符	含义
+	加
−	减
*	乘
/	除
%	百分比
^	乘方

(2) 比较运算符。

比较运算符用于对两个数值进行比较。比较运算符包括 6 种运算符，这 6 种运算符及其含义如表 4-2 所示。其中等号是公式必备元素，输入单元格的所有公式均以等号开始。如在 A2 单元格中输入：=2+3，按回车键确认后，Excel 单元格自动显示计算结果 5。此时若删除等号，则单元格显示 2+3。

表 4-2　比较运算符

运算符	含义
=	等于
>	大于
>=	大于或等于
<	小于
<=	小于或等于
<>	不等于

(3) 文本运算符。

在 Excel 2016 中，文本运算符只有一种符号&，用于连接多个文本以组成新的文本，如"Excel"&"2016"的结果为"Excel2016"。

(4) 引用运算符。

引用运算符用于合并单元格区域，引用运算符包括 3 种运算符，这 3 种运算符及其含义如表 4-3 所示。

表 4-3　引用运算符

运算符	含义	实例	运算后的单元格个数
:	区域运算符，该区域中所有的单元格	A1:B3	6
,	联合运算符，选取多个单元格	A1，A2，A3	3
空格	交叉运算符，属于两个单元格区域的单元格	A1:A3 A2:B3	4

如果公式中包含了相同优先级的运算符，例如，公式中同时包含了乘法和除法运算符，Excel 表格将从左到右进行计算。

如果要修改计算的顺序，应把公式需要首先计算的部分括在圆括号内。圆括号指的是"()"，括号用于提升公式中表达式的优先级，如公式：3+4*2，按照 Excel 表格默认的优先级，先进行乘法运算 4*2，再进行加法运算，若添加括号，公式变为(3+4)*2，则 3+4 表达式优先级提升，先进行加法运算 3+4，求和之后再进行乘法运算。

公式中运算符的顺序从高到低依次为:(冒号)、(逗号)、(空格)、负号(如 -1)、%(百分比)、^(乘幂)、*和/(乘和除)、+和-(加和减)、&(连接符)、比较运算符。

2. 公式的修改和编辑

在 Excel 单元格输入等号，Excel 则默认该单元格中即将输入公式。公式既可以手动输入，也可通过鼠标单击或是拖曳引用单元格或单元格区域完成公式的输入。

计算图 4-71 所示成绩单中刘雨鑫同学(序号为 5)的理综分数总和。操作步骤如下。

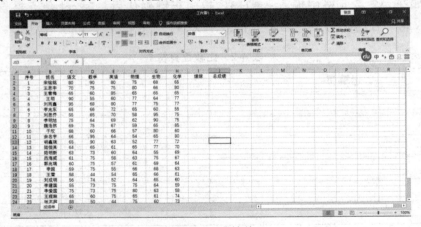

图 4-71　成绩单

① 选中 I6 单元格，双击进入编辑状态或单击编辑栏。

② 输入公式，先输入公式必备元素"="，接着输入运算数据，本案例涉及的运算数据为该同学的物理、生物、化学成绩，单击对应的单元格 F6、G6、H6，单元格地址使用相对

引用，运算符号根据求和运算应使用“+”号，即输入的公式为“=F6+G6+H6”，按回车键确认。

最终的计算结果如图 4-72 所示，I6 单元格中直接显示公式的运算结果，在编辑栏中则显示公式表达式。

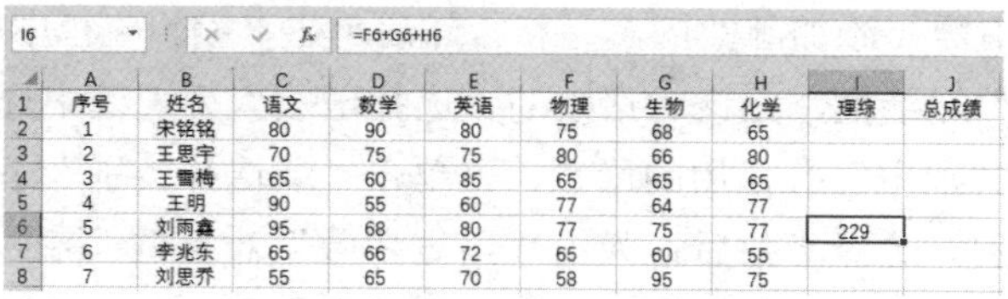

I6　=F6+G6+H6

	A	B	C	D	E	F	G	H	I	J
1	序号	姓名	语文	数学	英语	物理	生物	化学	理综	总成绩
2	1	宋铭铭	80	90	80	75	68	65		
3	2	王思宇	70	75	75	80	66	80		
4	3	王雪梅	65	60	85	65	65	65		
5	4	王明	90	55	60	77	64	77		
6	5	刘雨鑫	95	68	80	77	75	77	229	
7	6	李兆东	65	66	72	65	60	55		
8	7	刘思乔	55	65	70	58	95	75		

图 4-72　输入公式

输入公式后，如果其他单元格也需要完成相同计算，可将当前公式复制至其他单元格中，此时 I6 单元格已显示刘雨鑫同学的理综分数，执行的是求和运算，如果想要计算王思宇同学的理综分数，与 I6 执行的运算一致，都是求和运算，可将 I6 单元格的公式直接复制至 I3 单元格处，具体操作如下。

① 选中需要复制的公式所在单元格 I6。

② 使用 Ctrl+C 快捷键复制 I6 单元格公式。

③ 选中 I3 单元格，使用 Ctrl+V 快捷键将 I6 单元格公式粘贴至 I3。

此时在 I3 单元格显示公式运算结果 226，编辑栏处显示公式为 F3+G3+H3。公式中单元格地址因采用相对引用，根据相对引用的特点，单元格地址会随着公式的移动而改变，公式所在单元格由 I6 变为 I3，列号未变，但行号减少 3，因此公式中的单元格地址 F6、G6、H6，列号不变，行号减少 3 后变更为 F3、G3、H3。

上述案例中，I6 和 I3 并不是连续的单元格，如果要在连续的单元格内复制公式，如将 I6 的单元格地址复制至 I2 至 I5 单元格内，可使用“填充”工具快速实现，具体操作为：选中需要复制的公式所在单元格 I6。接着使用填充工具，从 I6 向上拖曳至终止单元格 I2。

4.4.2　函数

虽然使用公式可实现求和运算，但当运算数较多时，需要依次输入运算数，效率不高，此时可采用 Excel 2016 提供的求和函数快速实现运算。Excel 表格提供了大量的内置函数，不同的内置函数可完成不同的运算。Excel 2016 函数主要分为 7 类，分别为财务、逻辑、文本、日期和时间、查找与引用、数学和三角函数、其他函数。其中其他函数包括统计、工程、多维数据集、信息、Web、兼容性六类函数。Excel 2016 所有的函数都显示在“公式”选项卡的“函数库”组中。

各类函数的基本构成元素一致，均已等号开头，由函数名、括号、参数、参数分隔符组成一个完整的函数结构。在 Excel 2016 中大部分函数具有参数，参数指的是函数括号里面的表达式、单元格、常量，多个参数使用参数分隔符逗号进行分隔。如求和函数“=SUM(A1,A3,A5)”，SUM 为函数名，括号中的 A1、A3、A5 为函数的三个参数。函数可以嵌套使用，嵌套使用时将某个函数的返回结果作为另一个函数的参数来使用。如公式

"=VLOOKUP(B2,$C$4:$C$6,COLUMN(A3))"中，除了使用了单元格地址作为参数，还使用了函数表达式"COLUMN(A3)"作为参数，该表达式返回的值是 VLOOKUP 函数的第 3 个参数。

在 Excel 2016 中，有两种方法可在单元格中插入函数。具体操作如下。

方法一：首先选中需要添加函数的单元格，然后单击"编辑"栏中的"插入函数"按钮，此时弹出"插入函数"对话框，在该对话框的"选择函数"列表框中选择使用的函数，如图 4-73 所示。如果当前类别中没有使用的函数，可单击"或选择类别"下拉按钮，在弹出的下拉列表中选择函数类别。选择函数后，弹出"函数参数"对话框，输入参数即可。

方法二：首先选中需要添加函数的单元格。然后在"公式"选项卡的"函数库"组中找到函数分类按钮，在该按钮的下拉菜单中选择函数。如条件判断函数 IF，在"函数库"组中单击"逻辑"下拉按钮，如图 4-74 所示，选择"IF"命令。最后弹出"函数参数"对话框，输入参数。

图 4-73　"插入函数"对话框　　　图 4-74　"逻辑"下拉菜单

1. 常用函数举例

本节仅对 Excel 2016 中常用函数的用法进行讲解，如 SUM 函数、RANK 函数、IF 函数、SUMIF 函数、COUNT 函数、COUNTIF 函数、AVERAGE 函数、VLOOKUP 函数、MIN 函数、MAX 函数。

(1) SUM 函数。

SUM 函数的作用是计算单元格区域中所有数值的和，SUM 函数的基本形式为"SUM(number1,number2,…)"，SUM 函数参数不固定，参数跟随单元格个数调整。以图 4-71 所示的成绩表为例，使用 SUM 函数计算所有人的理综成绩。具体操作步骤如下。

① 选中 I2 单元格，单击编辑栏左侧的"插入函数"按钮，弹出"插入函数"对话框，如图 4-75 所示。

② 在"选择函数"列表框中选择"SUM"，单击"确定"按钮，弹出如图 4-76 所示的"函数参数"对话框。

③ Excel 表格默认会将 I2 左侧所有的数值单元格选定为参数，但理综分数总和应为

F2~H2 这三个单元格的和,因此需要更改参数。更改"Number1"参数为"F2:H2"。参数更改完成后,单击"确定"按钮即可。

④ 使用自动填充工具,向下拖曳至 I 列最后一个单元格,实现函数的快速复制。

图 4-75　"插入函数"对话框

图 4-76　"函数参数"对话框

(2) RANK 函数。

RANK 函数的作用为求某一个数值在某一区域内一组数据中的排名,RANK 函数的基本形式为"RANK(number,ref,order)",其中三个参数的含义如下:number 为参与排名的数值,ref 是排名的数值区域,order 是排序的类型,0 代表降序,即从大到小,1 代表升序,即从小到大,ref 的默认值为 0。以图 4-71 所示的成绩表为例,对成绩单中所有同学的语文成绩进行排名,排名结果显示在 K 列。具体操作步骤如下。

① 选中 I2 单元格,单击编辑栏左侧的"插入函数"按钮,弹出如图 4-75 所示的对话框。

② 在函数列表中并未找到 RANK 函数,将"或选择类别"改为"兼容性",函数列表随之更新,在函数列表中选择 RANK 函数,或在"搜索函数"处输入"排名",单击右侧的"转到"按钮,在函数列表中选择 RANK 函数,单击"确定"按钮,弹出"函数参数"对话框。

③ 将 Number 参数设置为第一位同学的语文成绩所在单元格 C2,Ref 参数是排名的数值区域,也就是所有同学的语文成绩,单元格地址引用采用绝对引用$C$2:$C$26,无论对哪一位同学的成绩进行排名,排名的数值区域不变,此区域不会随着函数公式的移动而发生改变,Order 设置为默认值即可。

最终的排名如图 4-77 所示,K 列显示所有同学的语文成绩排名,其中最高分 95 分,排名第 1。

(3) IF 函数。

IF 函数是条件判断函数,根据判断结果返回对应的值。IF 函数的基本形式为:=IF(logical_test,value_if_true,value_if_false)。IF 函数共有 3 个参数,第一个参数为判断条件,如果结果为真,则返回第二个参数,如果结果为假,则返回第三个参数。以图 4-71 所示的成绩单为例,使用 IF 函数判断所有同学数学是否及格,在 K 列显示最终结果及格或不及格,若分数大于或等于 60 代表及格,分数小于 60 代表不及格,具体操作如下。

① 选中 K2 单元格，单击编辑栏左侧的"插入函数"按钮，弹出"插入函数"对话框。

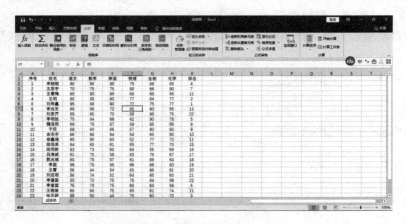

图 4-77　使用 RANK 函数排名

② 在函数列表中选择 IF 函数，单击"确定"按钮，弹出"函数参数"对话框，如图 4-78 所示。

图 4-78　IF 函数参数

③ 输入 IF 函数的 3 个参数。在 Logical_test 处填写判断条件 D2>=60(第一位同学的数学成绩所在单元格为 D2)，在 Value_if_true 处填写条件成立，判断结果为真时的返回值"及格"，在 Value_if_false 处填写条件不成立，判断结果为假时的返回值"不及格"。单击"确定"按钮。

④ K2 单元格中显示函数运算结果"及格"。使用自动填充工具，向下拖曳至 K26 单元格，实现函数的快速复制。

(4) SUMIF 函数。

SUMIF 函数可对符合要求的单元格进行求和。在 SUM 函数的基础上，添加了条件判断功能。SUMIF 函数的基本形式为：=SUMIF(range,criteria,sum_range)。SUMIF 函数共有三个参数，第一个参数 range 代表用于条件判断的单元格区域，第二个参数 criteria 代表求和判定条件，第三个参数 sum_range 代表实际求和的单元格区域。第三个参数可省略，当其省略时，第一个参数应用条件判断的单元格区域就会用来作为实际求和的区域。

以图 4-48 所示的销售表为例，在 G2 单元格计算 nana 经办的订单总数。具体操作如下。

① 选中 G2 单元格，单击编辑栏左侧的"插入函数"按钮，弹出"插入函数"对话框。

② 在函数列表中选择 SUMIF 函数，单击"确定"按钮，弹出"函数参数"对话框，如图 4-79 所示。

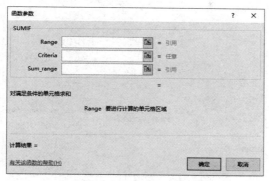

图 4-79　SUMIF 函数参数

③ 输入 SUMIF 函数的三个参数。在 Range 处输入 E2:E115，此单元格区域是用于条件判断的单元格区域，从该单元格区域中找出 nana，在 Criteria 处输入判断条件，即"nana"，在 Sum_range 处输入 C2:C115，该单元格区域为实际求和订单数的单元格区域。单击"确定"按钮。

上述操作完成后，结果如图 4-80 所示，G2 单元格显示的数据为 690。

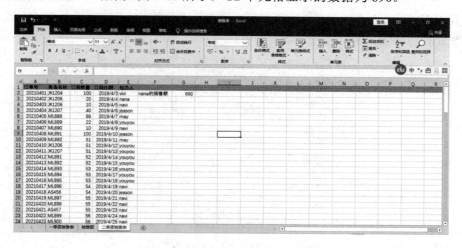

图 4-80　使用 SUMIF 函数的结果

(5) COUNT 函数。

COUNT 函数用于统计含有数字的单元格的个数，会忽略非数字的值。COUNT 函数的基本形式为：COUNT(value1,value2,value3…)，参数个数不固定，根据计算单元格的个数更改参数数量。以图 4-48 所示的销售表为例，统计 A1:E4 范围内，含有数字的单元格个数，统计结果显示在 J2 单元格中。具体操作如下。

① 选中 J2 单元格，单击编辑栏左侧的"插入函数"按钮，弹出"插入函数"对话框。

② 在函数列表中选择 COUNT 函数，单击"确定"按钮，弹出"函数参数"对话框，如图 4-81 所示。

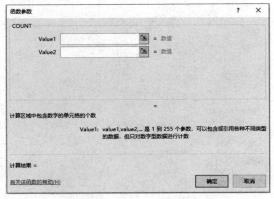

图 4-81　COUNT 函数参数

③ 输入 COUNT 函数参数，在 Value1 处选择 A1:E4 单元格区域。单击"确定"按钮。J2 单元格中显示函数计算结果为 9，即在 A1:E4 区域中，仅有 9 个单元格符合要求。

(6) COUNTIF 函数。

COUNTIF 函数用于计算单元格区域内符合条件的单元格个数。COUNTIF 函数基本形式为"=COUNTIF(range,criteria)"，其中 range 表示单元格区域，criteria 代表判断条件。以图 4-82 所示的新入职员工表为例，统计研发部新进人员人数，将统计结果显示在 G6 单元格处。具体操作如下。

	A	B	C	D	E	F	G
1	序号	姓名	性别	部门			
2	1	李芳	女	研发部			
3	2	韩梅梅	女	人事部			
4	3	李磊	男	实验中心			
5	4	李雷	男	信息中心			
6	5	刘思言	女	后勤部		研发部新进人员数量	
7	6	方诗睿	女	美工部			
8	7	房名新	男	客服			
9	8	李思琪	女	综合办			
10	9	魏鑫耀	男	实验中心			
11	10	王辉	男	综合办			
12	11	刘翔宇	男	人事部			
13	12	高伟亮	男	信息中心			
14	13	高昊	男	实验中心			
15	14	吴昊	男	美工部			
16	15	吴晶晶	女	客服			
17							

图 4-82　新入职员工表

① 选中 G6 单元格，单击编辑栏左侧的"插入函数"按钮，弹出"插入函数"对话框。

② 在函数列表中未找到 COUNTIF 函数，将函数类型改为"统计"，函数列表随之更新，在函数列表中选择 COUNTIF 函数，或在"搜索函数"处输入"COUNTIF"，单击右侧的"转到"按钮，单击"确定"按钮，弹出"函数参数"对话框，如图 4-83 所示。

③ 将 Range 参数设置为 D2:D16，D2:D16 为所有新员工所在部门的单元格区域。将 Criteria 参数设置为研发部。单击"确定"按钮。

G2 单元格中显示函数计算结果为 1，即研发部新进人员个数为 1。

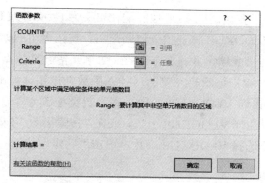

图 4-83　COUNTIF 函数参数

(7) AVERAGE 函数。

AVERAGE 函数用于计算单元格区域内数值的平均值。AVERAGE 函数基本形式为：=AVERAGE(number1,number2,…)。以图 4-71 所示的成绩单为例，计算所有同学语文成绩的平均分，将结果显示在 C27 单元格中。具体操作如下。

① 选中 C27 单元格，单击编辑栏左侧的"插入函数"按钮，弹出"插入函数"对话框。

② 在函数列表中选择 AVERAGE 函数，单击"确定"按钮，弹出"函数参数"对话框，如图 4-84 所示。

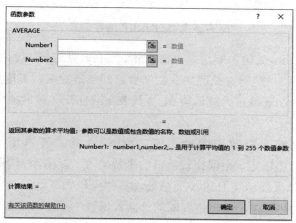

图 4-84　AVERAGE 函数参数

③ 在 Number1 处选择 C2:C26，C2:C26 为 C27 单元格上方所有包含数值的单元格区域，单击"确定"按钮。

C27 单元格中显示函数计算结果为 67，如果想要精确到小数点一位或两位，可通过设置单元格格式，调整数值的小数点位数。

(8) VLOOKUP 函数。

VLOOKUP 函数是纵向查找函数，纵向指的是按列查找。函数基本形式为：VLOOKUP(lookup_value,table_array,col_index_num,range_lookup)，其中 lookup_value 参数表示要查找的值，table_array 表示要查找的区域，col_index_num 表示返回数据在查找区域的第几列数，range_lookup 表示要精确匹配/近似匹配，如果为 FALSE 或 0，则返回精确匹配，如果为 TRUE 或 1，函数 VLOOKUP 将查找近似匹配值，默认为 1。以图 4-71 所示的成绩单为例，查找刘思乔同学的英语成绩，并将其显示在 O2 单元格。具体操作如下。

① 选中 O2 单元格，单击编辑栏左侧的"插入函数"按钮，弹出"插入函数"对话框。

② 在函数列表中未找到 VLOOKUP 函数，将函数类型改为"查找与引用"，函数列表随之更新，在函数列表中选择 VLOOKUP 函数，或在"搜索函数"处输入"查找"，单击"转到"按钮，在函数列表中选择 VLOOKUP 函数，单击"确定"按钮，弹出"函数参数"对话框，如图 4-85 所示。

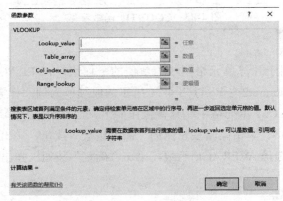

图 4-85　VLOOKUP 函数参数

③ 在 Lookup_value 处输入刘思乔，在 Table_array 处选择 A2：H26 单元格区域，在 Col_index_num 处填写 5，填写 5 是因为我们需要返回英语成绩，英语成绩在 A2：H26 范围内的第五排，range_lookup 设置为默认值 0，0 代表精准匹配。最后单击"确定"按钮。

(9) MIN 函数。

MIN 函数用于返回一组数中的最小值。MIN 函数的基本形式为：MIN(number1, number2,...)，参数个数不固定，根据比较数值的个数更改。以图 4-71 所示的成绩单为例，计算化学最低分，并将结果显示在 H28 单元格处，具体操作如下。

① 选中 H28 单元格，单击编辑栏左侧的"插入函数"按钮，弹出"插入函数"对话框。

② 在函数列表中未找到 MIN 函数，将函数类型改为"统计"，函数列表随之更新，在函数列表中选择 MIN 函数，或在搜索函数处输入"MIN"，单击"转到"按钮，单击"确定"按钮，弹出"函数参数"对话框，如图 4-86 所示。

③ Number1 处默认选择 H2:H27。H2:H27 为 H28 单元格上方所有包含数值的单元格区域。单击"确定"按钮。

H28 单元格显示函数计算结果为 55，即化学最低分为 55 分。

(10) MAX 函数。

MAX 函数用于返回一组数中的最大值。MAX 函数的基本形式为：MAX(number1, number2,...)，参数个数不固定，根据比较数值的个数更改。以图 4-71 所示的成绩单为例，计算化学最高分，并将结果显示在 H29 单元格处，具体操作如下。

图 4-86　MIN 函数参数

① 选中 H29 单元格，单击编辑栏左侧的"插入函数"按钮，弹出"插入函数"对话框。

② 在函数列表中选择"MAX 函数"，单击"确定"按钮，弹出"函数参数"对话框。

③ Number1 处默认选择 H2:H28。H2:H28 为 H27 单元格上方所有包含数值的单元格区域。但 H27 和 H28 单元格内容并不是化学成绩，因此需要更改单元格区域为 H2:H26。单击"确定"按钮。

H29 单元格中显示函数计算结果为 85，即化学最高分为 85 分。

2. 单元格引用

通过相对引用、绝对引用和混合引用可轻松实现获取同一工作表的单元格公式或函数，以实现其他行、列或区域的单元格也可以使用该公式或函数进行运算，并将结果存放于单元格。

(1) 相对引用。

在相对引用中，单元格地址的行和列均未锁定，会随着公式所在单元格位置的移动而发生改变。例如，A2 单元格中显示数据 5，A3 单元格中显示数据 6。在 C2 单元格中输入公式"=A2"，则 C2 单元格中也会显示数据 5。此时将 C2 公式复制到 C3 单元格处，此时发现 C3 单元格显示的数据为 6。单击查看公式发现，C3 显示的公式为"=A3"。公式采用相对引用方式，公式所在单元格从 C2 变化到 C3，公式所在单元格的列未变，行号增加 1，因此公式中引用的单元格 A 列不变，行号加 1，即变为 A3。

(2) 绝对引用。

在绝对引用中，单元格地址的行和列均已锁定，不会随着公式所在单元格位置的移动而发生改变。

例如，A2 单元格中显示数据 5，A3 单元格中显示数据 6。在 C2 单元格中输入公式"=$A$2"，则 C2 单元格也会显示数据 5。此时将 C2 公式复制到 C3 单元格处，此时发现 C3 单元格显示的数据为 5。单击查看公式发现，C3 显示的公式为"=$A$2"。公式采用绝对引用方式，行号和列号不变。公式所在单元格虽然从 C2 变化到 C3，但公式中引用的单元格 A2 并不随之改变，保持原来的列名和行名。

(3) 混合引用。

混合引用指的是，在一个单元格地址引用中，既有相对引用，也有绝对引用。如"$A2"表示"列"不变，但"行"会随着公式所在单元格的位置发生变化，"A$2"表示"行"不变，但"列"会随着公式所在单元格的位置发生变化。我们可以这样理解，行或是列哪一个标号前面带有$符号，则代表该标号保持不变，另一个标号变化。

例如，A2 单元格中显示数据 5，A3 单元格中显示数据 6。在 C2 单元格中输入公式"=$A2"，则 C2 单元格也会显示数据 5。此时将 C2 公式复制到 C3 单元格处，此时发现 C3 单元格显示的数据为 6。单击查看公式发现，C3 显示的公式为"=$A3"。公式采用混合引用方式，$A2 中列号不变，行号改变。因此公式中引用的单元格列号 A 不变，行号加 1，即为$A3。

通过相对引用、绝对引用和混合引用可轻松实现获取同一工作表的单元格数据。但在实际应用中，会出现引用的单元格与公式并不在同一工作表或工作簿中，需要跨表或工作簿引用单元格，引用方式为：[工作簿名称]工作表名!单元格引用。例如，在工作簿 1 的 Sheet1 工作表的 C2 单元格中引入工作簿 2 的 Sheet3 工作表的 A1 单元格，A1 单元格行号和列号并不跟随公式的移动而改变(绝对定位)，引用方式为：[工作簿 2]Sheet3!$A$1。

4.5 数据管理

通过 Excel 2016 提供的排序功能可以将工作表中的数据按照一定的规则排序，便于使用者对数据的浏览，有助于了解数据的总体状况。使用筛选功能能够将满足条件的数据单独显示。分类汇总功能将单元格区域内各个类别的数据按指定方式汇总。汇总的数据还可通过数据透视图进行清晰的展示。上述这些功能对于数据的管理及分析起到至关重要的作用。本节主要介绍数据排序、筛选、分类汇总的使用方式，创建、编辑和设置数据透视表等内容。

4.5.1 数据清单

在 Excel 2016 中，数据清单按照数据库方式存储单元格区域的数据。与数据库相似，清单中每一列的第一个单元格内容为字段名，字段行以下的各行称为记录。在数据清单中，每列数据具有相同的性质，不存在全空行或全空列。

4.5.2 数据排序

使用者在 Excel 表格中输入数据时，无特定规律，为了便于查看和分析 Excel 表格中的数据，需要对数据进行排序。排序指的是对表格中的单元格数据按照特定的规律进行排列。Excel 表格共有三种排序方式：快速排序、高级排序和自定义排序。

1. 快速排序

快速排序是 Excel 表格中最常用的一种排序方式，可将表格中的数据按照某一关键字进行升序或降序排列。通过快速排序可快速得到指定条件下的最大值或最小值，以图 4-71 所示的成绩单为例，按照语文成绩进行降序排列。具体操作如下。

① 单击语文成绩所在列 C 列中的任意单元格。

② 在"数据"选项卡中选择"排序和筛选"组中的"排序"命令，弹出如图 4-87 所示的对话框。

图 4-87　"排序"对话框

③ 选中"数据包含标题"复选框。选中该复选框后，"主要关键字"下拉列表中的选项才能显示列标题，如语文，数学，英语。否则，下拉列表中的选项为列 A、列 B 等。将"主要关键字"设置为语文、"次序"设置为降序，单击"确定"按钮。

除上述方式之外，还有更快速的方式，在"数据"选项卡中单击"排序和筛选"组中的"降序"命令按钮 即可。降序按钮上方的 图标为升序命令。通过升序及降序命令按钮可快速实现数据的排序。

2. 高级排序

高级排序是指按多个关键字进行升序或降序排序。当使用多个关键字进行排序时，先按第一关键字进行排序，当遇到相同的数据时，再按第二关键字进行排序，以此类推。以 4-71 所示的成绩单为例，以英语成绩为第一关键字、数学成绩为第二关键字进行升序排序，具体操作如下。

① 单击英语成绩所在列 E 列中的任意单元格。

② 在"数据"选项卡中选择"排序和筛选"组中的"排序"命令，弹出如图 4-88 所示的对话框。

③ 选中"数据包含标题"复选框，将"主要关键字"设置为英语、"次序"设置为升序。

④ 单击"添加条件"按钮添加"次要关键字"，将"次要关键字"设置为数学、"次序"设置为升序，如图 4-88 所示，单击"确定"按钮。

图 4-88　高级排序

3. 自定义排序

自定义排序是指按照使用者设定的序列条件进行排序。如图 4-89 所示的业务地区表，按照北京、上海、南京、沈阳、长春、哈尔滨的顺序进行排列，此时需要使用自定义排序实现，具体操作步骤如下。

① 单击 B 列中的任意单元格。

② 在"数据"选项卡中选择"排序和筛选"组中的"排序"命令，弹出"排序"对话框。

③ 选中"数据包含标题"复选框，在"次序"下拉列表中选择"自定义序列"选项，弹出"自定义序列"对话框，如图 4-90 所示。

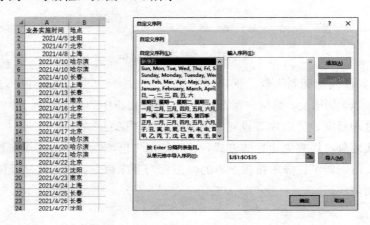

图 4-89　业务地区表　　　　图 4-90　"自定义序列"对话框

④ 输入序列"北京，上海，南京，沈阳，长春，哈尔滨"，单击"添加"按钮，将设置的序列添加至 Excel 序列中。

⑤ 序列添加成功后，在"排序"对话框中选定该序列为次序。设置"主关键字"为"地点"，如图 4-91 所示。单击"确定"按钮。表格按照预定顺序"北京，上海，南京，沈阳，长春，哈尔滨"排列，如图 4-92 所示。

图 4-91　自定义序列设置

图 4-92　自定义序列排序后的效果

4.5.3　数据筛选

使用 Excel 数据筛选功能可以迅速找出符合条件的数据，隐藏其他不满足条件的数据。Excel 数据筛选包括自动筛选、数值筛选和高级筛选。

1. 自动筛选

添加自动筛选功能后，可以筛选出符合条件的数据。使用者只需单击"筛选"按钮，从中勾选需要筛选的项目即可。以业务地区表为例，筛选出地点为哈尔滨的业务实施时间。具体操作如下。

① 单击 B 列中的任意单元格。

② 在"数据"选项卡中选择"排序和筛选"组中的"筛选"命令，此时表格中所有列标识上都出现了筛选下拉按钮，如图 4-93 所示。

③ 单击 B1 单元格的筛选下拉按钮，在弹出的菜单中取消勾选"全选"复选框，勾选"哈尔滨"复选框，如图 4-94 所示，单击"确定"按钮。

图 4-93　显示筛选下拉按钮　　图 4-94　筛选条件

筛选后表格中仅显示地点为哈尔滨的业务数据，如图 4-95 所示，其他不满足条件的数据被隐藏，但并未删除。

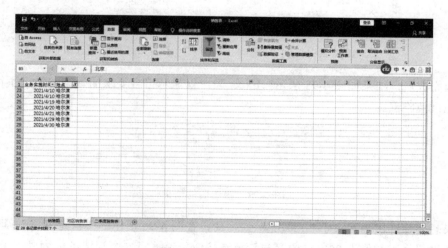

图 4-95　自动筛选结果

2. 数值筛选

数值筛选可以选出大于、等于、小于指定数值的数据记录，数值筛选常与自动筛选中的"与"条件和"或"条件筛选搭配使用，如果想筛选出同时满足多个条件的数据记录，需要进行"与"条件的设置。如果想筛选出的结果满足多个条件其中的一个，需要进行"或"条件筛选。以图 4-71 所示的成绩单为例，筛选出物理成绩大于 70 小于 80 的数据记录，具体操作如下。

① 单击 F 列中的任意单元格。

② 在"数据"选项卡中选择"排序和筛选"组中的"筛选"命令，此时表格中所有列标识上都出现了筛选下拉按钮。

③ 单击 F1 单元格的筛选下拉按钮，弹出下拉菜单。

④ 选择"数据筛选"命令，在展开的级联菜单中，选择"大于"命令，如图 4-96 所示，弹出"自定义自动筛选方式"对话框，如图 4-97 所示。

⑤ 设置"大于"数值为 70，选中"与"单选按钮，设置第二个筛选条件为"小于 80"。

图 4-96　数字筛选　　　　图 4-97　数字筛选条件设置

筛选完成后，结果如图 4-98 所示，Excel 表中仅显示符合要求的数据记录，不符合要求的数据记录被隐藏。

图 4-98　筛选后的结果

如果想要筛选出分数大于 80 或分数小于 60，在图 4-96 所示的"自定义自动筛选方式"对话框中设置大于数值为 80，选中"与"单选按钮，设置第二个筛选条件为"小于 60"。

3. 高级筛选

高级筛选可将筛选结果显示在其他位置，方便数据的使用。高级筛选可设置 "或"条件筛选和"与"条件筛选。使用高级筛选需预先在工作表中无数据的单元格区域输入筛选条件，该区域就是条件区域。条件区域和数据区域中间必须要有一行以上的空行隔开。在条件区域中输入多个条件时，如果多个条件之间是和关系，将所有的条件放在同一行。若是或关系，则错行放置。以图 4-71 所示的成绩单为例，筛选出物理和英语成绩均大于 70 分的数据记录，具体操作如下。

① 设置条件区域，条件区域为 A28:B29。

② 在条件区域中输入判断条件，判断条件分别为物理大于 70，英语大于 70，两个条件需同时满足，为 "与"关系，因此放在同一行中，如图 4-99 所示。

③ 选中数据区域 A1:H26，在"数据"选项卡的"排序与筛选"组中选择"高级"命令。弹出"高级筛选"对话框。

④ 默认情况下，Excel 2016 会自动找到要筛选的区域$A$1:$J$26，并将该区域设置为"列表区域"，"条件区域"选择 A28:B29，如图 4-100 所示。若 Excel 2016 没有自动找到筛选的区域，则设置手动设置数据筛选区域，单击"确定"按钮。

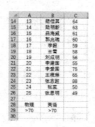 

图 4-99　设置筛选条件　　　图 4-100　设置高级筛选

筛选完成后，结果如图 4-101 所示，当前工作表中仅显示符合要求的数据记录。

通过以上三种方式设置筛选后，Excel 工作表中只显示符合条件的数据，不符合条件的数据被隐藏，如果想要恢复显示所有原始数据，需取消设置的筛选条件。想要删除"地点"筛选条件，首先单击地点列标识右侧的"筛选"下拉按钮，弹出下拉菜单，接着在下拉菜单中选择"从'地点'中删除筛选"命令，如图 4-102 所示。

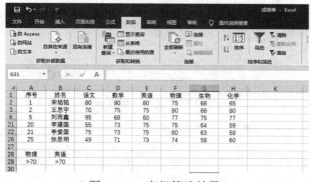 

图 4-101　高级筛选结果　　　　　　　　　图 4-102　删除筛选

4.5.4 分类汇总

使用分类汇总功能可将单元格区域内各个类别的数据按指定方式汇总。创建分类汇总前需要对所汇总的数据进行排序，即将同一类别的数据排列在一起。计算员工薪资表中各职称人员实发工资的合计金额，员工薪资表如图 4-103 所示。具体操作如下。

① 进行分类汇总前，需按照"职称"字段进行排序。选中职称数据所在的 B 列中的任意单元格，在"数据"选项卡的"排序和筛选"组中单击"升序"按钮进行排序。

② 在"数据"选项卡中单击"分级显示"组中的"分类汇总"按钮，弹出如图 4-104 所示的对话框。

图 4-103 员工薪资表   图 4-104 "分类汇总"对话框

③ "分类字段"选择"职称"，"汇总方式"选择"求和"，在"选定汇总项"列表框中选择"实发工资"复选框，分类汇总参数设置完成后，单击"确定"按钮。最终表格中的数据按照"职称"进行排列，并按照职称级别汇总显示实发工资总和，如图 4-105 所示。

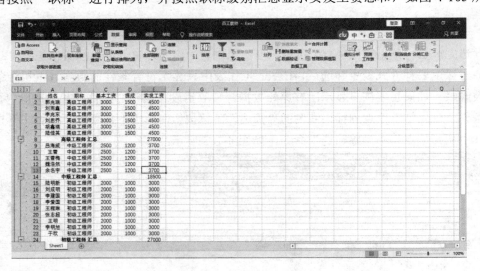

图 4-105 分类汇总效果

若要取消分类汇总，恢复至数据原始状态，重复上述操作，打开"分类汇总"对话框(如图 4-104 所示)，单击"全部删除"按钮即可。

4.5.5　数据透视表

在 Excel 2016 中，数据透视表是一种动态交互式报表，用于快速分类汇总数据并查看统计结果。数据透视表综合了数据排序、筛选、分类汇总等数据分析的优点。建立数据透视表之后，可通过鼠标拖动调节字段的位置以快速获取不同的统计结果。另外，还可根据数据透视表直接生成数据透视图，便于对数据的筛选。

1. 创建数据透视表

以图 4-103 所示的员工薪资表创建数据透视表，具体操作如下。

① 选中数据表中的任意单元格。

② 在"插入"选项卡中单击"表格"组中的"数据透视表"按钮，弹出"创建数据透视表"对话框。

③ 在"选择一个表或区域"的"表/区域"中设置单元格区域作为数据透视表的数据源，如图 4-106 所示，单击"确定"按钮，此时 Excel 表格中会新建一张工作表，该表为数据透视表。在 Excel 表格中建立的数据透视表将默认显示在新工作表中，如果想让数据透视表显示在当前工作表中，可在"创建数据透视表"对话框中(如图 4-106 所示)"选择放置数据透视表"的位置处选中"现有工作表"单选按钮，然后在"位置"文本框中设置存放数据透视表的起始单元格。

图 4-106　"创建数据透视表"
对话框

默认建立的数据透视表只是一个框架，要得到相应的分析数据，则根据实际需要设置字段。在"数据透视表字段"任务窗格的字段列表中选中字段，拖曳至对应区域，如将职称拖曳至筛选区域，将姓名拖曳至行区域中，此时在工作表中单击筛选按钮，将条件设置为初级工程师，在行标签处只显示所有初级工程师的姓名，如图 4-107 所示。

图 4-107　数据透视表

2. 编辑数据透视表

建立数据透视表后，可对数据透视表进行编辑操作，包括字段的添加与删除，更改汇总运算，更改数据透视表的值显示方式，数据透视表的移动、刷新和删除。

(1) 字段的添加与删除。

如果想要添加新的字段，在"数据透视表字段"任务窗格中勾选对应的字段复选框即可，如果想删除字段，在字段列表中取消勾选字段复选框，如图 4-108 所示。

(2) 更改汇总运算。

当设置了某个字段为数值字段后，数据透视表会自动对数据字段中的值进行合并计算。数据透视表通常为包含数字的数据字段使用 SUM 函数(求和)，设置实发工资为"值"，数据透视表对实发工资进行求和运算。而包含文本的数据字段使用 COUNT 函数(计数)，如图 4-109 所示，将职称设置为"值"，数据透视表对职称进行个数统计，计算结果如图 4-110 所示。如果想得到其他的统计结果，如求最大最小值、求平均值等，则需要修改合并计算类型。在"值"列表框中选中要更改其汇总方式的字段，打开下拉菜单，单击"值字段设置"选项。此时弹出"值字段设置"对话框，选择"值汇总方式"选项卡，在"计算类型"列表框中根据实际需求选择汇总方式，如平均值、最大值、最小值等。

图 4-108　数据透视表字段

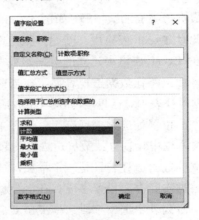

图 4-109　数据透视表计算类型

图 4-110　数据透视表个数统计

(3) 更改数据透视表的值显示方式。

打开"值字段设置"对话框，选择"值显示方式"选项卡，如图 4-111 所示，在列表框可根据实际需要选择值显示方式，如总计的百分比、行汇总的百分比等，单击"确定"按钮。如选择总计的百分比，数据透视表每个人的实发工资以百分比的形式进行显示，如图 4-112 所示。

图 4-111　数据透视表值显示方式　　　　图 4-112　数据透视表百分比显示方式

(4) 数据透视表的移动。

数据透视表建立后，可将其移动至其他位置。具体操作方法如下。

选中数据透视表，在"数据透视表工具－数据透视表分析"选项卡的"操作"组中单击"移动数据透视表"按钮，如图 4-113 所示。弹出"移动数据透视表"对话框，如图 4-114 所示，可将数据透视表移到当前工作表的其他位置，也可以将其移到其他工作表中。

图 4-113　单击"移动数据透视表"按钮

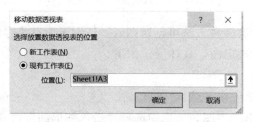

图 4-114　"移动数据透视表"对话框

(5) 数据透视表的刷新。

当工作表中的数据进行更改，需更新数据透视表。默认情况下，当重新打开工作簿时，透视表数据将自动更新。若不重新打开工作簿，刷新数据透视表的方法如下：首先选中数据透视表，然后在"数据透视表工具－数据透视表分析"选项卡中选择"数据"组中的"刷新"命令，弹出下拉菜单，接着在下拉菜单中选择"刷新"命令，如图 4-115 所示。

(6) 数据透视表的删除。

数据透视表是一个整体，只能整体删除，不可单独删除其中某个单元格，删除某个单元格会出现错误提示。删除透视表的操作如下：首先选中数据透视表，然后在"数据透视表工具－数据透视表分析"选项卡中选择"操作"组中的"选择"命令，弹出下拉菜单，接着从下拉菜单中选择"整个数据透视表"命令，如图 4-116 所示，将整张数据透视表选中，最后按 Delete 键。

图 4-115　选择"刷新"命令　　　　　图 4-116　选择"整个数据透视表"命令

4.6　图表

Excel 图表是指将工作表的数据以图形的形式显示。Excel 表格提供了多种类型的图表，其中树状图、旭日图、直方图、箱形图、瀑布图、组合图这六种类型的图表为 Excel 2016 新增的图表类型。通过图表可直观地看到数据的相对关系及变化趋势。如折线图反映数据之间的趋势关系，饼状图体现数据之间的比例分配关系，直方图可清晰展示数据的分布情况，旭日图可展示多层数据之间的对比关系。本节将介绍不同类型图表的创建、编辑、格式化等操作方法。

4.6.1　图表的创建

在 Excel 2016 中，共有两种方法可创建图表，适用于所有类型的图表。以图 4-117 所示的员工销售表为例，创建柱形图，具体操作如下。

方法一：

① 选中生成图表的单元格区域 A1:B11。

② 在"插入"选项卡的"图表"组中选择"插入柱形图"命令，弹出下拉菜单。

③ Excel 2016 提供了多种柱形图样式，如图 4-117 所示，可根据实际情况进行选择，本例使用"簇状柱形图"样式。

方法二：

① 选中生成图表的单元格区域 A1:B11。

② 在"插入"选项卡"图表"组中单击右下角的"查看所有图表"按钮，弹出"插入图表"对话框，如图 4-118 所示。

③ 单击"推荐的图表"选项卡，选择图表类型为柱形图，图表样式为簇状柱状图。若该选项卡中没有需要的图表类型，可单击切换至"所有图表"选项卡，在图表列表中选择图表类型及图表样式。

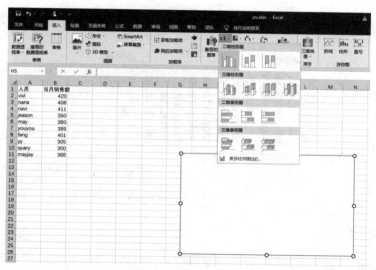

图 4-117　插入柱形图

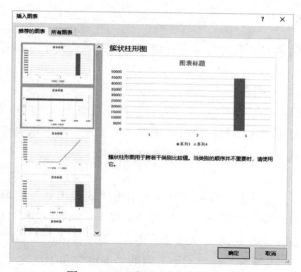

图 4-118　"插入图表"对话框

无论是哪种类型的图表，图表的基本组成部分一致，包括图表标题、图表区、绘图区、数据系列、坐标轴、图例。其中图表标题一般位于图表的最上面，用来表示图表的名称，如图 4-119 所示，图表最上方的文字"当月销售额"即为图表标题。图表区指的是图表边框以内的区域，图表中所有的元素都包含在该区域中。绘图区是图表的重要组成部分，是绘制图表的具体区域。数据系列是指根据用户指定的图表类型以系列的方式显示在图表中的可视化数据，分类轴上的每个分类都对应着一个或者多个数据，不同分类上颜色相同的数据便构成了一个数据系列，如图 4-119 所示，柱状图中的每一个柱子即为一个数据系列。坐标轴分为水平轴和垂直轴，其中垂直轴(数值轴)用于显示数值，水平轴(分类轴)用于显示分类。图例是用来表示图表中各个数据系列的名称或者分类的图案或颜色，如图 4-119 所示，显示在右侧的图例说明图表中的数据系列表示当月销售额。

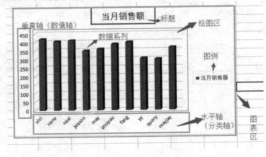

图 4-119　图表的组成

4.6.2　图表的编辑

在 Excel 表格中建立图表后，在实际使用中，会根据需要进行更改图表类型、调整图表的大小、移动图表至其他位置、添加和删除图表元素、修改数据源、切换行/列等操作。

1. 调整图表大小

调整图表大小指的是对图表的宽高进行调整。调整图表大小主要有以下两种方法。

方法一：

① 单击要调整大小的图表。

② 将鼠标悬停至图表的上、下、左、右任意一个控点上，当鼠标光标变为双向箭头时，单击并拖曳，向左拖曳可调小宽度，向右拖曳可调大宽度，向下拖曳可增加高度，向上拖曳可减小高度，向对角线方向移动可同时调整宽度和高度。

方法二：

① 选中要调整大小的图表，此时功能区会出现"图表工具"选项卡。不选中图表，该选项卡不会出现在功能区中。"图表工具"选项卡包含　"设计"和"格式"两个子选项卡，图表所有的操作命令都集中在这两个子选项卡中。

② 单击"格式"子选项卡，在"大小"组的"高度"和"宽度"文本框处输入数值。

2. 移动图表

在 Excel 表格中，工作表中创建的图表可被移动至该工作表中的其他位置，也可被移动至同工作簿中的其他工作表中。

移动图表至当前工作表中的其他位置的具体操作如下：选中要移动的图表，将鼠标悬停至图表的上、下、左、右任意边框上，注意不是控制点，当鼠标光标变为双向十字形箭头时，单击并拖曳至目标位置处即可。

移动图表至其他工作表中的具体操作如下：首先选中要移动的图表，然后在"图表工具"选项卡的"设计"子选项卡中单击"移动图表"按钮，打开"移动图表"对话框，如图 4-120 所示。单击"对象位于"下拉列表，此时下拉列表中会显示当前工作簿包含的所有工作表，在下拉列表中选中图表移至的工作表，单击"确定"按钮。

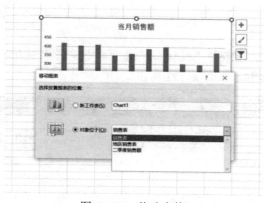

图 4-120　移动表格

3. 更改图表类型

创建图表后可直接在当前图表的基础上更改图表类型，如将图表类型由柱形图更改为饼状图，无须重新创建新的图表。更改图表的操作如下。

① 选中要更改类型的图表。

② 在"图表工具"选项卡的"格式"子选项卡中单击"类型"组中的"更改图表类型"按钮。

③ 弹出"更改图表类型"对话框，如图 4-121 所示。

④ 选择更改的图表类型。如更改为饼状图，在对话框左侧的图表类型列表中单击饼状图，对话框右侧自动显示饼状图的样式。当鼠标悬停至某一样式时，会出现文字提示显示该样式名称，可根据文字提示选择合适的样式。

图 4-121　"更改图表类型"对话框

4. 添加、删除图表组成元素

初始创建的图表中并未包含所有的图表元素，创建图表后可以随时向图表中添加需要显示的元素。具体操作如下。

① 选中目标图表。

② 在"图表工具"选项卡的"设计"子选项卡中单击"图表布局"组中的"添加图表元素"按钮，弹出下拉菜单，如图 4-122 所示。

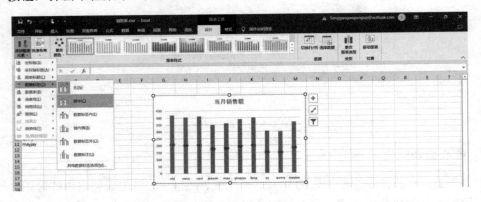

图 4-122　添加图表元素

③ 选择添加的图表组成元素。Excel 表格可添加的图表元素均显示在该下拉菜单中。如在销售表中添加数据标签，可在下拉菜单中选择"数据标签"，此时会出现"数据标签"的级联菜单，在级联菜单中可选择数据标签的显示样式，如选择"居中"，结果如图 4-123 所示，数据标签显示在图表中每个数据系列的中间位置。

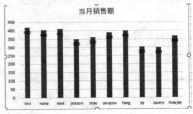

图 4-123　添加元素后的效果

图表元素也可根据实际需求进行删除，在图表中选中要删除的图表元素，直接按 Delete 键删除即可，但如果选中数据系列中任意数据系列进行删除，如图 4-124 所示，整个图表所有的元素均会被删除，工作表中仅显示一个空白的图表区。若想要删除整个图表，选中图表区，按 Delete 键删除即可。

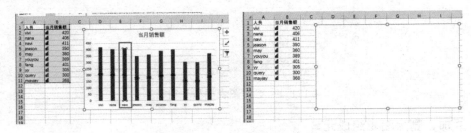

图 4-124　删除数据序列

5. 修改数据源

在 Excel 表格中数据源指的是图表中数据的引用资源，当数据源的数值及范围发生改变时，Excel 图表也会随之更新，发生与数据源有关的改变。更改数据源的操作如下。

① 选中需要修改数据源的图表。

② 在"图表工具"选项卡的"设计"子选项卡中选择"数据"组中的"选择数据"命令，弹出如图 4-125 所示的对话框。

③ 更新"图表数据区域"，在工作表中重新选择单元格区域。

④ 返回"选择数据源"对话框，"图表数据区域"中的单元格区域更新为上一步选中的单元格区域，单击"确定"按钮。

图 4-125　"选择数据源"对话框

6. 切换行/列

在 Excel 2016 使用过程中，可将图表的行列进行切换，即交换图表中的水平轴图例项和系列名称。具体操作如下。

① 选中目标图表。

② 在"图表工具"选项卡的"设计"子选项卡中选择"数据"组中的"切换行/列"命令，图表切换行/列后的效果如图 4-126 所示。

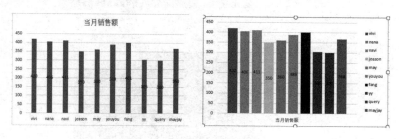

图 4-126　切换行/列

4.6.3　图表的格式化

图表的格式化指的是设置图表中的文字、边框、填充颜色、阴影等图表样式，使图表具有美观性，增强图表的可读性。

1. 文字修饰

在 Excel 2016 中，图表标题、图例、水平轴标签、垂直轴标签等元素均包括文字，如果想要修改默认的文字显示效果，选中要设置的文字后，在"开始"选项卡的"字体"组中可设置字体、字号、字形、文字颜色等(此处具体的操作与 Word 文字格式化一致)，如图 4-127 所示，按照以上常规方式设置文字的字体或字号后，可添加艺术字显示效果，选中目标文字，单击"图表工具"选项卡中的"格式"子选项卡，在"艺术字样式"组中可选择已有的艺术字样式，也可以自定义设置艺术字边框及字体颜色。通过单击"艺术字样式"组中的"文字效果"命令按钮，可为文字添加视觉效果，如阴影、发光等效果。

图 4-127　文字格式

2. 填充与图案

Excel 表格主要提供了 3 种填充效果，分别为单色填充、渐变填充、图片填充。图表中任意一种组成元素均可设置这 3 种填充效果。以销售表图表为例，分别使用上述 3 种填充方式对绘图区进行设置。

(1) 单色填充具体操作如下。

① 选中绘图区，切换至"图表工具"选项卡的"格式"子选项卡。

② 单击"形状填充"按钮，打开下拉菜单。在"主题颜色"栏中可以选择填充颜色，将鼠标指向设置选项时，可即时预览效果，如图 4-128 所示。

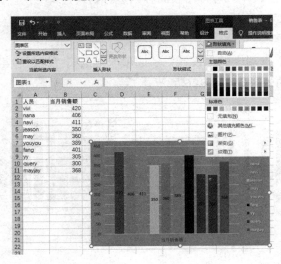

图 4-128　单色填充

(2) 渐变填充具体操作如下。

① 选中绘图区，切换至"图表工具"选项卡的"格式"子选项卡。

② 单击"形状样式"组右侧的设置形状格式按钮，此时 Excel 界面右侧出现"设置图表区格式"任务窗格，如图 4-129 所示。

③ 在"填充"选项卡中选择"渐变填充"，在展开的设置选项中，设置渐变填充的参数。想要更改默认的渐变颜色，单击渐变光圈中的停止点，在下方"颜色"下拉菜单中选择设置的颜色即可。设置完成后，即可看到绘图区的渐变填充效果，如图 4-130 所示。

图 4-129　渐变填充

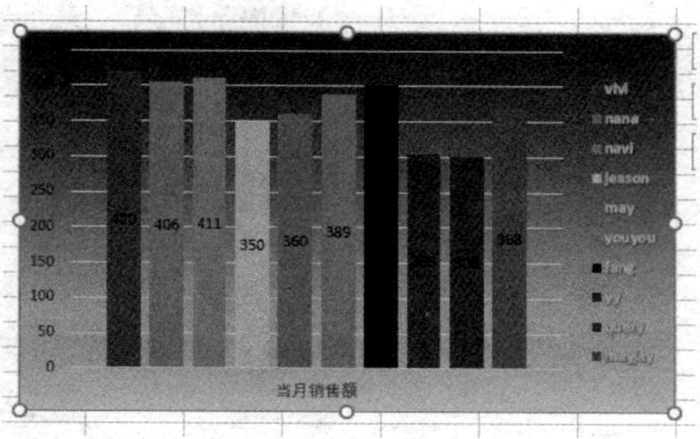

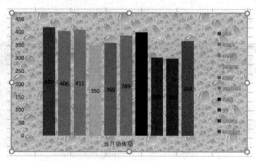

图 4-130　渐变填充效果

(3) 图片填充具体操作如下。

① 选中绘图区，切换至"图表工具"选项卡的"格式"子选项卡。

② 单击"形状样式"组右侧的设置形状格式按钮 ，此时 Excel 界面右侧出现"设置图表区格式"任务窗格。

③ 选择"填充"选项卡中的"图片或纹理填充"，单击"图片源"下方的"插入"按钮，从本机选择用来填充的图片，并可设置透明度、偏移量等参数。如果想要设置纹理填充，单击"纹理"右侧的下拉按钮，在纹理列表中选择合适的纹理图案。最终的填充效果如图 4-131 所示。

图 4-131　纹理水滴样式的填充效果

3. 边框线条

Excel 图表默认没有边框，在实际使用中，为了配合其他表格展示内容，需要设置边框线条。设置边框线条的具体操作如下。

(1) 选中要设置线条的图表对象。

(2) 在"图表工具"选项卡的"格式"子选项卡中单击"形状样式"组中的"形状轮廓"按钮,弹出下拉菜单。

(3) 在"主题颜色"栏中设置边框线条颜色。

(4) 选择"粗细"命令,在展开的级联菜单中选择边框线条的粗细,如图 4-132 所示。

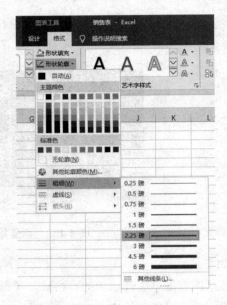

图 4-132　设置边框线条

4. 套用图表样式

Excel 2016 中内置了一些图表样式供使用者选择,通过套用图表样式,可快速更改图表样式,以达到美化图表的目的。套用图表样式的操作较为简单,只需选中要设置样式的图表,在"图表工具"选项卡的"设计"子选项卡中单击"图表样式"组中的下拉按钮,打开下拉菜单,如图 4-133 所示,在其中选择图表样式即可。

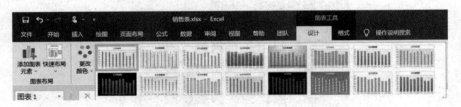

图 4-133　套用图表样式

4.7　保护工作簿数据

Excel 2016 提供了数据保护功能,可防止工作表中的数据被非授权存取和破坏。本节将介绍保护、隐藏工作表和工作簿的操作方法。

4.7.1　保护工作簿和工作表

1. 保护工作表

保护工作表可防止非授权用户对工作表中的数据进行修改，具体操作如下。

单击"审阅"选项卡"保护"组中的"保护工作表"按钮，打开"保护工作表"对话框。在"允许此工作表的所有用户进行"列表框中设置允许的操作，使得某些功能仍然可用，在"取消工作表保护时使用的密码"文本框中输入密码，最后单击"确定"按钮。设置完成后，如果用户想要执行允许范围之外的操作，Excel 2016 会拒绝操作，并弹出提示对话框。

若要取消工作表的保护状态，只需在"审阅"选项卡的"保护"组中选择"撤销工作表保护"命令即可。若设置过密码，则需要输入正确的密码才可取消保护功能。

2. 保护工作簿

保护工作簿可防止非授权用户对工作簿的结构进行修改，具体操作如下。

单击"审阅"选项卡"保护"组中的"保护工作簿"按钮，打开"保护结构和窗口"对话框。勾选"结构"复选框，可防止对工作簿结构进行修改，该工作簿中的工作表不能被删除、移动、隐藏，也不能插入新的工作表。若勾选"窗口"复选框，则工作簿的窗口不能被移动、缩放、隐藏、取消和关闭。在"密码"文本框处可以输入密码。

若要取消工作簿的保护状态，其操作方法与取消工作表操作类似，可参照取消工作表操作进行，此处不再赘述。

4.7.2　隐藏工作簿和工作表

1. 隐藏工作表

选中要隐藏的工作表，单击"开始"选项卡"单元格"组中的"格式"按钮，在弹出的下拉菜单中选择"隐藏和取消隐藏"命令，此时展开二级级联菜单，在二级级联菜单中选择"隐藏工作表"命令。

2. 隐藏工作簿

如果想要将整个工作簿全部隐藏，单击"视图"选项卡的"窗口"组中的"隐藏"命令。如果想要取消隐藏工作簿，则可以在"视图"选项卡的"窗口"组中选择"取消隐藏"命令。

4.8　打印与共享

打印工作表是日常办公中最基本的技能。首先应设置打印页面，设置打印页面指的是对已经编辑好的 Excel 文档进行页面方向、页眉/页脚、页边距等版面设置。合理的版面设置不仅可以提升 Excel 文档的观赏度，还可以节约办公资源。接着使用打印预览查看打印效果是否正确，若正确则连接打印机输出 Excel 文档。

4.8.1 页面设置

在 Excel 2016 中，可通过"页面设置"对话框控制页面的布局及打印选项，如设置工作表横向打印、使用不同大小的纸张、设置工作表中的页眉和页脚等。在"页面布局"选项卡的"页面设置"组中单击"页面设置"按钮，即可打开"页面设置"对话框，如图4-134 所示。"页面设置"对话框共有 4 个选项卡："页面"选项卡、"页边距"选项卡、"页眉/页脚"选项卡、"图表"选项卡。

1. "页面"选项卡

在"页面"选项卡中可设置页面方向及纸张大小，如图 4-134 所示。Excel 2016 中页面方向分为横向和纵向，默认的页面方向为纵向，如果在实际使用中，想要打印课程表，纵向打印宽度不够时，需将纸张方向设置为横向，只需在"页面"选项卡中将方向设置为"横向"。

2. "页边距"选项卡

"页边距"选项卡如图 4-135 所示，在该选项卡的"上""下""左"和"右"微调框中输入数值可设置页边距。

图 4-134　　"页面"选项卡

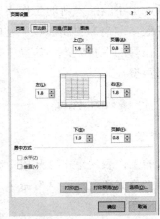

图 4-135　　"页边距"选项卡

3. "页眉/页脚"选项卡

"页眉/页脚"选项卡可设置自定义页眉及页脚，如果想要奇偶页显示不同的页眉和页脚，选中该选项卡中的"奇偶页不同"复选框。

4.8.2 共享及协作处理文件

在 Excel 2016 中，可直接与他人共享工作簿，与他人共同编辑工作簿，达到协作处理文件的目的。具体操作如下。

(1) 在"审阅"选项卡中单击"共享工作簿"命令，弹出"设置"对话框。

(2) 单击"编辑"选项卡，勾选"允许多用户同时编辑，同时允许工作簿合并"复选框。

4.8.3　打印

1. 选择打印区域

在 Excel 2016 实际使用中，可将 Excel 表格内容进行打印，通过设置打印区域可决定打印的数据区域。如果一张表格不需要全部打印，只需要打印一部分，首先应选中想要打印的数据区域，单击"页面布局"选项卡"页面设置"组中的"打印区域"下拉按钮，在展开的下拉菜单中选择"设置打印区域"命令，如图 4-136 所示。

图 4-136　设置打印区域

2. 打印预览

设置打印区域后，可通过打印预览查看打印效果。单击"文件"选项卡中的"打印"命令，打开打印预览窗口，如图 4-137 所示。通过打印预览可预先查看文档的打印效果。单击打印区域任意位置，滑动鼠标滚轮，可调整缩放比例。打印参数可设置打印机、打印数量、打印页数、缩放打印。在"打印机"下拉列表中会显示与本机关联的所有打印机。打印页数默认是整个工作表，通过"页数"文本框可自定义设置打印的页数。

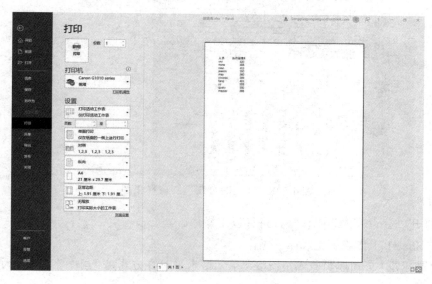

图 4-137　打印预览

3. 打印文件

若打印预览效果正确，单击"打印"按钮可完成打印。

4.9 Excel 2016 操作训练

一、打开"我的舍友"工作簿，进行以下操作。

(1) 将 Sheet1 工作表重命名为"基本情况"，并删除其余工作表。

(2) 在"代号"列输入 001、002、003、…、006；将标题"我的舍友"在 A1:G1 范围内设置跨列居中，设置标题字号为 16。

(3) 将 A2:G8 区域设置为外边框红色双实线，内边框黑色单实线；并且设置第 2 行所有文字水平和垂直方向均居中对齐，行高为 30 磅。

(4) 建立"基本情况"工作表的副本，命名为"计算"，在该表中，在"手机号"列前插入两列，命名为"体重指数"和"体重状况"。

(5) 计算"体重指数"，体重指数=体重/身高的平方，保留 2 位小数。在"体重状况"列使用 IF 函数标识出每位学生的身体状况：如果体重指数>24，则该学生的"体重状况"标记为"超重"；如果 19<体重指数≤24，标记为"正常"；如果体重指数≤19，标记为"超轻"。

(6) 在"基本情况"工作表内，选择"姓名"和"身高(米)"两列，建立簇状柱形图，图表标题为"身高情况图"，显示的图例参考样张如图 4-138 所示。

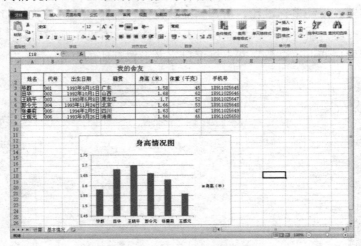

图 4-138 "我的舍友"图表样张图

二、打开"公司收入"工作簿，进行以下操作。

(1) 在 Sheet1 工作表中完成如下操作。

① 设置标题"公司成员收入情况表"单元格水平对齐方式为"居中"，字体为"黑体"，字号为"16"。

② 为 E7 单元格添加批注，内容为"已缴"。

③ 利用"编号"和"收入"列的数据创建图表，图表标题为"收入分析表"，图表类型为"饼图"，并作为对象插入 Sheet1 工作表中。

(2) 在 Sheet2 工作表中完成如下操作。

① 将 Sheet2 工作表重命名为"工资表"。

② 使用函数计算"年龄"列中所有人的平均年龄，并将结果存入相应单元格中。

(3) 在 Sheet3 工作表中完成如下操作。

① 将表格中的数据以"合计"为关键字，按降序排序。

② 利用条件格式化功能将"价格"列中介于 10.00 和 20.00 之间的数据，设置其单元格底纹颜色为"红色"。

三、打开"空气质量"工作簿，进行以下操作。

(1) 将 Sheet1 工作表重命名为"十月份空气质量"，并删除其余工作表。在"日期"列中输入 10 月 1 日，10 月 2 日，10 月 3 日……10 月 31 日。

(2) 对表格的 A2:F39 区域进行美化：外框双线、内框单线、框线为绿色；各列标题填充浅绿色；表格内所有文字和数据左对齐；(A2：F39)"浓度"列数据保留 3 位小数。

(3) 将表格标题"空气质量统计表"合并后居中。

(4) 使用公式计算 E4：E34 区域内的各单元格的空气污染指数，简化的计算公式如下：空气污染指数=(二氧化硫浓度+氮氧化物浓度+可吸入颗粒物浓度)×150×3，并设置 E4：E34 区域内的各单元格的数值形式为整数值，不保留小数位。

(5) 使用 IF 函数判断每日空气质量状况，当空气污染指数≤50 时，空气质量为优；50＜空气污染指数≤100 时，空气质量为良；100＜空气污染指数≤150 时，空气质量为轻微污染；空气污染指数＞150 时为严重污染。

(6) 在 B35:D35 中，使用平均函数 AVERGE 分别计算二氧化硫浓度、氮氧化物浓度、可吸入颗粒物浓度的月平均值，在 F36:F39 中使用 COUNTLF 函数统计本月空气质量为优、良、轻微污染和重度污染的天数。

四、打开工作簿 1，进行如下操作。

(1) 在 Sheet1 工作表中完成如下操作。

① 设置所有数字项单元格(C2:D13)水平对齐方式为"居中"，字形为"倾斜"，字号为"14"。

② 为 B13 单元格添加批注，内容为"零售产品"。

③ 设置表格最后一行的底纹颜色为"浅蓝"。

(2) 在 Sheet2 工作表中完成如下操作。

① 利用"间隔"和"频率"列创建图表，图表标题为"频率走势表"，图表类型为"带数据标记的折线图"，并作为对象插入 Sheet2 中。

(3) 在 Sheet3 工作表中完成如下操作。

① 将表格中的数据以"物理"为关键字，以递增顺序排序。

② 利用函数计算"平均分"行中各个列的平均分，并将结果存入相应单元格中。

五、打开工作簿，进行如下操作。

(1) 在工作表 Sheet1 中完成如下操作。

① 合并 B6:F6 单元格，设置"产品销售表"所在单元格的水平对齐方式为"居中"，

字号为"16"。

② 为 B7 单元格添加批注,内容为"原始"。

③ 设置 B~F 列的列宽为"12",表 6~17 行的行高为"20"。

④ 在"合计"行,利用函数计算数量和价格的总和并将结果放入相应的单元格中。

利用条件格式化功能将"价格"列中介于 20.00 和 50.00 之间的数据(不包含"合计"行),设置单元格背景颜色为"红色"。

⑤ 利用"产品代号"和"数量"列中的标题及数据建立图表(不包含"合计"行),图表标题为"数量走势表",图表类型为"带数据标记的折线图",并作为对象插入 Sheet1 中。

(2) 在"CS 团队对战成绩单"工作表中完成如下操作。

① 将表中数据以"平均成绩"为关键字,以递减方式进行排序。

② 创建 Sheet2 副本,重命名为"分类汇总",在"分类汇总"工作表中按照团队,汇总显示每个战队第一关、第二关、第三关的总成绩。

第 5 章

PowerPoint 2016

PowerPoint 2016 是由美国微软公司开发的办公自动化软件 Office 2016 的主要组件之一。使用 PowerPoint 2016 能够制作出集文字、图形、图像、声音及视频剪辑等多媒体元素于一体的演示文稿,制作的演示文稿可以通过计算机屏幕或投影仪播放。演示文稿制作简单、易上手。PowerPoint 2016 在旧版本功能的基础之上,新增了变体、墨迹公式、智能搜索、屏幕录制、共享功能。此外,图表样式、Office 主题、主题色彩更加丰富,还新增了变形切换效果,可在幻灯片上执行平滑的动画、切换和对象移动。PowerPoint 2016 应用广泛,主要用在教育培训、学术交流、会议报告、企业宣传、广告宣传、工作汇报、产品推介、婚礼庆典、项目竞标、管理咨询等方面。

5.1 演示文稿的基本操作

本节主要介绍 PowerPoint 2016 的启动与退出、工作界面的组成、视图方式、幻灯片的基本操作等基本知识。

5.1.1 PowerPoint 2016 的启动与退出

1. PowerPoint 2016 的启动

启动 PowerPoint 2016 常用的方法有以下 4 种。

(1) 单击“开始”菜单的“所有程序”中的 PowerPoint 组件(与旧版本相比,PowerPoint 2016 已更改为一个组件,独立存在于“开始”菜单中)。

(2) 双击桌面上已有的 Microsoft PowerPoint 2016 的快捷方式。

(3) 双击 Windows 任务栏中已有的 Microsoft PowerPoint 2016 程序图标。

(4) 双击已有的 PowerPoint 演示文稿(扩展名为.pptx 或.ppt)。

启动 PowerPoint 2016 后,进入 PowerPoint 2016 启动界面,如图 5-1 所示。

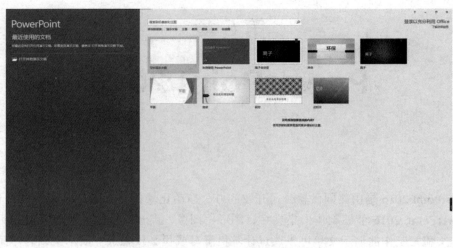

图 5-1　PowerPoint 2016 启动界面

2. PowerPoint 2016 的退出

关闭 PowerPoint 常用的方法有以下 3 种：

(1) 单击 PowerPoint 2016 窗口标题栏右侧的"关闭"按钮。

(2) 双击 PowerPoint 2016 窗口标题栏"快速访问工具栏"前方的空白处或者使用鼠标右击 PowerPoint 2016 窗口标题栏的空白处，在弹出的快捷菜单中选择"关闭"命令。

(3) 使用快捷键 Alt+F4。

5.1.2　PowerPoint 2016 的工作界面

启动 PowerPoint 2016 后，此时通过双击启动界面中的"空白演示文稿"或在 PowerPoint 模板列表中双击选择合适的主题模板，即可进入 PowerPoint 2016 工作界面，工作界面由标题栏、快速访问工具栏、功能区、视图窗格、幻灯片编辑区和状态栏等组成，如图 5-2 所示。

工作界面的组成部分及其功能如下。

(1) 快速访问工具栏。

窗口左上角为"快速访问工具栏"，用于显示常用的工具。默认情况下，快速访问工具栏中包含了 4 个快捷按钮，分别为"保存""撤销""恢复"和"从头开始"。使用者还可以根据自身的需要进行自定义添加。单击其右侧的箭头，选中常用的命令添加至快速访问工具栏中。添加成功后，单击某个按钮即可触发并使用相应的功能。

(2) 标题栏。

标题栏主要由标题和窗口控制按钮两部分组成。标题用于显示当前正在编辑的演示文稿名称。控制按钮由"功能区显示选项""最小化""最大化/还原"和"关闭"按钮组成。其中"功能区显示选项"为 PowerPoint 2016 版本新增的功能按钮，可控制选项卡或功能区的显示与隐藏。使用方法如下：使用鼠标单击"功能区显示选项"功能按钮，在弹出的下拉菜单(如图 5-3 所示)中选择命令。

图 5-2　PowerPoint 2016 工作界面　　　　图 5-3　功能区显示选项的下拉菜单

(3) 功能区。

PowerPoint 2016 的功能区由多个选项卡组成，每个选项卡中包含了不同的工具命令。选项卡位于标题栏下方，由"文件""开始""插入""设计""切换""动画"等选项卡组成。单击各个选项卡名称，即可切换到相应的选项卡。

使用标题栏中的"功能区显示选项"功能按钮可对选项卡及工具命令的隐藏和显示进行控制，如图 5-3 所示。PowerPoint 2016 中选项卡和命令的默认显示方式为始终显示。

若想要隐藏功能区，选择"功能区显示选项"下拉菜单中的"自动隐藏功能区"命令。此时，功能区及命令消失，幻灯片编辑区及视图窗格显示在工作界面中，如图 5-4 所示。

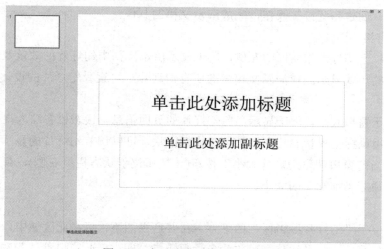

图 5-4　自动隐藏功能区后的效果

也可选择"功能区显示选项"下拉菜单中的"显示选项卡"命令，将选项卡中包含的命令隐藏，但选项卡正常显示，如图 5-5 所示。若想恢复功能区及命令的正常显示，选择"功能区显示选项"下拉菜单中的"显示选项卡和命令"命令即可。

另外，将鼠标悬停至任一选项卡上，双击或使用快捷键 Ctrl+F1，均可隐藏或显示功能区。

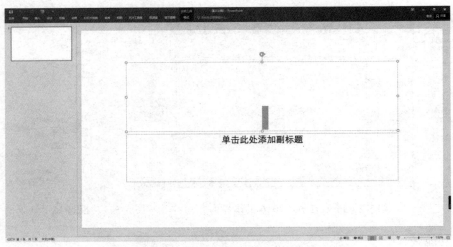

图 5-5 只显示选项卡后的效果

(4) 幻灯片编辑区。

PowerPoint 2016 窗口中间的白色区域为幻灯片编辑区，该部分是演示文稿的核心部分，主要用于显示和编辑当前的幻灯片。

对于"空白演示文稿"而言，幻灯片是空白的，并以虚线框表示出各预留区(预留区又称为"占位符"，预留区内有文本提示信息，文本提示信息提示使用者如何利用该预留区)，如图 5-5 所示。双击占位符或使用功能区中的命令，在指定的幻灯片上进行录入文本、改变布局、插入对象、创建超链接等操作，完成演示文稿的制作。

(5) 视图窗格。

视图窗格位于幻灯片编辑区的左侧，用于显示演示文稿中幻灯片的数量及顺序。视图窗格中以缩略图的形式显示当前演示文稿中的所有幻灯片，可查看幻灯片的设计效果。

(6) 状态栏。

状态栏位于窗口底端，用于显示当前幻灯片的页面信息。状态栏右端为视图按钮和缩放比例按钮。使用鼠标拖曳状态栏右端的缩放比例滑块，可以调节幻灯片的显示比例。单击状态栏中的"按当前窗口调整幻灯片大小"按钮(该按钮位于状态栏最右侧)，可以使幻灯片的显示比例自动适应当前窗口的大小。

(7) 备注。

"备注"位于"幻灯片编辑区"的下方。在普通视图下，可在此区域中，编辑关于当前幻灯片的备注信息，这些备注信息可作为备注页正常打印。但此窗口默认隐藏，需单击"状态栏"中的"备注"按钮，展开"备注"窗口。

2. 主要功能区及其命令

(1) 文件。

"文件"功能区如图 5-6 所示。在"文件"功能区中可以进行新建、保存、另存为、打开、关闭、打印等操作，并且可以快速查看当前演示文稿的基本信息、最近使用的所有文件。

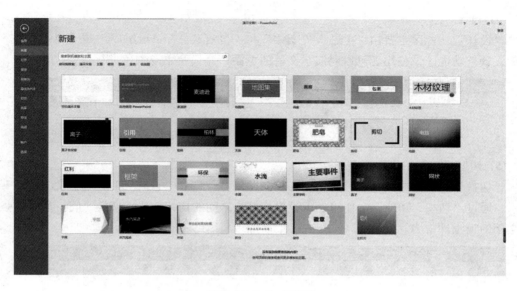

图 5-6 文件功能区

(2) 开始。

"开始"功能区主要由"剪贴板""幻灯片""字体""段落""绘图"和"编辑"6
个组组成,如图 5-7 所示。其中使用"剪贴板"组中的命令可对幻灯片的组成元素(文字、图
片、图形等)进行复制、粘贴操作。使用"幻灯片"组中的命令可插入新的幻灯片并设置幻灯
片版式。使用"字体"及"段落"组中的命令可对幻灯片中的文字进行字体及段落格式设置。
使用"绘图"组中的命令可在幻灯片中绘制图形,并调整各个图形的显示样式及排列顺序。
使用"编辑"组中的命令可快速定位幻灯片内容并进行替换。

图 5-7 "开始"功能区

(3) 插入。

"插入"功能区主要由"幻灯片""表格""图像""插图""加载项""链接""批
注""文本""符号"和"媒体"10 个组组成,如图 5-8 所示。通过"插入"功能区可以将
图表、图像、页眉、页脚、艺术字等对象插入演示文稿中。

图 5-8 "插入"功能区

(4) 设计。

"设计"功能区主要由"主题""变体"和"自定义"3个组组成，如图5-9所示。通过"设计"功能区，使用者可以对演示文稿的页面、背景及主题颜色进行设置。

图5-9 "设计"功能区

(5) 切换。

"切换"功能区主要由"预览""切换到此幻灯片"和"计时"3个组组成，如图5-10所示。通过"切换"功能区，使用者可设置幻灯片之间的切换方式、切换时间，从而增强演示文档的视觉冲击力。

图5-10 "切换"功能区

(6) 动画。

"动画"功能区主要由"预览""动画""高级动画"和"计时"4个组组成，如图5-11所示。"动画"组中提供了不同种类的动画效果，如进入效果、强调效果、退出效果等，使用"高级动画"组及"计时"组中的命令可控制动画效果的时间、顺序。

图5-11 "动画"功能区

(7) 幻灯片放映。

"幻灯片放映"功能区主要由"开始放映幻灯片""设置"和"监视器"3个组组成，如图5-12所示。"幻灯片放映"功能区主要用于对幻灯片的放映展示方式进行设置。

图5-12 "幻灯片放映"功能区

(8) 审阅。

"审阅"功能区主要由"校对""见解""语言""中文简繁转换""批注""比较""墨迹"7个组组成，如图5-13所示。其中"见解"及"墨迹"组是PowerPoint 2016新增的功能组。

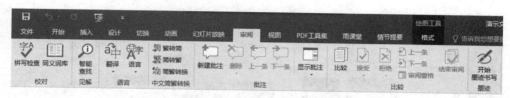

图 5-13　"审阅"功能区

"见解"组中的智能查找命令允许使用者在不离开 PowerPoint 2016 应用软件的情况下输入关键字搜索相关信息。若该关键字存在于幻灯片内,可选中该关键字并右击,在弹出的快捷菜单中选择"智能查找"命令。微软将 PowerPoint 2016 与微软必应(Bing)相结合,可直接在 PowerPoint 2016 中自动查找在线资源,不需要再手动打开浏览器。智能查找功能为在线功能,需要联网才可正常使用。

在"墨迹"组中选择"开始墨迹书写"命令,在弹出的对话框中可手写输入公式,从而方便地输入各种复杂的公式。

(9) 视图。

"视图"功能区主要由"演示文稿视图""母版视图""显示""显示比例""颜色/灰度""窗口"和"宏"7 个组组成,如图 5-14 所示。通过"视图"功能区可以自由切换幻灯片视图方式。使用母版视图可对演示文稿进行整体调整。通过网格线、参考线、标尺等辅助工具可实现不同对象的精准对齐。

图 5-14　"视图"功能区

5.1.3　创建、保存和打开演示文稿

在 PowerPoint 2016 中,最基本的工作单元是幻灯片。一个 PowerPoint 演示文稿由一张或多张幻灯片组成,每张幻灯片中可包含文字、图表、图像、音频、视频等多个对象。

1. 演示文稿的创建

启动 PowerPoint 2016 后,创建新演示文稿常用的方法如下。

(1) 利用"空白演示文稿"创建演示文稿。

具体操作如下:

① 在"文件"选项卡中选择"新建"命令,弹出"新建"窗口,如图 5-15 所示。

② 单击"空白演示文稿"图标。

此时 PowerPoint 2016 创建新的演示文稿,文档的默认名称为"演示文稿 1",如图 5-16 所示。通过上述方法创建的演示文稿可以不受模板风格的限制,创建出具有个人风格的演示文稿,具有更多的灵活性。

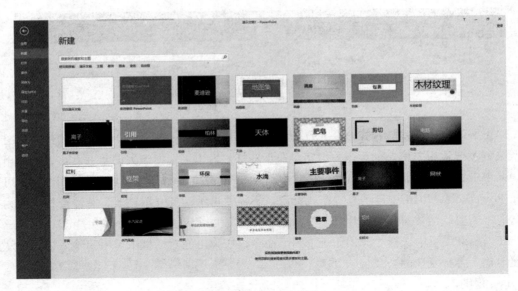

图 5-15　"新建"窗口

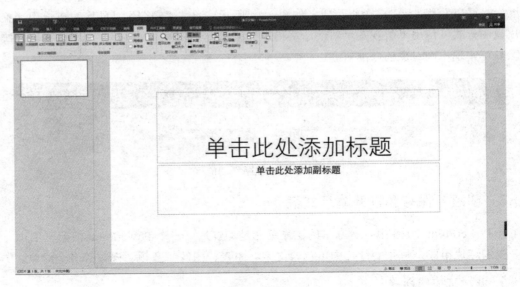

图 5-16　新建空白演示文稿 1

(2) 利用"模板"创建演示文稿。

模板提供了预定的主题、颜色搭配、背景图案、文本格式等幻灯片显示方式，但不包含演示文稿的设计内容。

具体操作如下。

① 在"新建"窗口中选择"更多主题"命令，打开"样本主题模板"模块，通过关键字搜索主题，如图 5-15 所示。

② 选择需要的主题模板，如平面。

③ 单击"创建"按钮，如图 5-17 所示，PowerPoint 加载并显示幻灯片，加载后的幻灯片效果如图 5-18 所示。

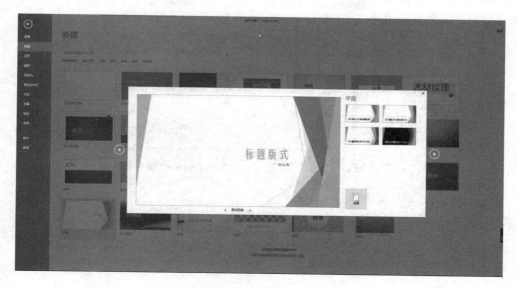

图 5-17　模板选择

图 5-18　根据模板新建演示文稿

2. 演示文稿的保存和打开

保存和打开演示文稿的方法与 Word 类似，此处不再赘述。

5.1.4　视图方式

PowerPoint 2016 提供了 5 种视图方式，即普通视图、幻灯片浏览视图、备注页视图、阅读视图和大纲视图。使用者可根据需要选择不同的视图方式。

1. 普通视图

普通视图是 PowerPoint 2016 默认的视图方式，也是主要的编辑视图，可用于编辑或设计演示文稿，如图 5-19 所示。

图 5-19　普通视图

在这种视图方式下，PowerPoint 2016 有 3 个工作区，即"视图"窗格、"幻灯片"窗格和"备注"窗格。拖动窗格边框可调整窗格的大小。

(1) "视图"窗格。

"视图"窗格位于 PowerPoint 2016 窗口左侧。"视图"窗格中显示幻灯片的缩略图，这样能方便地编辑演示文稿，并观看任何设计更改的效果，便于进行幻灯片的定位、复制、移动、删除等操作。

(2) "幻灯片"窗格。

"幻灯片"窗格位于 PowerPoint 2016 窗口的右侧。"幻灯片"窗格为实际编辑幻灯片区域，可以添加文本，插入图片、表格、SmartArt 图形、图表、图形、文本框、音频、视频、超链接和动画，并对幻灯片中存在的对象进行格式或样式的编辑。

(3) "备注"窗格。

"备注"窗格位于 PowerPoint 2016 窗口的底部。"备注"窗格主要由文本框组成，在文本框中可添加与幻灯片内容相关的备注内容。

2. 幻灯片浏览视图

通过幻灯片浏览视图，可以同时看到演示文稿中的所有幻灯片。这些幻灯片以缩略图的形式显示，如图 5-20 所示。通过幻灯片浏览视图可以轻松地对所有幻灯片的顺序进行排列和组织，还可以很方便地在幻灯片之间添加、删除和移动幻灯片以及选择切换动画，但不能对幻灯片的内容进行修改。如果要对某张幻灯片的内容进行修改，可以双击该幻灯片切换到普通视图，再进行修改。另外，还可以在幻灯片浏览视图中添加节，并按不同的类别或节对幻灯片进行排序。

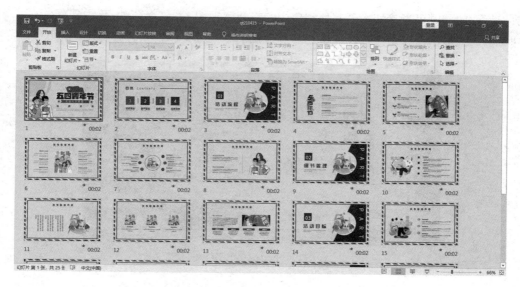

图 5-20　幻灯片浏览视图

3. 备注页视图

备注页视图主要用于为演示文稿中的幻灯片添加备注内容或对备注内容进行编辑修改，在该视图模式下无法对幻灯片的内容进行编辑。

切换到备注页视图后，页面被划分为两部分，如图 5-21 所示。上方显示当前幻灯片的内容缩览图，下方显示备注内容占位符。单击该占位符，向占位符中输入内容，即可为幻灯片添加备注内容。

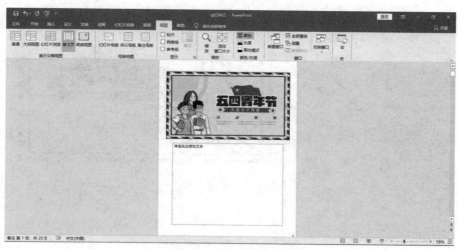

图 5-21　备注页视图

4. 阅读视图

阅读视图用于查看演示文稿(如通过大屏幕)或放映演示文稿，不可编辑幻灯片中的内容，如图 5-22 所示。与全屏播放幻灯片放映方式不同的是，阅读视图通过窗口查看演示文稿，在播放幻灯片的同时可直接切换至其他程序中。在阅读视图下，幻灯片并不显示静态画面，会以动态的形式显示所有幻灯片，保留幻灯片添加的动画效果、切换方式等设计。

图 5-22　阅读视图

5. 大纲视图

大纲视图用于查看、编排演示文稿的大纲。大纲视图含有大纲窗格、幻灯片窗格和幻灯片备注页窗格。大纲窗格位于界面左侧，显示演示文稿的文本内容和组织结构，不显示图形、图像、图表等对象。与 PowerPoint 默认的视图方式普通视图相比，其幻灯片窗格和备注栏被扩展，而幻灯片窗格被压缩，如图 5-23 所示。

图 5-23　大纲视图

视图的切换方式主要为以下两种。

(1) "视图"选项卡。

单击"视图"选项卡"演示文稿视图"组，"演示文稿视图"组中包括"普通""大纲视图""幻灯片浏览""备注页""阅读视图"5 个命令按钮，用户可根据实际需求选择合适的视图方式。

(2) 状态栏。

单击"状态栏"视图图标。状态栏中仅包括 3 种视图方式(普通视图、幻灯片浏览视图、阅读视图)，不包括大纲视图和备注页视图，应用时可酌情使用。

5.2　演示文稿的编辑

使用 PowerPoint 2016 能够制作出集文字、图形、图像、声音及视频剪辑等多媒体元素于一体的演示文稿。在演示文稿的制作过程中，可进行多媒体元素的插入、编辑工作。本节主要讲解多媒体元素的插入及编辑操作，帮助读者快速掌握多媒体元素的基本使用方法。

5.2.1　幻灯片文本的输入、编辑及格式化

1. 输入文本

在幻灯片窗格中有 4 种类型的文本可以添加到幻灯片中，分别是占位符文本、文本框中的文本、艺术字文本和自选图形的文本。以下仅介绍前三种，自选图形的文本详见 5.2.2 节。

(1) 占位符文本。

编辑演示文稿时，若不选择"空白"版式，一般在每一张幻灯片上都有一些虚线方框。它们是各种对象的占位符。在输入文字之前，占位符中显示提示文字。单击相应的提示处，在幻灯片窗口中就会出现一个文本框，在其中可输入文本，提示文字消失。

(2) 文本框中的文本。

若使用者希望自己设置幻灯片的布局，在创建演示文稿时，选择了"空白"版式，或需在占位符之外添加文本，在输入文本之前，则必须先添加文本框。操作步骤如下。

① 在"插入"选项卡中选择"文本"组中的"文本框"命令，弹出下拉菜单。

② 根据实际使用需求，选择"横排""垂直"或"多行文字"命令。

③ 移动鼠标至"幻灯片"窗格，在需要添加文本框的位置拖曳，此时当前幻灯片会出现一个可编辑的文本框。

④ 在文本框光标处输入文本。

(3) 艺术字文本。

艺术字是一种通过特殊效果使文字突出显示的快捷方法。首先可以从"插入"选项卡上的艺术字库中选择艺术字样式，然后可根据需要对文本进行自定义。

具体操作如下。

① 在"插入"选项卡中单击"艺术字"按钮，展开"艺术字"下拉列表，如图 5-24 所示。

② 单击某种样式，此时，在幻灯片编辑区中会出现"请在此放置您的文字"艺术字编辑框，如图 5-25 所示。

③ 输入要编辑的艺术字文本内容后，可以在幻灯片上看到文本的艺术效果，如图 5-26

所示。

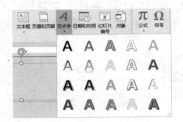

图 5-24　艺术字样式列表

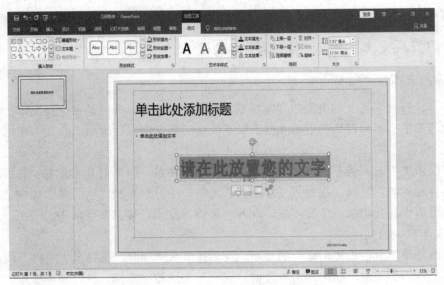

图 5-25　艺术字编辑框

图 5-26　艺术字效果

④ 单击选中艺术字，出现"绘图工具"选项卡，注意 PowerPoint 2016 默认选项卡没有"绘图工具"。使用"格式"子选项卡可以进一步编辑艺术字，如设置阴影、映像、发光、柔化边缘、三维格式、三维旋转等文字效果。

2. 文本的删除、复制、移动

在 PowerPoint 中对文本进行删除、复制、移动等操作的方法与 Word 2016 中的操作方法类似，此处不再赘述。

3. 文本格式化

文本格式化包括字体、字号、样式、颜色、效果(效果包括下画线、上/下标、删除线等)及对齐方式、行距、段前和段后间距。字体、字号、样式、颜色及效果在"开始"选项卡的"字体"组中进行设置。对齐方式、行距、段前和段后间距在"开始"选项卡的"段落"组中进行设置。具体操作方法与 Word 2016 中的相同。

4. 项目符号和编号

默认情况下，在幻灯片上各层次小标题的开头位置上会显示项目符号(如"•")，以突出小标题层次。在"开始"选项卡选择"段落"组中的"项目符号"命令，在弹出的菜单中选择"项目符号和编号"命令，弹出"项目符号和编号"对话框，具体设置方法与 Word 2016 中的相同。

5.2.2　图片、图形的插入与编辑

1. 插入与编辑图片

(1) 插入图片。

图片是演示文稿中必不可少的组成元素。在 PowerPoint 2016 中，可添加的图片主要分为两类：本机图片与联机图片。本机图片是指使用者计算机中某个磁盘中存储的图片，联机图片指的是网络上的图片。在 PowerPoint 2016 中插入上述两类图片的常用方法如下。

在内容占位符上单击"插入图片"图标，或在"插入"选项卡中单击"图片"按钮，在下拉菜单中选择"此设备"命令，弹出"插入图片"对话框，选择相应文件夹，选中其中的某一张或多张图片，单击"插入"按钮，即可将本机图片插入幻灯片中，如图 5-27 所示。

若本机中没有合适的图片，还可添加联机图片，联机图片无须预先下载至本机中。在"插入"选项卡中单击"图片"按钮，在下拉菜单中选择"联机图片"命令，弹出"联机图片"对话框，在该对话框的搜索框中输入图片关键字，如图 5-28 所示。"必应"搜索引擎根据关键字查找筛选符合要求的图片，在这些图片中选择一张或多张图片，单击"插入"按钮即可。

(2) 调整图片的大小。

添加图片后，图片默认按照原始大小在幻灯片中显示。当图片原始大小过大或过小时，需要调整图片大小以适应幻灯片大小。

图 5-27　插入本机图片

图 5-28　插入联机图片

调整图片大小的操作方法主要有以下两种。

第一种：选中需要调整大小的图片，此时图片四周会出现尺寸控制点，如图 5-29 左图所示，将鼠标放置在尺寸控制点上，拖动鼠标即可调整图片大小。

第二种：选中需要调整大小的图片，在"图片工具-格式"选项卡的 "大小"组中调整"高度"和"宽度"文本框中的数值，如图 5-29 右图所示。图片大小默认单位为厘米。

尺寸控制点

"大小"组

图 5-29　调整图片大小的两种方法

通过第二种方法调整图片大小时，默认保持原始图片的纵横比，如图片的原始高度为 400 厘米，宽度为 600 厘米，则纵横比为 2:3，调整图片的高度为 600 厘米，宽度根据纵横比自动调整为 900 厘米，即无论更改宽度还是高度，图片的纵横比都保持 2:3 不变。

若想自定义图片大小，不保持原有图片的纵横比，需取消纵横比，取消纵横比的方法如下。

① 单击需要调整大小的图片，选项卡区域处会出现"图片工具-格式"选项卡，如图 5-30 所示。

图 5-30　"图片工具-格式"选项卡

② 在"图片工具-格式"选项卡中单击"大小"组右下角的箭头按钮，弹出如图 5-31 所示的"设置图片格式"窗格。

③ 取消勾选"锁定纵横比"复选框。

(3) 裁剪图片。

使用 PowerPoint 中的裁剪工具可以将图片中不需要的部分进行裁剪并删除，或将图片裁剪为某种形状。

① 直接进行裁剪。

选中需要裁剪的图片，在"图片工具-格式"选项卡中单击"大小"组中的"裁剪"按钮，在打开的下拉列表中选择"裁剪"命令。

裁剪某一侧：将某侧的中心裁剪控制点向里拖动。

同时均匀裁剪两侧：按住 Ctrl 键的同时，拖动任一侧裁剪控制点。

同时均匀裁剪四面：按住 Ctrl 键的同时，将一个角的裁剪控制点向里拖动。

退出裁剪：裁剪完成后，按 Esc 键或在幻灯片空白处单击即可退出裁剪操作。

② 按照纵横比裁剪。

PowerPoint 2016 可按任意尺寸裁剪图片，还可以按比例裁剪，使裁剪后的图片保持一定的纵横比。具体操作为：选中需要裁剪的图片，单击"裁剪"按钮，弹出下拉列表，在下拉列表中选择"纵横比"命令，弹出"纵横比"子列表，选择"2:3"选项。

● 裁剪为特定形状

通过裁剪可以快速更改图片的形状，具体操作为：选中需要裁剪的图片，单击"裁剪"按钮，弹出下拉列表，在下拉列表中单击"裁剪为形状"命令，弹出"形状"子列表，在其中选择"心形"选项，裁剪后的效果如图 5-32 所示。

● 填充

通过"填充"命令，可将图片需要保留的内容裁剪并显示在对应位置。具体操作为：选中需要裁剪的图片，单击"裁剪"按钮，弹出下拉列表，在下拉列表中选择"填充"命令，此时通过拖曳图片的控制点，设置图片保留的内容，显示在裁剪显示窗口内的图片才可以显示在幻灯片中。

图 5-31　"设置图片格式"窗格

图 5-32　裁剪图片形状为心形

● 适合

通过"适合"命令，可将图片完整显示在图片占位符预留的空间中。具体操作为：选中需要裁剪的图片，单击"裁剪"按钮，弹出下拉列表，在该下拉列表中选择"适合"命令。

(4) 旋转图片。

使用 PowerPoint 2016 中的旋转工具可以将图片在平面内按照一定的角度进行旋转，以改变图片的位置及方向。在 PowerPoint 2016 中，图片可旋转的角度范围为 $-360°\sim360°$。旋转角度为正数代表图片沿顺时针方向旋转，负数代表图片沿逆时针方向旋转。

旋转图片的具体操作分为以下 4 步。

① 选择需要旋转的图片，选择"图片工具-格式"选项卡，在"排列"组中单击"旋转"按钮。

② 打开"旋转"下拉列表，在其中设置旋转图片的角度，选择"其他旋转选项"命令。

③ 打开"设置图片格式"窗格，如图 5-33 所示，该窗格显示在窗口右侧。

④ 设置旋转角度为 55°，图片旋转后的效果如图 5-34 所示。

图 5-33　"设置图片格式"窗格

图 5-34　旋转效果

　　另外，PowerPoint 2016 提供了制作电子相册的功能，选择"插入"选项卡"图像"组中的"相册"命令即可使用该功能。

2. 绘制图形

　　在普通视图的"幻灯片"窗格中可以绘制图形，其方法与 Word 中的操作方法相同。选择"插入"选项卡"插图"组中的"形状"命令，打开下拉列表，如图 5-35 所示。在其中单击某种形状样式，此时鼠标变成十字星形状，拖动鼠标确定形状的大小。

3. 插入 SmartArt 图形

　　SmartArt 图形是信息和观点的视觉表示形式，能够直观地表现各种层级关系、附属关系、并列关系或循环关系等常用的关系结构。

　　插入 SmartArt 图形的操作如下。

　　① 在"插入"选项卡中选择"插入"组中的"SmartArt"命令，打开"选择 SmartArt 图形"对话框，如图 5-36 所示。

　　② 选择"层次结构"中的"组织结构图"选项。

　　③ 单击"确定"按钮。

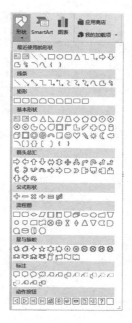

图 5-35　"形状"下拉列表

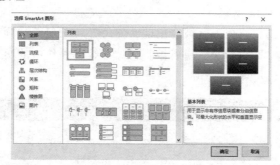

图 5-36　"选择 SmartArt 图形"对话框

　　此时组织结构图已经添加至当前幻灯片中，单击组织结构图中的文本框并输入文字内容，也可以在"SmartArt 工具"选项卡的"SmartArt 设计"子选项卡中选择"文本窗格"命令，弹出"在此处输入文字"窗格，在该窗格中单击"文本"并添加文字内容。

5.2.3　插入公式

1. 公式编辑器

　　用户在制作幻灯片的过程中，如果需要输入复杂的数理公式，可使用 PowerPoint 提供的公式编辑器。具体的操作如下。

① 在"插入"选项卡中选择"符号"组的"公式"命令，弹出下拉菜单，如图 5-37 所示。

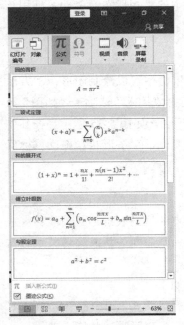

图 5-37　常用公式

② 此时下拉菜单中已经列出一些常用公式，单击某一公式，即可将其插入幻灯片中。
公式输入结果如图 5-38 所示。

如果公式为选中状态，选项卡区域会出现"公式工具-设计"选项卡，此时通过该选项卡中提供的各种公式工具，即可对公式进行编辑修改，编辑操作中的增加、删除操作，与普通字符相似。

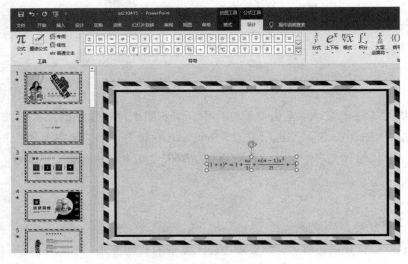

图 5-38　公式效果

2. 墨迹公式

PowerPoint 2016 中新增了墨迹公式功能，通过此功能可快速将需要的公式手动写出来，并将其插入幻灯片中，有利于复杂公式的输入。具体的操作如下。

① 在"插入"选项卡中选择"公式"命令，弹出下拉菜单。

② 单击"墨迹公式"选项，弹出如图 5-39 所示的对话框。

③ 在公式输入区域内，单击并拖曳手写数字公式。PowerPoint 2016 自动识别手写内容，并将识别结果显示在窗口上方。如果识别的内容不正确，可以单击"擦除"选项，将错误的部分擦除，重新书写，直到识别正确。

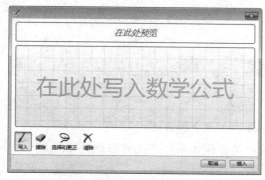

图 5-39 墨迹公式

5.2.4 插入视频和音频

1. 插入与编辑视频

(1) 插入视频。

在"插入"功能区单击"媒体"组中的"视频"按钮，则弹出"插入视频"下拉列表，如图 5-40 所示。再选择"联机视频"或"PC 上的视频"命令，进行插入操作，选择插入的视频，即可进一步对视频进行编辑。其中联机视频需要在弹出的对话框中输入在线视频 URL，即在线视频的网址。

(2) 设置视频选项。

使用者可以对插入的视频文件进行设置。选中幻灯片中已插入的视频文件图标，通过"视频选项"组可对视频声音、播放方式进行设置，如图 5-41 所示。"视频选项"组包括的选项如下。

图 5-40 "插入视频"下拉列表

图 5-41 "视频选项"组

① "音量"按钮：用来设置视频的音量。

② "全屏播放"复选框：用来设置视频文件全屏播放。

③ "未播放时隐藏"复选框：表示未播放视频文件时隐藏视频图标。

④ "循环播放，直到停止"复选框：表示循环播放视频，直到视频播放结束。

⑤ "播放完毕返回开头"复选框：表示播放结束返回到开头。

2. 插入音频

在幻灯片中插入音频剪辑时，将显示一个表示音频文件的图标 ◀。在进行播放时，可以将音频剪辑设置为在显示幻灯片时自动开始播放、在单击鼠标时开始播放或演示文稿中的所有幻灯片都播放，甚至可以循环连续播放直至让其停止播放。

在"插入"选项卡中单击"音频"按钮，弹出"插入音频"下拉列表，可执行以下任意操作：选择"PC 上的音频"命令，查找所需的音频剪辑；或选择"录制音频"命令，自行录制声音，制作个性化音频。

5.2.5　插入表格和图表

1. 插入表格

PowerPoint 提供了 3 种插入表格的方式。

第一种是利用占位符，具体操作为：在内容占位符中单击"插入表格"图标。

第二种是直接拖曳选择，具体操作为：在"插入"选项卡中单击"表格"按钮，在下拉菜单选择要插入的表格行数和列数。

第三种是使用"插入表格"对话框，具体操作为：首先单击"插入"选项卡"表格"组中的"表格"按钮，弹出下拉菜单，然后选择"插入表格"命令，弹出"插入表格"对话框，最后在该对话框中输入行数和列数后，单击"确定"按钮。

2. 插入图表

在 PowerPoint 中可直接利用"图表生成器"提供的各种图表类型和图表向导，创建具有复杂功能和丰富界面的各种图表，实现了数据可视化。PowerPoint 2016 在以前版本的基础上新增了 5 种图表类型：树状图、旭日图、直方图、箱形图、瀑布图。不同类型的图表将数据以不同的表现形式呈现，如树状图用颜色来区分不同类别的数据，数据中的各类分支通过矩形块来区别，同个层次的矩形块表示在一行或一列，矩形块的大小表示数值的多少，如图 5-42 所示。

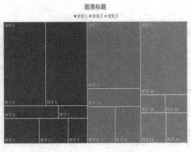

图 5-42　树状图

PowerPoint 提供了两种插入图表的方式，第一种是利用图表占位符，具体操作为：双击图表占位符；第二种是在"插入"选项卡中单击"图表"按钮，弹出"图表"对话框，如图 5-43 所示。

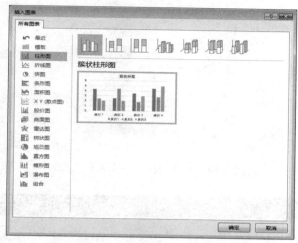

图 5-43　"插入图表"对话框

5.2.6　幻灯片的基本操作

设置幻灯片视图方式为普通视图或幻灯片浏览视图，在这两种视图方式下，可以对幻灯片进行幻灯片的选定、插入、删除、复制和移动等操作。

1. 选定幻灯片

(1) 选择单张幻灯片。

在普通视图的"视图"窗格或浏览器视图的幻灯片缩略图中单击选择相应的幻灯片。

(2) 选择多张连续的幻灯片。

在普通视图的"视图"窗格或浏览器视图的幻灯片缩略图中，单击所需的第一张幻灯片，按 Shift 键同时单击最后一张幻灯片。

(3) 选择多张不连续的幻灯片。

在普通视图的"视图"窗格或浏览器视图的幻灯片缩略图中，单击所需的第一张幻灯片，按住 Ctrl 键同时单击所需的其他幻灯片，直至所有幻灯片全部选定后松开 Ctrl 键。

2. 插入幻灯片

新建演示文稿后，对于空白演示文稿而言，仅有一张幻灯片。在普通视图或幻灯片浏览视图方式下，可插入多张不同版式的幻灯片。

常用的插入幻灯片的方法如下。

(1) 将鼠标移至左侧"视图"窗格中，在插入幻灯片的位置处单击鼠标左键，此时会出现一条橙色的线，普通视图橙色线的显示情况如图 5-44 所示(图中示例为插入第二张幻灯片)，幻灯片浏览视图橙色线的显示情况如图 5-45 所示(图示为添加第五张幻灯片)。

(2) 右击，弹出快捷菜单，选择"新建幻灯片"命令，或单击"开始"选项卡"幻灯片"组中的"新建幻灯片"命令。

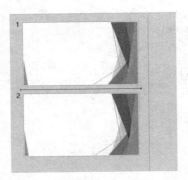

图 5-44　在普通视图中插入幻灯片

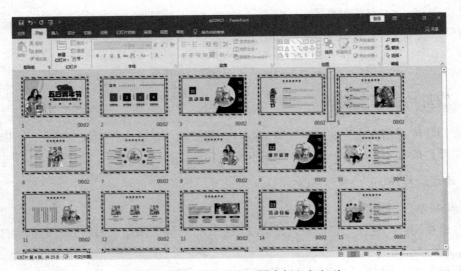

图 5-45　在幻灯片浏览视图中插入幻灯片

3. 删除幻灯片

在普通视图或幻灯片浏览视图下，可删除一张或多张幻灯片。常用的删除幻灯片的方法如下。

(1) 删除一张幻灯片。

普通视图下，首先右击幻灯片窗格中需要删除的幻灯片，弹出快捷菜单。接着在弹出的快捷菜单中选择"删除幻灯片"命令，或者选择要删除的幻灯片后，直接按 Delete 键。

(2) 删除多张幻灯片。

删除多张幻灯片的方法与删除一张幻灯片方法类似，不同点在于在删除前，需同时选择多张幻灯片。在 PowerPoint 中默认选择当前单击的这张幻灯片，同时选择多张幻灯片需搭配使用 Ctrl 键。具体操作为单击要删除的第一张幻灯片缩略图，按住 Ctrl 键的同时单击其他幻灯片缩略图。

4. 移动幻灯片

在普通视图和幻灯片浏览视图下,可通过移动幻灯片调整幻灯片的位置。具体操作如下。

(1) 在幻灯片列表处单击需要移动的幻灯片(如果是多张幻灯片,搭配使用 Ctrl 键)。

(2) 向上或者向下拖曳至幻灯片要调整的位置。

5. 复制幻灯片

若在添加幻灯片时,幻灯片的内容与演示文稿中现有幻灯片或其他演示文稿中的幻灯片内容一致,可通过复制、粘贴操作快速创建幻灯片,节省时间。

在当前演示文稿中复制幻灯片的具体操作如下。

(1) 单击选中需要复制的一张或多张幻灯片。

(2) 在"开始"选项卡中选择"幻灯片"组中的"新建幻灯片"命令,弹出下拉菜单。

(3) 选择"复制所选幻灯片"命令,此时,复制的幻灯片将直接插入该幻灯片下方。

上述复制幻灯片操作复制范围为同一演示文稿,如果复制其他演示文稿中的幻灯片应该如何操作呢?首先应打开目标演示文稿。单击选中需要复制的幻灯片。按 Ctrl+C 组合键,或单击"开始"选项卡"剪贴板"组中的"复制"命令。然后打开当前演示文稿,单击粘贴位置处,按 Ctrl+V 组合键,或在"开始"选项卡中选择"剪贴板"组中的"粘贴"命令并选择保留源格式。

5.2.7　幻灯片版式的更改

1. 修改幻灯片版式

新建幻灯片时,PowerPoint 会根据添加位置自动设置幻灯片对应的版式。幻灯片版式指的是幻灯片内容的排版格式。版式由占位符组成。占位符中可放置文字(例如,标题和项目符号列表)和幻灯片内容(例如,表格、图表、图片、形状和剪贴画等)。使用者可对幻灯片的版式进行重新排版,将版式中的占位符移动位置,调整其大小或使用填充颜色。也可以更换幻灯片版式,PowerPoint 提供的所有版式均存放在"开始"选项卡的"幻灯片"组中。在更改幻灯片版式时,只需单击"幻灯片"组中的"版式"命令,在下拉菜单中选择需要的版式即可。

2. 修改幻灯片主题样式

在"设计"选项卡中单击"主题"组,选择相应的内置主题。如果对内置主题的样式不满意,也可自定义设置主题的颜色、字体、效果等。通过"变体"组按钮下拉菜单中的"颜色""字体"和"效果"命令进行重新调整。

3. 使用幻灯片母版

幻灯片母版是指具有特殊用途的幻灯片,用来设定演示文稿中所有幻灯片的文本格式,如字体、字形或背景对象等。母版主要作用是统一多张幻灯片风格,当多张幻灯片内容出现重复一样的元素时,为了制作方便都要使用母版,而且后期修改也比较方便。母版分为幻灯片母版、讲义母版和备注母版,其中幻灯片母版较为常用。通过修改幻灯片母版,可以统一改变演示文稿中所有幻灯片的文本外观，若要统一修改多张幻灯片的外观，只需在幻灯片母版上修改一次即可。

具体的操作步骤如下。

(1) 在"视图"选项卡的"母版视图"组中单击"幻灯片母版"按钮，屏幕中将显示出当前演示文稿的幻灯片母版，如图 5-46 所示。

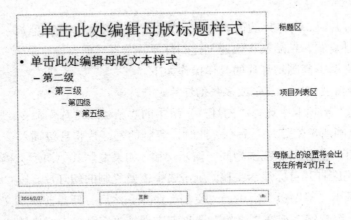

图 5-46　幻灯片母版

(2) 对幻灯片母版进行编辑。幻灯片母版类似于其他一般幻灯片，使用者可以在其上添加文本、图形、边框等对象，也可以设置背景对象。在幻灯片母版中添加对象后，该对象将出现在演示文稿的每一张幻灯片中。

4. 改变母版的背景样式

在"幻灯片母版"选项卡的"背景"组中选择"背景样式"中的"设置背景格式"命令，在打开的"设置背景格式"窗格中可通过选择"纯色填充""渐变填充""图片或纹理填充"或"图案填充"分别进行设置。

5. 退出幻灯片母版

编辑幻灯片母版，确定母版样式后，需退出幻灯片母版编辑状态，才可回到幻灯片编辑状态。具体操作为：单击"幻灯片母版"选项卡中的"关闭母版视图"按钮。

5.3　演示文稿的放映效果

演示文稿的放映是指连续播放多张幻灯片的过程，播放时按照预先设计好的顺序对每一张幻灯片进行播放演示。为了突出重点，在放映幻灯片时，通常可以在幻灯片中使用动画效果和切换效果，使放映过程更加形象生动，实现动态演示效果。PowerPoint 2016 新增变体动画功能，将复杂的动画切换效果简化，方便使用者执行平滑动画、切换动画等操作。本节将介绍演示文稿的动画效果，以及切换效果的设置方式。

5.3.1　设置动画效果

利用 PowerPoint 提供的动画功能，可以为幻灯片上的每个对象(如层次小标题、文本框、图片、艺术字等)设置出现的顺序、方式等，从而突出重点，提升演示文稿的视觉效果。

1. 添加动画效果

(1) 选择需要添加动画的对象，如图片、文本框等。

(2) 选择"动画"选项卡，单击"动画"组中的其他选项按钮 ▾，则弹出动画样式列表，如图 5-47 所示。

PowerPoint 中有 4 种不同类型的动画效果。

① 进入效果：这些效果使对象进入幻灯片时具有一定的动画效果。

② 退出效果：这些效果包括使对象飞出幻灯片、从视觉中消失或者从幻灯片中旋出。

③ 强调效果：这些效果包括使对象放大或缩小，更改颜色等。

④ 动作路径：这些效果包括使对象移动或沿着基本图形、直线或曲线等移动。

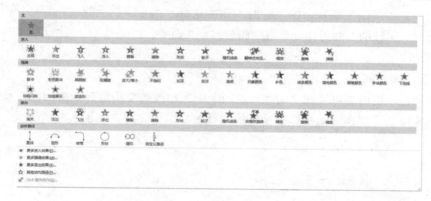

图 5-47　动画样式列表

(3) 在动画样式列表中可选择"更多进入效果"命令，弹出"更改进入效果"对话框，如图 5-48 所示。该对话框中显示了 PowerPoint 2016 提供的所有进入效果类型的动画。

图 5-48　"更改进入效果"对话框

2. 设置动画效果

(1) 设置效果选项。

首先选择已添加的动画效果，然后在"动画"选项卡中选择"动画"组中的"效果选项"命令，弹出下拉列表，在该下拉列表中可以选择动画运动的方向和运动对象的序列，如图 5-49 所示。

(2) 调整动画排序。

动画排序决定动画的播放顺序，排序靠前的动画优先播放执行。调整动画顺序的方法有以下两种。

方法一：在"动画"选项卡中选择"高级动画"组中的"动画窗格"命令，弹出"动画窗格"窗格，如图 5-50 所示。在动画窗格中通过单击向上按钮 ▲ 和向下按钮 ▼ 调整动画的播放顺序。

方法二：在"动画"选项卡的"计时"组中选择"对动画重新排序"区域的"向前移动"或"向后移动"命令，如图 5-51 所示。

(3) 设置动画时间。

添加动画后，使用者可以在"动画"选项卡中为动画效果指定开始时间、持续时间和延迟时间，具体操作可以在"动画"选项卡的"计时"组中完成，如图 5-51 所示。

图 5-49 "飞入"效果选项下拉列表

图 5-50 动画窗格

图 5-51 "计时"组

① "开始"：用来设置动画效果何时开始运行。单击该选项，则弹出下拉列表。

② "持续时间"：用来设置动画效果持续的时间。

③ "延迟"：用来设置动画效果延迟的时间。

5.3.2 切换效果

幻灯片的切换效果是指在演示期间从一张幻灯片移到下一张幻灯片时在进入或退出屏幕时的特殊视觉效果，用户可以控制切换效果的速度，也可以对切换效果的属性进行自定义。

既可以为选定的某一张幻灯片设置切换方式，也可以为多张幻灯片设置相同的切换方式。PowerPoint 2016 提供了很多种不同的切换效果，共分为三类，分别为细微型、华丽型、动态内容，如图 5-52 所示。

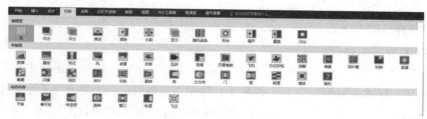

图 5-52　切换效果

在"切换"选项卡的"切换到此幻灯片"组中可选择合适的切换方式。

PowerPoint 2016 版本新增变体动画功能，变体属于切换动画，即页面与页面之间的过渡动画。变体是基于同一形状、相同元素的变化发生的，可以改变大小、颜色、形状、位置。具体操作如下。

① 选择要设置变体切换效果的幻灯片。

② 在"切换"选项卡的"切换到此幻灯片"组中将切换效果改为变体。

③ 单击"效果选项"按钮，在下拉菜单中进行选项设置。其中对象针对的是图片和图形，字数和字符针对的是文字变化。

④ 设置切换的时间。该时间代表变体所需的时间，控制着变体动画的快慢。

5.3.3　超链接

使用超链接功能不仅可以在不同的幻灯片之间自由切换，还可以在幻灯片与其他 Office 文档或 HTML 文档之间切换。

1. 插入超链接

具体的操作步骤如下。

(1) 选择要设置超链接的对象。

(2) 在"插入"选项卡的"链接"组中选择"超链接"命令，弹出"插入超链接"对话框，如图 5-53 所示。

图 5-53　"插入超链接"对话框

(3) 单击选择要链接的文档、Web 页或电子邮件地址，单击“确定”按钮。幻灯片放映时单击该文字或对象才可启动超链接。

2. 利用动作设置超链接

具体的操作步骤如下。

(1) 选定要设置超链接的对象。

(2) 在“插入”选项卡的“链接”组中选择“动作”命令，弹出“操作设置”对话框，如图 5-54 所示。在此对话框中有两个选项卡。其中“单击鼠标”选项卡用于设置单击动作交互的超链接功能。“超链接到”选项：打开下拉列表并选择跳转的目的地。“运行程序”选项：可以创建和计算机中其他程序相关的链接。“播放声音”选项：可实现单击某个对象时发出某种声音的功能。“鼠标悬停”选项卡适用于提示、播放声音或影片。采用鼠标悬停的方式，可能会出现意外的跳转。建议采用单击鼠标的方式。最后单击“确定”按钮。

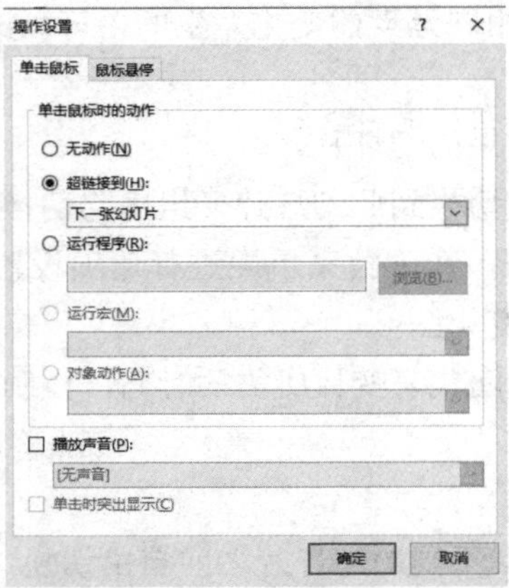

图 5-54　“操作设置”对话框

3. 超链接的删除

方法一：右击包含超链接的对象，在弹出的快捷菜单中选择“取消超链接”命令。

方法二：选择包含超链接的对象，在“插入”选项卡的“链接”组中选择“动作”命令，在弹出的“操作设置”对话框中选中“无动作”单选按钮后，单击“确定”按钮。

5.3.4　动作按钮

PowerPoint 2016 中动作和超链接有着异曲同工之妙。使用时既可以直接添加形状中的动作按钮，也可以为一个已有的对象添加动作，这些都能实现超链接的一些功能。

动作按钮是指可以添加到演示文稿中的内置按钮形状(位于形状库中，如图 5-55 所示)。插入动作按钮后，使用者可以设置动作按钮的触发条件，如单击鼠标或鼠标移过。常用的动作按钮为转到上一张幻灯片、下一张幻灯片、第一张幻灯片、最后一张幻灯片等。将鼠标悬放至动作按钮图标时，会出现文字提示，说明该

图 5-55　内置动作按钮

动作按钮的含义。

下面举例说明动作按钮的制作过程，为第一张幻灯片添加"链接到最后一张"动作按钮，为第二张幻灯片添加"链接到上一张"动作按钮，为第五张幻灯片添加"文档"动作按钮。所有动作的触发条件均为单击。具体操作步骤如下。

(1) 选择第 1 张幻灯片，选择"插入"选项卡，在"插图"组中单击"形状"命令。

(2) 在弹出的下拉列表中选择"动作按钮"组的第 4 个按钮◪("转到结尾"按钮)。

(3) 在幻灯片目标位置拖曳鼠标，绘制按钮，并在弹出的"操作设置"对话框中选择"单击鼠标"选项卡，将鼠标动作设为"超链接到最后一张幻灯片"，如图 5-56 所示。

(4) 同理，对第 2 张幻灯片添加"动作按钮"组中的第一个按钮◁(后退或前一项)。

(5) 在幻灯片目标位置拖曳鼠标，绘制按钮，弹出"操作设置"对话框。

(6) 在"单击鼠标"选项卡中将鼠标动作设为"超链接到第一张幻灯片"。如果想要超链接至当前演示文稿中的其他幻灯片，如第 4 张幻灯片，则需要单击"超链接到"下拉列表中的"幻灯片..."命令，弹出"超链接到幻灯片"对话框，如图 5-57 所示，单击第 4 张幻灯片即可。

(7) 选择第 5 张幻灯片，添加"动作按钮"组中的倒数第 4 个按钮▣。

(8) 在幻灯片目标位置拖曳鼠标，绘制按钮，弹出"操作设置"对话框。

(9) 选择"单击鼠标"选项卡，此时默认选择的不再是"超链接到"选项，而是"运行程序"。

(10) 单击"运行程序"右侧的"浏览"按钮，选择需要跳转的程序文件。

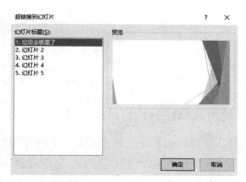

图 5-56　"操作设置"对话框　　　　图 5-57　"超链接到幻灯片"对话框

用户也可以为幻灯片对象(如图片、文字、SmartArt 图形)添加动作，动作通过一定的条件进行触发。使用方法如下：首先选中幻灯片对象，然后单击"插入"选项卡"链接"组中的"动作"命令，弹出"操作设置"对话框，接着选择"超链接到"下拉列表中的命令，完成幻灯片跳转的选择。

5.3.5 演示文稿的放映

根据使用者的需求，可以对演示文稿采用不同的放映方式进行放映。

1. 简单放映

放映幻灯片时，可设置从第一张幻灯片开始放映或是从当前幻灯片开始放映。具体操作如下：选择"幻灯片放映"选项卡，单击"开始放映幻灯片"组中的"从头开始"按钮，或单击"从当前幻灯片开始"按钮即可。也可单击 PowerPoint 窗口右下角状态栏中的"幻灯片放映"按钮。若想终止放映，可右击，在弹出的快捷菜单中选择"结束放映"命令或按 Esc 键。

2. 设置放映方式

在"幻灯片放映"选项卡的"设置"组中单击"设置幻灯片放映"按钮，弹出"设置放映方式"对话框，如图 5-58 所示。根据需要可以设置"演讲者放映(全屏幕)""观众自行浏览(窗口)"和"在展台浏览(全屏幕)"3 种放映类型，也可以设置从第几张幻灯片开始放映，直至第几张幻灯片结束。还可以进行"放映选项""换片方式"等相应设置。最后，单击"确定"按钮即可。

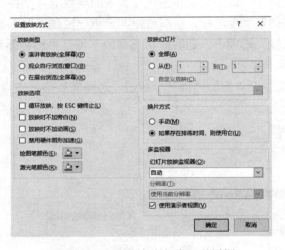

图 5-58 "设置放映方式"对话框

3. 使用鼠标控制幻灯片的放映

在幻灯片放映过程中，右击幻灯片，将弹出快捷菜单，该快捷菜单中常用选项的功能如下。

(1) "下一张"和"上一张"：分别移到下一张或上一张幻灯片。

(2) "查看所有幻灯片"：以缩略图的形式显示当前演示文稿的所有幻灯片，供使用者查阅或选定当前要放映的幻灯片。

(3) "放大(Z)"：局部放大当前幻灯片内容。

(4) "指针选项"：选择该选项后，将显示包括以下选项的级联菜单。

● "激光笔"：指针形状将变为激光圆环，可以指向幻灯片的任意位置。

● "笔"或"荧光笔"：使指针变成笔形，供使用者在幻灯片上进行书写、标注。

- "橡皮擦"：将使用者使用"笔"和"荧光笔"书写的部分墨迹擦除。
- "擦除幻灯片上的所有墨迹"：将使用者使用"笔"和"荧光笔"书写的全部墨迹擦除。
- "墨迹颜色"：可以对使用的笔的颜色进行更改。
- "箭头选项"：设置箭头的显示方式。共有自动、可见、自动隐藏三种设置方式供使用者选择。

4. 自定义幻灯片放映

自定义幻灯片放映的操作步骤如下。

(1) 选择"幻灯片放映"选项卡，单击"自定义幻灯片放映"按钮，弹出"自定义放映"对话框，如图 5-59 所示。

(2) 单击"新建"命令，弹出"定义自定义放映"对话框。

图 5-59　"自定义放映"对话框

(3) 在"幻灯片放映名称"文本框中输入自定义幻灯片放映的名称，在"在演示文稿中的幻灯片"列表框中选择要放映的幻灯片，单击"添加"按钮，将其添加到"在自定义放映中的幻灯片"列表框中，可以单击"删除"按钮，删除一个已在列表框中的幻灯片。单击"上移"按钮或"下移"按钮可改变列表框中幻灯片的播放顺序。最后单击"确定"按钮。

5.3.6　隐藏幻灯片和取消隐藏

1. 隐藏幻灯片

在 PowerPoint 中，允许将暂时不用的幻灯片隐藏起来，从而在幻灯片放映时不放映这些幻灯片。具体的操作步骤如下。

① 单击需要隐藏的幻灯片。

② 在"幻灯片放映"选项卡中选择"隐藏幻灯片"命令。此时，被隐藏的幻灯片编号上将出现"\"符号，表示该幻灯片被隐藏。

2. 取消隐藏

若需要重新放映已经隐藏的幻灯片，首先单击需要恢复的幻灯片，然后选择"幻灯片放映"选项卡中的"隐藏幻灯片"命令。此时幻灯片编号上的"\"符号消失，表示该幻灯片可以正常放映。

5.4　演示文稿的打印与共享

会打印演示文稿是日常办公中应掌握的基本技能之一。打印演示文稿应首先设置打印页面，设置打印页面指的是对已经编辑好的演示文稿进行页面方向、页眉和页脚、页边距等版面设置。合理的版面设置不仅可以提升演示文稿的观赏度，还可以节约办公资源。接着使用打印预览查看打印效果是否正确，若正确则连接打印机输出演示文稿。本节将介绍打印、打包演示文稿等操作。

5.4.1 共享及协作处理文件

在 PowerPoint 2016 中，可直接与他人共享演示文稿，与他人共同编辑演示文稿，达到协作处理文件的目的。可单击"文件"选项卡，选择"与他人共享"命令或"电子邮件"命令实现。

5.4.2 打印

演示文稿不仅可以放映，还可以打印。打印之前，应设计好要打印文稿的大小和打印方向，以取得良好的打印效果。PowerPoint 2016 的打印设置与 Word 2016 类似，在"文件"选项卡中选择"打印"命令，在"打印"界面中可以根据需要进行设置，如图 5-60 所示。界面左侧为打印设置，右侧为打印预览，显示幻灯片最终的打印效果。打印设置包括打印份数、打印机、幻灯片打印范围(打印全部幻灯片、打印当前幻灯片、自定义打印范围)、打印方式(单面、双面打印)、打印版式(整页幻灯片、备注页、大纲或讲义幻灯片)。完成上述设置后，单击"打印"按钮，完成幻灯片的打印操作。

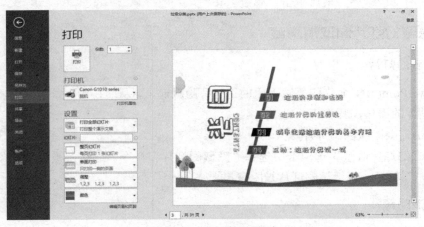

图 5-60 "打印"界面

5.4.3 演示文稿的打包

PowerPoint 提供了一个"打包"工具，它将播放器(系统默认为 pptview.exe)和演示文稿压缩后存放在同一文件夹内，从而实现在没有安装 PowerPoint 的计算机上播放演示文稿。

1. 打包演示文稿

打包演示文稿的步骤如下。

① 打开要打包的演示文稿。

② 在"文件"选项卡中选择"导出"命令，弹出"导出"界面。

③ 选择"将演示文稿打包成 CD"命令，弹出"打包成 CD"对话框，如图 5-61 所示。

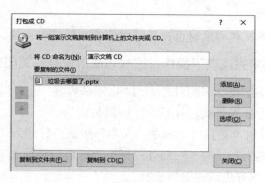

图 5-61　"打包成 CD"对话框

④ 选择"添加"命令，弹出"选项"对话框，如图 5-62 所示。

⑤ 根据实际需求设置密码保护，单击"确定"按钮，返回到"打包成 CD"对话框。

若第 4 步单击"复制到文件夹"按钮，则打开"复制到文件夹"对话框，如图 5-63 所示，可在其中设置文件夹名及存放位置。

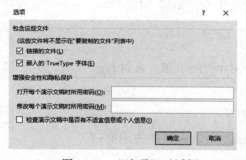

图 5-62　"选项"对话框　　　　　　图 5-63　"复制到文件夹"对话框

⑥ 单击"打包成 CD"对话框中的"确定"按钮。

2. 解包演示文稿

已打包的演示文稿在异地计算机必须解压缩(解包)后才能进行放映。操作步骤如下。

① 插入装有已打包的演示文稿的存储介质(如光盘、U 盘等)。

② 使用"Windows 资源管理器"定位在已打包的演示文稿所在的驱动器，然后双击其中的 pptview.exe 文件。

③ 在打开的对话框中选择所需演示的打包文稿。

将已展开的演示文稿保存在计算机中，这样随时都可使用 PowerPoint 播放器播放。

5.5 PowerPoint 2016 操作训练

注意：题干中指定的文件和素材可在各题对应的文件夹中查找。

一、请在演示文稿中完成以下操作，完成之后请保存并关闭窗口

1. 插入 4 张新幻灯片，第 2 张幻灯片采用"标题和内容"版式。输入标题为"红旗 H7"。第 3 张幻灯片采用"仅标题"版式，标题为"中国制造"。

2. 第 4 张幻灯片采用"垂直排列标题与文本"版式，标题为"红旗"，文本为"1958年，第一辆红旗牌轿车诞生"。第 5 张幻灯片采用"标题和竖排文字"版式，标题为"新红旗 H7"，项目文本为"美好生活、美妙出行"。

3. 为第 1 张幻灯片中的"新红旗 H7"添加超链接，以便在放映过程中可以迅速定位到第 5 张幻灯片。

4. 在第 3~5 张幻灯片右下角绘制"自定义"按钮，(要求在按钮上显示文字：返回)，以便在放映过程中单击"返回"按钮可以跳转到第 2 张幻灯片。

5. 为幻灯片应用主题"电路"。

6. 在第 3 张幻灯片内设置自定义动画：单击鼠标，语句"1958 年，第一辆红旗牌轿车诞生"出现，效果为"浮动"，方向"向上"。

7. 为每张幻灯片设置切换效果：飞机。

8. 使用母版为幻灯片添加此题文件夹下的图片"**PPT 图片素材.jpg**"。使图片显示在每张幻灯片的右下角位置。

9. 为第 2、3、4、5 张幻灯片添加幻灯片编号。

二、请在演示文稿中完成以下操作，完成之后请保存并关闭窗口

1. 插入一张幻灯片，版式为"标题和内容"，并完成如下设置。

(1) 设置标题内容为"计算机基础"，字体为"黑体"，字形为"加粗、倾斜"，字号为"34"。

(2) 设置文本内容为"计算机的产生、发展、应用""计算机系统组成""计算机安全常识"。为文字"计算机的产生、发展、应用"设置超链接为"下一张幻灯片"。

(3) 插入任意一幅剪贴画，设置水平位置为"18.3 厘米"，竖直位置为"7 厘米"。

2. 插入一张新幻灯片，版式为"空白"，并完成如下设置。

(1) 插入一横排文本框，设置文字内容为"计算机的产生、发展、应用"，字号为"35"。

(2) 插入一横排文本框，设置文字内容为"第一台计算机 ENIAC 诞生于美国"。

(3) 设置两个横排文本框进入时的自定义动画都为"飞入"(不同时)，方向为"自右侧"。

(4) 插入任意一幅剪贴画，设置进入时的自定义动画为"飞入"，方向为"自左侧"。

3. 插入一张新幻灯片，版式为"空白"，并完成如下设置。插入任意样式的艺术字，设置文字为"感谢观看"，字号为"60"。

4. 使用"平面"主题模板修饰全文。放映方式为"观众自行浏览(窗口)"。

5. 将第一张幻灯片的背景填充设置为"50%"图案。全部幻灯片切换效果为"溶解"。

三、请在演示文稿中完成以下操作，完成之后请保存并关闭窗口

完善 PowerPoint 文档，具体要求如下。

1. 为所有幻灯片应用此题文件夹中的设计模板 Moban05.potx，并在幻灯片母版的日期区插入固定的日期，为"2021 年 1 月 1 日"。

2. 设置第 1 张幻灯片的标题为"虚拟现实概述"，并设置标题的动画效果为自左侧切入，单击时开始。

3. 在第 2 张幻灯片中插入图片 pic.jpg，设置图片高度为 5 厘米、宽度为 7 厘米，水平和垂直方向距离左上角均为 8 厘米。

4. 为第 3 张幻灯片中带有项目符号的各行文字建立超链接，分别指向具有相应标题的幻灯片。

5. 设置全部幻灯片的切换效果为"淡入/淡出"。

四、请在演示文稿中完成以下操作，完成之后请保存并关闭窗口

完善 PowerPoint 文档，具体要求如下。

1. 将所有幻灯片背景填充效果预设为渐变填充，颜色为绿色。

2. 除标题幻灯片外，在其他幻灯片中添加幻灯片编号。

3. 为第 2 张幻灯片文本区中的各行文字建立超链接，分别指向具有相应标题的幻灯片。

4. 在最后一张幻灯片的右下角添加"第一张"动作按钮，超链接指向第一张幻灯片。

5. 在第 1 张幻灯片中插入剪贴画，并将图片超链接到某个网站。

五、请在演示文稿中完成以下操作，完成之后请保存并关闭窗口

1. 插入一张幻灯片，版式为"标题幻灯片"，选择"华丽"为主题并应用于所有幻灯片，然后完成如下设置。

(1) 设置主标题文字内容为"美好的大学生活"，字体为"华文行楷"，字号为"34"，颜色为"蓝色、个性 1、深度 25%"，进入时的自定义动画为"螺旋飞入"。

(2) 设置副标题文字内容为"哈尔滨"，字体为"华文新魏"，字形为"倾斜"，字号为"54"，颜色为"蓝色、个性 1、单色 60%"，进入时的自定义动画为"螺旋飞入"，动画文本为按"字母"。

2. 插入第二张幻灯片，设置幻灯片版式为"内容与标题"。

(1) 设置标题文字内容为"我的大学室友"。

(2) 在文本处添加"姓名：王菲菲""性别：女""年龄：20""学历：本科""家乡：大庆"，共五段文字。

(3) 添加任意一幅剪贴画。

3. 设置标题进入时的自定义动画为"飞入"，方向为"自左侧"，增强动画文本为"按字/词"，文本框进入时的自定义动画为"向内溶解"，增强动画文本为"按字/词"，剪贴

画进入时的自定义动画为"飞入"，方向为"自底部"。

4. 设置全部幻灯片的切换效果为"从全黑淡出"。

六、请在演示文稿中完成以下操作，完成之后请保存并关闭窗口

1. 在第一张新幻灯片中进行如下设置。

(1) 设置主标题的文字内容为"校园"，字形为"加粗、倾斜"，字号为"50"。

(2) 设置副标题文字内容为"周边环境"，超链接为"下一张幻灯片"。

(3) 插入此题文件夹下的音频文件"P01-M.mp3"，设置音频操作为"自动"播放。

2. 插入一张新幻灯片，版式为"垂直排列标题与文本"，并完成如下设置。

(1) 设置标题文字内容为"大一课程"，字号为"40"，添加文字下画线，下画线样式为点虚线。

(2) 插入任意一幅剪贴画，设置高度为"5.22 厘米"，宽度为"10.59 厘米"。

3. 设置所有幻灯片的切换效果为"百叶窗"。

4. 插入一张幻灯片，选择"切片"主题，版式为"空白"。

(1) 插入一个横排文本框，设置文字内容为"让我们来观察一下平面效果和立体效果"，字体为"幼圆"，字号为"32"，字形为"加粗"，进入时的自定义动画为"百叶窗"，方向为"水平"。

(2) 插入自选图形中的"矩形"，设置填充色为"浅蓝"，RGB(183，193，235)，进入时的自定义动画为"劈裂"，方向为"上下向中央收缩"。

(3) 复制并粘贴该矩形，设置三维旋转效果为"等轴左下"。

(4) 设置该图形自定义强调动画为"跷跷板"效果，顺序为"上一动画之后"，延迟为"5 秒"。

5. 设置所有幻灯片的主题为"流畅"。

第 6 章

互联网与信息检索技术

6.1 互联网

21 世纪是一个以网络为核心的信息时代。要实现信息化就必须依靠完善的网络,因为网络可以非常迅速地传递信息。因此网络现在已经成为信息社会的命脉和发展知识经济的重要基础。网络对社会生活的很多方面以及社会经济的发展已经产生了不可估量的影响。

6.1.1 互联网简介

互联网英文名称为 Internet,又称作因特网,指的是网络与网络之间所串联成的庞大网络,这些网络以一组通用的协议相连,形成逻辑上的单一巨大国际网络。

当前,互联网已经融入人们生活中的方方面面,网上在线视频观看、微信聊天、电子邮件、网络购物等都是互联网的应用。互联网之所以能够向用户提供诸多服务,主要是因为其具有两个重要基本特点,即连通性和资源共享。

(1) 连通性(connectivity)。互联网使上网的用户之间,不管多远距离都可以非常便捷、非常经济地交换各种信息,好像这些用户终端都彼此直接连通一样。与传统电信网络局限于电话通信不同,互联网传输的数据类型种类极为丰富,包括音频、视频、文本等;同时,互联网的使用费用低廉,不根据传输距离收取费用。此外,互联网具有虚拟的特点,当用户从互联网上收到一封电子邮件时,有时无法准确知道对方身份,也无法得知对方的地点。

(2) 资源共享(resource sharing)。在互联网中,多台计算机或同一计算机中的多个用户,同时使用硬件和软件资源。资源是指网络中所有的软件、硬件和数据资源;共享指的是网络中的用户都能够部分或全部地享受这些资源。例如,在生活中使用的百度云盘能够保存大量有价值的电子文档、音频、视频等文件,用户可以很方便地在任意地方读取或者下载。由于网络的存在,这些资源好像就在用户身边一样便于使用。

互联网已经深入人们的生活、工作、学习中。互联网能够提供音频、视频等休闲娱乐服务,也能提供一对一、多对多的网上聊天,以及海量的学习资料检索服务。互联网极大地改变了人们的生活方式,其基本优点包括以下几个方面。

(1) 信息交换不受空间限制。互联网能够不受空间限制进行信息交换,即使不同国家或地区的人,也可以通过互联网进行消息传递。

(2) 信息交换具有时域性。互联网中的信息更新速度快，人们无论何时都可以通过互联网获取最新的国际新闻、学习资料、娱乐影音等资源。

(3) 交换信息具有互动性。人们作为互联网设备终端的使用者，通过互联网可以实现人与人、人与信息之间的互动交流。

(4) 信息交换的使用成本低。通过信息交换，代替实物交换。

(5) 信息交换的发展趋向于个性化。容易满足每个人的个性化需求，人们可以轻松获取自己想要的信息。

(6) 使用者众多。

(7) 有价值的信息被资源整合，信息存储量大、高效、快速。

(8) 信息交换能以多种形式存在，包括视频、图片、文字等。

6.1.2　互联网发展阶段

互联网的发展大致可分为三个阶段。这三个阶段是逐渐演进的关系，最终演进成今天人们广泛接触的全球化互联网形式。

第一阶段是从单个网络 ARPANET(阿帕网，美国国防部研究计划署)向互联网发展的过程。因特网始于 1969 年的美国，是美军在 ARPANET 制定的协定下，首先用于军事连接，后将美国西南部的加利福尼亚大学洛杉矶分校、斯坦福大学研究学院、加利福尼亚大学和犹他州大学的四台主要的计算机连接起来。这个协定由剑桥大学的 BBN 和 MA 执行，在 1969 年 12 月开始联机。

另一个推动互联网发展的广域网是 NSF 网，它最初是由美国国家科学基金会资助建设的，目的是连接全美的 5 个超级计算机中心，供 100 多所美国大学共享它们的资源。NSF 网也采用 TCP/IP 协议，且与互联网相连。1983 年 TCP/IP 协议成为 ARPANET 上的标准协议，使得所有使用 TCP/IP 协议的计算机都能利用互联网相互通信，因而人们把 1983 年作为互联网诞生的时间。

第二阶段的特点是建成了三级结构的互联网。从 1985 年起，美国国家科学基金会(National Science Foundation，NFS)就围绕六个大型计算机中心建设计算机网络，即国家科学基金网 NSFNET。它是一个三级计算机网络，分为主干网、地区网和校园网(或企业网)。这种三级计算机网络覆盖了全美国主要的大学和研究所，并且成为互联网中的主要组成部分。1991 年开始，美国和其他政府机构开始扩大互联网的使用范围，允许私人公司、个人接入，并允许私人公司经营。1992 年互联网上的主机超过 100 万台。

ARPANET 网和 NSF 网最初都是为科研服务，其主要目的为用户提供共享大型主机的宝贵资源。随着接入主机数量的增加，越来越多的人把互联网作为通信和交流的工具。一些公司还陆续在互联网上开展商业活动。随着互联网的商业化，其在通信、信息检索、客户服务等方面的巨大潜力被挖掘出来，使互联网有了质的飞跃，并最终走向全球。

第三阶段的特点是逐渐形成了多层次 ISP 结构的互联网。从 1993 年开始，由美国政府资助的 NSFNET 逐渐被若干个商用的互联网主干网替代，而政府机构不再负责互联网的运营。这样就出现了互联网服务提供者(Internet Service Provider，ISP)。在许多情况下，ISP 就是一个进行商业活动的公司，因此 ISP 又常翻译为互联网服务提供商。例如，中国电信、中国联通和中国移动等公司，都是我国最有名的 ISP。

互联网从 20 世纪 90 年代开始迅速发展，至今已成为世界上规模最大、增长速度最快的计算机网络。由欧洲原子核研究组织 CERN 开发的万维网 WWW(World Wide Web)被广泛使用在互联网上，极大地方便了非网络专业人员对网络的使用，成为互联网这种指数级增长的主要驱动力。

6.1.3　我国互联网发展现状

中国互联网络信息中心于 2022 年 8 月 31 日发布了第 50 次《中国互联网络发展状况统计报告》，以下互联网基础建设、网民规模、互联网发展相关数据截止到 2022 年 6 月。

我国网民规模达 10.51 亿，较 2021 年 12 月增长 1919 万，互联网普及率达 74.4%，较 2021 年 12 月提升 1.4 个百分点。

我国手机网民规模达 10.47 亿，较 2021 年 12 月增长 1785 万，网民使用手机上网的比例为 99.6%，与 2021 年 12 月基本持平。

我国城镇网民规模达 7.58 亿，占网民整体的 72.1%；农村网民规模达 2.93 亿，占网民整体的 27.9%。

我国网民使用手机上网的比例达 99.6%；使用电视上网的比例为 26.7%；使用台式电脑、笔记本电脑、平板电脑上网的比例分别为 33.3%、32.6% 和 27.6%。

我国 IPv6 地址数量为 63079 块/32，较 2021 年 12 月增长 0.04%。

我国域名总数为 3380 万个，其中，".cn" 域名数量为 1786 万个，占我国域名总数的 52.8%。

我国即时通信用户规模达 10.27 亿，较 2021 年 12 月增长 2042 万，占网民整体的 97.7%。

我国网络视频(含短视频)用户规模达 9.95 亿，较 2021 年 12 月增长 2017 万，占网民整体的 94.6%；其中，短视频用户规模达 9.62 亿，较 2021 年 12 月增长 2805 万，占网民整体的 91.5%。

我国网络支付用户规模达 9.04 亿，较 2021 年 12 月增长 81 万，占网民整体的 86.0%。

我国网络新闻用户规模达 7.88 亿，较 2021 年 12 月增长 1698 万，占网民整体的 75.0%。

我国网络直播用户规模达 7.16 亿，较 2021 年 12 月增长 1290 万，占网民整体的 68.1%。

我国在线医疗用户规模达 3.00 亿，较 2021 年 12 月增长 196 万，占网民整体的 28.5%。

6.1.4　互联网的分类

1. 按照网络的作用范围进行分类

按照网络的作用范围进行分类，网络可分为广域网、城域网、局域网和个人区域网 4 种。

(1) 广域网(Wide Area Network，WAN)。广域网的作用范围通常为几十到几千千米，因而有时也称为远程网(Long Haul Network)。广域网是互联网的核心部分，其任务是通过长距离(例如，跨越不同的国家)运送主机所发送的数据。连接广域网各节点交换机的链路一般都是高速链路，具有较大的通信容量。

(2) 城域网(Metropolitan Area Network，MAN)。城域网的作用范围一般是一个城市，可跨越几个街区甚至整个城市，其作用距离为 5~50km。城域网可以为一个或几个单位所拥有，也可以是一种公用设施，用来将多个局域网进行互连。目前很多城域网采用的是以太网技术，因此有时也常并入局域网的范围进行讨论。

(3) 局域网(Local Area Network，LAN)。局域网一般用微型计算机或工作站通过高速通信线路相连(速率通常在 10Mb/s 以上)，但地理上则局限在较小范围(如 1km 左右)。在局域网发展初期，一个学校或工厂往往只拥有一个局域网，但现在局域网已非常广泛地使用，学校或企业都拥有许多个互连的局域网，这样的网络常被称为校园网或企业网。

(4) 个人区域网(Personal Area Network，PAN)。个人区域网就是指在个人工作的地方把属于个人使用的电子设备(如便携式电脑等)用无线技术连接起来的网络，因此也常称为无线个人区域网(Wireless PAN，WPAN)，其范围很小，大约在 10m 左右。

2. 按照网络的使用者进行分类

按照网络的使用者进行分类，网络可分为公用网和专用网两种。

(1) 公用网(Public Network)。这是指电信公司(国有或私有)出资建造的大型网络。"公用"的意思就是所有愿意按照电信公司的规定缴纳费用的人都可以使用这样的网络。因此，公用网也可称为公众网。

(2) 专用网(Private Network)。这是某个部门为满足本单位的特殊业务工作需要而建造的网络。这种网络不向本单位以外的人提供服务。例如，军队、铁路、银行、电力等系统均有本系统的专用网。

3. 用来把用户接入互联网的网络

这种网络就是接入网(Access Network，AN)，它又称为本地接入网或居民接入网。这是一类比较特殊的网络。由于从用户家中接入互联网可以使用的技术有许多种，因此就出现了可以使用多种接入网技术连接到互联网的情况。接入网本身既不属于互联网的核心部分，也不属于互联网的边缘部分。接入网是从某个用户端系统到互连中的第一个路由器之间的一种网络。从覆盖的范围看，很多接入网属于局域网；从作用上看，接入网只起到让用户能够与互联网连接的"桥梁"作用。

6.1.5 互联网常用名词

1. 互联网资源

(1) IP 地址。IP 地址(Internet Protocol Address)是指互联网协议地址，又译为网际协议地址。IP 地址是 IP 协议提供的一种统一的地址格式，它为互联网上的每一个网络和每一台主机分配一个逻辑地址，以此来屏蔽物理地址的差异。

(2) IPv4。网际协议版本 4(Internet Protocol version 4，IPv4)，又称互联网通信协议第四版，是网际协议开发过程中的第四个修订版本，也是此协议第一个被广泛部署的版本。IPv4

是互联网的核心，也是使用最广泛的网际协议版本，其后继版本为 IPv6。

(3) IPv6。IPv6 是英文 Internet Protocol version 6(网际协议版本 6)的缩写，是互联网工程任务组(IETF)设计的用于替代 IPv4 的 IP 协议。

(4) 域名(Domain Name)。域名又称网域，是由一串用点分隔的名字组成的 Internet 上某一台计算机或计算机组的名称，用于在数据传输时对计算机的定位标识(有时也指地理位置)。由于 IP 地址具有不方便记忆并且不能显示地址组织的名称和性质等缺点，人们设计出了域名，并通过网域名称系统(Domain Name System，DNS)来将域名和 IP 地址相互映射，使人们更方便地访问互联网，而不用去记住能够被机器直接读取的 IP 地址数串。

(5) 带宽。带宽是指在单位时间内从网络中的某一点到另一点所能通过的"最高数据率"。

(6) 网站(Website)。网站是指在因特网上根据一定的规则，使用 HTML(超文本标记语言)等工具制作的用于展示特定内容相关网页的集合。简单地说，网站是一种沟通工具，人们可以通过网站来发布自己想要公开的资讯，或者利用网站来提供相关的网络服务。人们可以通过网页浏览器来访问网站，获取自己需要的资讯或者享受网络服务。

(7) 网页。网页是构成网站的基本元素。网页是一个包含 HTML 标签的纯文本文件，它可以存放在世界某个角落的某一台计算机中，是万维网中的一"页"，需要通过网页浏览器来阅读。

(8) App。应用程序，Application 的缩写。App 一般指手机软件。

2. 互联网商业模式

(1) B2B(Business to Business)。商家对商家进行交易。B2B 是指企业与企业之间通过专用网络或 Internet，进行数据信息的交换、传递，开展交易活动的商业模式。

(2) B2C(Business to Consumer)。商家对个人进行交易。以网络零售业为主，主要借助于互联网开展在线销售活动。

(3) C2C(Consumer to Consumer)。个人对个人进行交易。一个消费者有一台电脑，通过网络进行交易，把它出售给另外一个消费者，此种交易类型就称为 C2C 电子商务。

(4) O2O(Online to Offline)。指将线下的商务机会与互联网结合。简单地理解就是打通线上与线下，将线上的流量转化为线下的消费，或者反过来把线下的消费者引流到线上来。

(5) P2P(Peer-to-peer)。个人对个人(伙伴对伙伴)。又称点对点网络借款，是一种将小额资金聚集起来借贷给有资金需求人群的一种民间小额借贷模式，属于互联网金融产品的一种，属于民间小额借贷，借助互联网、移动互联网技术的网络信贷平台及相关理财行为、金融服务。

(6) O2P(Online to Partner)。采用互联网思维，围绕渠道平台化转型机会，构建厂家、经销商、零售商铺、物流机构、金融机构等共同参与的本地化生态圈，帮助传统产业向互联网转型，提升系统效率，创造消费者完美购物体验。

2. 数据

(1) UV(Unique Visitor)。独立访客。不同的、通过互联网访问、浏览一个网页的自然人。

访问网站的一台电脑客户端为一个访客，00:00 至 24:00 内相同的客户端只被计算一次。

(2) PV(Page View)。访问量。页面浏览量或点击量，在一定统计周期内用户每次打开或刷新网页一次即被计算一次。

(3) PR(Page Rank)。网页级别。用来表现网页等级的一个标准，级别分别是 0~10。PR值越高，网页就越重要，在互联网搜索的排序中可能就被排在前面。

(4) CTR(Click through-Rate)。点击率也叫作点进率。网络广告被点击的次数与访问次数的比例，即 clicks/impressions。如果这个页面被访问了 100 次，而页面上的广告被点击了 20次，那么 CTR 为 20%，CTR 是评估广告效果的指标之一。

(5) Alexa。它是专门发布网站世界排名的网站，网站排名有两种：综合排名和分类排名。

(6) CR(Conversion Rate)。转化率。访问某一网站的访客中，转化的访客占全部访客的比例。

(7) 二跳率。网站页面展开后，用户在页面上产生的首次点击被称为"二跳"，二跳的次数即为"二跳量"，二跳量与浏览量的比值称为页面的二跳率。

(8) 跳出率。跳出率是指浏览了一个页面就离开的用户占一组页面或一个页面访问次数的百分比。

(9) 重复购买率。重复购买率是指消费者在网站中的重复购买次数。

(10) 百度指数。百度指数是用以反映关键词在过去 30 天内的网络曝光率及用户关注度。

3. 推广

(1) SEO(Search Engine Optimization)。搜索引擎优化。它是指在了解搜索引擎自然排名机制的基础上，对网站进行内部及外部的调整优化，改进网站在搜索引擎中的关键词自然排名，获得更多流量，从而达成网站销售及品牌建设的目标。

(2) PPC(Pay Per Click)。每点击付费。它是一种网络广告的收费计算形式，广泛用在搜索引擎、广告网络，以及网站或博客等网络广告平台。规则是广告主只有当使用者实际上点击广告以浏览广告主的网站时，才需要支付费用。

(3) SEM(Search Engine Marketing)。搜索引擎营销。它是指在搜索引擎上推广网站，提高网站可见度，从而带来流量的网络营销活动。SEM 包括 SEO、PPC。

(4) EDM(Email Direct Marketing)。电子邮件营销。在用户事先许可的前提下，通过电子邮件的方式向目标用户传递有价值信息的一种网络营销手段。

(5) Adword。关键词竞价广告，也称为"赞助商链接"。

(6) Rich Media。富媒体。这种应用采取了所有适合的最先进技术，以更好地传达广告主的信息，甚至与用户进行互动。如视频、Flash 广告等。

(7) Adertorial。软文广告的一种，即付费文章，故意设计成像一篇普通的文章。

(8) DSP(Demand Side Platform)。需求方平台，允许广告客户和广告机构方便地访问，以及有效地购买广告库存的平台，该平台汇集了各种广告交易平台的库存。DSP 就是广告主服务平台，广告主可以在平台上设置广告的目标受众、投放地域、广告出价等。目前国内许多的移动广告平台，都开始发展自己的 DSP 平台，如小鸟推送、有米等。

(9) Ad Exchange。互联网广告交易平台，即广告买卖双方进行在线交易的平台(类似股票交易所)。交易平台里的广告存货并不一定都是溢价库存，只要出版商想要提供的，都可以在里面找到。

(10) DMP(Data Management Platform)。数据管理平台，把分散的数据进行整合纳入统一的技术平台。数据管理平台能够帮助所有涉及广告库存购买和出售的各方管理其数据、更方便地使用第三方数据、增强他们对所有这些数据的理解、传回数据或将定制数据传入某一平台，以进行更好地定位。

(11) 其他。Banner(横幅图片模式)、插屏广告(整个屏幕的广告)、信息流广告(出现在社交媒体用户好友动态中的广告)、原生广告(让广告作为内容的一部分植入实际页面设计中的广告形式)、积分墙(通过积分激励用户参与广告)、应用推荐位(常规应用推荐列表)等。

6.2　移动互联网

移动互联网已成为互联网业务创新和发展的重要亮点，移动通信的巨大用户市场为移动互联网业务培育了良好的发展土壤。传统互联网应用大量向移动互联网迁移，几乎所有的常见互联网应用都能在移动互联网中找到自己的位置。

6.2.1　移动互联网的概念

移动互联网是通信网和互联网的融合，其不同定义如下。

(1) Information Technology 论坛定义。无线互联网是指通过无线终端，如手机和 PAD 等使用世界范围内的网络。无线网络提供了任何时间和任何地点的无缝链接，用户可以使用E-mail、移动银行、即时通信、天气、旅游信息及其他服务。总的来说，想要适应无线用户的站点就必须以可显示的格式提供服务。

(2) 维基百科定义。移动互联网是指使用移动无线 Modem，或者整合在手机或独立设备(如 USB Modem 和 PCMCIA 卡等)上的无线 Modem 接入互联网。

(3) WAP 论坛的定义。移动互联网是指用户能够通过手机、PDA 或其他手持终端通过各种无线网络进行数据交换。

中国最有代表性的定义是中兴通讯公司在《移动互联网技术发展白皮书》给出的定义，分为狭义和广义两种。

(1) 狭义。移动互联网是指用户能够通过手机、PDA 或其他手持终端通过无线通信网络接入互联网。

(2) 广义。移动互联网是指用户能够通过手机、PDA 或其他手持终端以无线方式通过多种网络(WLAN、BWLL、GSM 和 CDMA 等)接入互联网。

由以上定义可以看出，移动互联网包含两个层次。首先是一种接入方式或通道，运营商通过这个通道为用户提供数据接入，从而使传统互联网移动化；其次在这个通道之上，运营商可以提供定制类内容应用，从而使移动化的互联网逐渐普及。

本质上，移动互联网是以移动通信网作为接入网络的互联网及服务，其关键要素为移动通信网络接入，包括 2G、3G、4G、5G 等(不含通过没有移动功能的 Wi-Fi 和固定无线宽带接入提供的互联网服务)；面向公众的互联网服务，包括 WAP 和 Web 两种方式，具有移动性和移动终端的适配特点；移动互联网终端，包括手机、专用移动互联网终端和数据卡方式的便携式电脑。

移动互联网的立足点是互联网，显而易见，没有互联网就不可能有移动互联网。从本质和内涵来看，移动互联网继承了互联网的核心理念和价值。移动互联网的现状具有两个特征，一是移动互联应用和计算机互联网应用高度重合，主流应用当前仍是计算机互联网的内容平移。数据表明目前在世界范围内浏览新闻、在线聊天、阅读、视频和搜索等是排名靠前的移动互联网应用，同样这也是互联网上的主流应用；二是移动互联继承了互联网上的商业模式，后向收费是主体，运营商代收费生存模式加快萎缩。

移动互联网的创新点是移动性，移动性的内涵特征是实时性、隐私性、便携性、准确性和可定位等，这些都是有别于互联网的创新点，主要体现在移动场景、移动终端和移动网络3 个方面。在移动场景方面，表现为随时随地访问信息，如手机上网浏览。随时随地沟通交流，如手机 QQ 聊天。随时随地采集各类信息，如手机 RFID 应用等；在移动终端方面，表现为随身携带、更个性化、更为灵活的操控性、越来越智能化，以及应用和内容可以不断更新等；在移动网络方面，表现为可以提供定位和位置服务，并且具有支持用户身份认证、支付、计费结算、用户分析和信息推送的能力等。

移动互联网的价值点是社会信息化，互联网和移动性是社会信息化发展的双重驱动力。例如，新浪微博、淘宝等平台，从早期 PC 端为主的网页浏览模式，逐步向手机等移动设备发展；抖音、微信等各类移动应用，更是凭借其易用性、便捷性迅速占领市场，成为人们手机设备上最热门的应用软件之一。

目前，移动互联网上网方式主要有 WAP 和 WWW 两种，其中 WAP 是主流。WAP 站点主要包括两类网站，一类是由运营商建立的官方网站，如中国移动建立的移动梦网；另一类是非官方的独立 WAP 网站，建立在移动运营商的无线网络之上，但独立于移动运营商。

移动互联网的发展分为如下 3 个阶段。

(1) Mobile Internet 1.0。2002 年至 2006 年基于 WAP、封闭的移动互联网，借鉴互联网的经验，将一部分内容直接移植到手机上。网络宽带和终端处理能力有限，只能提供如文本等简单业务。并且由运营商主导，典型产品有 WAP 门户。

(2) Mobile Internet 2.0。2006 年至 2010 年是手机和互联网融合的移动互联网，实现手机和互联网的融合，用户属性多元化和产业主导权争夺激烈。网络宽带和终端处理能力增强，各类互动应用层出不穷，呈现终端业务一体化。主导商增加，运营商、终端厂商和互联网服务商都可主导，典型产品包括 iPhone 手机平台、139 移动邮箱和百度搜索等。

(3) Mobile Internet 3.0。从 2010 年以后，实现无处不在的信息服务。基于用户统一的身份认证，为客户提供多层面和深入日常生活的各类信息服务，形成新的产业核心力量。网络宽带和终端处理能力取得突破，不再成为业务瓶颈。用户识别实现基于统一的身份认证的信息服务，主导商主要基于客户关系。

根据摩根士丹利的分析和预测，移动互联网将成为 50 年来继第一代主机计算、微型计算、个人计算、桌面网络计算之后的第 5 个新技术周期。移动互联网的增长速度超过了桌面互联网。在移动互联网时代，典型企业将创造比之前大得多的市值。5G 技术、社交网络、视频、IP 电话及移动设备等基于 IP 的产品和服务正在增长和融合，将支撑移动互联网迅猛增长。

6.2.2　移动互联网的特点

区别于传统的电信和互联网网络，移动互联网是一种基于用户身份认证、环境感知、终端智能和无线泛在的互联网应用业务集成。最终目标是以用户需求为中心，将互联网的各种应用通过一定的变换在各种用户终端上进行定制化和个性化的展现，它具有典型的技术特征。

(1) 技术开放性。开放是移动互联网的本质特征，移动互联网是基于 IT 和 CT 技术之上的应用网络。其业务开发模式借鉴 SOA(面向服务架构)和 Web 2.0 模式将原有封闭的电信业务能力开放出来，并结合 Web 方式的应用业务层面，通过简单的 API 或数据库访问等方式提供集成的开发工具给兼具内容提供者和业务开发者的企业和个人用户使用。

(2) 业务融合化。业务融合在移动互联网时代下催生，用户的需求更加多样化和个性化，而单一的网络无法满足用户的需求，技术的开放已经为业务的融合提供了可能性及更多的渠道。融合的技术正在将多个原本分离的业务能力整合起来，业务由以前的垂直结构向水平结构方向发展，创造出更多的新生事物。种类繁多的数据、视频和流媒体业务可以变换出万花筒般的多彩应用，如富媒体服务、移动社区和家庭信息化等。

(3) 终端的集成性/融合性和智能化。由于通信技术与计算机技术和消费电子技术的融合，移动终端既是一个通信终端，也成为一个功能越来越强的计算平台、媒体摄录和播放平台，甚至是便携式金融终端。随着集成电路和软件技术的进一步发展，移动终端还将集成越来越多的功能。终端智能化由芯片技术的发展和制造工艺的改进驱动，二者的发展使得个人终端具备了强大的业务处理和智能外设功能。Android、iOS 等终端智能操作系统使得移动终端除了具备基本通话功能外，还具备了互联网的接入功能，为软件运行和内容服务提供了广阔的舞台。很多增值业务可以方便地运行，如股票、新闻、天气、交通监控、短视频和音乐下载等，实现"随时随地为每个人提供信息"的理想目标。

(4) 网络异构化。移动互联网的网络支撑基础包括各种宽带互联网络和电信网络，不同网络的组织架构和管理方式千差万别，但都有一个共同的基础，即 IP 传输。通过聚合的业务能力提取，可以屏蔽这些承载网络的不同特性，实现网络异构化上层业务的接入无关性。

(5) 个性化。由于移动终端的个性化特点，加之移动通信网络和互联网所具备的一系列个性化能力，如定位、个性化门户、业务个性化定制、个性化内容和 Web 2.0 技术等，所以移动互联网成为个性化越来越强的个人互联网。

从用户层面来看，移动互联网的客户群主要以个人客户为主。由于移动互联网是以 4G、5G 网络为主要接入网络，其主要用户和移动通信用户一样以个人客户为主，因此这一特点决定了移动互联网应用将以个人业务为主体。

从使用场景来看，用户对移动互联网业务的使用多以实时性和间歇性为主。由于移动终端的随身性和个人化特点，使得移动互联网对实时业务具有天然的支持优势，实际上移植于互联网的即时通信业务是在移动互联网中比较成功的业务。

从使用感知上看，移动互联网提供内容的形式和互联网有一定的不同。受限于多数移动终端的性能、尺寸和操作方式，使得移动互联网的应用对终端的依赖性比较高。把互联网的应用简单照搬到移动互联网上是不现实的，这就说明即使用户使用同样的业务，多数情况下移动互联网的感知度仍然有较大差异。现在推出的各类 App，均根据移动设备的性能、尺寸进行适配，从而为用户提供更加良好的体验。

从产业链角度来看，移动互联网参与的行业较多。移动互联网涉及终端厂商、应用提供商和电信运营商这三方主要的不同的行业参与者，三方是合作依存的关系。

移动互联网业务的特点不仅体现在移动性上，可以"随时、随地、随心"地享受互联网业务带来的便捷，还表现在更丰富的业务种类、个性化的服务和更好服务质量的保证。当然，移动互联网在网络和终端方面也受到了一定的限制。

(6) 终端移动性。移动互联网业务使得用户可以在移动状态下接入和使用互联网服务，移动的终端便于用户随身携带和随时使用。

(7) 终端和网络的局限性。移动互联网业务在便携的同时，也受到了来自网络能力和终端能力的限制。在网络能力方面，受到无线网络传输环境和技术能力等因素限制；在终端能力方面，受到终端大小、处理能力和电池容量等限制。

(8) 业务与终端、网络的强关联性。由于移动互联网业务受到了网络及终端能力的限制，因此其业务内容和形式也需要适合特定的网络技术规格和终端类型。

(9) 业务使用的私密性。在使用移动互联网业务时，所使用的内容和服务更私密，如手机支付业务等。

6.3　信息检索

信息检索是用户进行信息查询和获取的主要方式，是查找信息的方法和手段。信息检索过程包括信息存储和检索两个方面。

6.3.1　基本概念

1. 信息

信息(information)是自然界、人类社会及思维活动中普遍存在的现象，是一切事物自身存在的方式及它们之间的相互关系、相互作用等运动状态的表达。信息资源(information resource)作为一个术语，至今未形成统一定义，但可以从广义和狭义两个层次上进行理解：广义的信息资源是指信息活动中各种要素的总称，既包含信息本身，也包含与信息相关的人员、设备、技术和资金等因素；狭义的信息资源只限于信息本身，是指各种载体和形式的信息的集合，包括文字、音像、印刷品、电子信息、数据库等。

2. 文献

1999 年版《辞海》对文献(literature/document)的定义为"记录有知识的一切载体的统称"。国家标准《文献著录 第 1 部分：总则》(GB/T 3792.1—2009)把文献定义为"记录有知识的一切载体"。可见，凡是记录有知识的一切载体都可以称为文献。

3. 情报

情报(intelligence)是"作为交流对象的有用知识"，是"在特定时间、特定状态下对特定的人提供的有用知识"，是"激活了、活化了的知识"。情报的基本属性是知识性、传递性和效用性。"情报"被广泛用于政治、经济和文化领域。人们在社会实践中源源不断地创造、交流与利用着各种各样的情报，情报是经济建设、科研、生产、经营管理等活动不可缺少的宝贵财富，是进行决策、规划管理的主要依据。

4. 信息、情报和文献之间的关系

信息、情报和文献之间的关系表现为信息包含情报。文献是有记录有知识的载体，当文献中记录的知识传递给用户，并为用户所利用时，就转化为情报；情报虽大多来自文献，但也可能来自口头和实物，所以情报与文献存在交叉关系，它们可以相互转化。例如，知识在需要被用来解决特定问题时，便转化成情报；情报在不需要利用时，便还原为客观的知识。特定的知识和情报，对于既不认识又不能理解它们的人来说，就不过是一种信息。文献和信息资源这两个概念基本上是从不同角度对同一种事物的表述：文献是一个偏重于载体的概念，强调其作为载体记录人类所有客观知识的价值；而信息资源则注重效用性，无论其载体形式如何，强调其作为一种智力资源的开发与利用的价值。

5. 信息检索与分析利用

信息检索与分析利用包括文献的"检索"和"利用"两部分内容。"检索"部分介绍信息检索的原理、方法和步骤，"利用"部分需要对"检索"部分介绍的文献去粗取精、去伪存真，进行统计分析，获取情报，适应市场竞争。对大学生而言，还包括利用文献跟踪学术动态、寻找科研课题、撰写毕业论文和科技论文、申请专利等。

6.3.2　信息的类型

信息资源的种类繁多，形式多样，为了便于更有效地检索和利用它们，人们从载体、出版形式等不同角度对它们做了适当的划分、归类。

1. 按物质载体和记录形式划分

按物质载体和记录形式的不同，信息可以划分为印刷型、微缩型、声像型、机读型、手写型五种。

(1) 印刷型。印刷型信息资源是一种传统的信息形式，它主要指以纸张为载体，通过印刷手段(油印、铅印、胶印、石印等)把负载知识的文字固化在纸张上。优点是便于直接阅读，使用方便；其缺点是笨重、存储密度低、收藏占用空间大、加工保存花费大量人力物力、识

别和提取难以实现机械化和自动化。

(2) 微缩型。微缩型信息资源是以感光材料为载体，以光学微缩技术为记录手段的一种信息形式，如微缩胶片等。其优点是存储密度较大、体积小、便于收藏保存、便于远距离传递；其缺点是不能直接阅读，需要借助微缩阅读机。

(3) 声像型。声像型信息资源又叫视听资料，是以磁性、感光材料为载体，直接记录声音、图像的一种信息，如唱片、录音带、录像带、幻灯片、电影等。其优点是直观、真切，给人以鲜明生动的直观印象；其缺点是制作成本较高，需要借助一定的阅读设备。

(4) 机读型。机读型信息资源是利用计算机进行存储和阅读的一种信息形式，如磁带、磁盘、光盘等。其优点是存储密度高、存取速度快、识别和提取易于实现自动化；其缺点是必须借助计算机等设备才能阅读。

(5) 手写型。手写型信息资源是指古代各种非印刷型信息，如甲骨、简策、帛书等，以及还没有正式付印的手稿。

2. 按出版形式和内容划分

按出版形式和内容的不同，信息可分为图书、期刊、报纸和特种信息。特种信息也叫作灰色信息、难得信息、资料，包括学位论文、专利信息、标准信息、会议信息、科技报告、政府出版物、产品样本资料和档案，在收藏管理上往往与图书报刊分开，另立体系，分别管理。

图书页面样例如图 6-1 所示。

图书在版编目(CIP)数据

C 语言入门经典(第 4 版)/ (美) 霍顿(Horton，I.) 著；杨浩 译. —北京：清华大学出版社，2008.4

书名原文：Beginning C：From Novice to Professional，Fourth Edition

ISBN 978-7-302-17083-9

Ⅰ.C… Ⅱ.①霍…②杨… Ⅲ. ①C 语言—程序设计 Ⅳ.TP312

中国版本图书馆 CIP 数据核字(2008)第 021396 号

图 6-1　图书页面样例

学位论文页面样例如图 6-2 所示。

黑龙江工商学院
HEILONGJIANG COLLEGE OF BUSINESS AND TECHNOLOGY

毕业论文（设计）

题目:

姓　名:
学　号:
学院(系):
专　业:
年　级:
指导教师:
职　称:

年　月　日

黑龙江工商学院
毕业论文（设计）诚信声明

本人郑重声明：所呈交的本科毕业论文（设计）是本人在指导老师的指导下所取得的成果，成果不存在知识产权争议，除文中已经注明引用的内容外，本毕业论文（设计）不含任何其他个人或集体已经发表或撰写过的作品成果。对本文的研究做出重要贡献的个人和集体在文中均作了明确的说明并表示了谢意。本人完全意识到本声明的法律结果由本人承担。

毕业论文（设计）作者签名：________

年　月　日

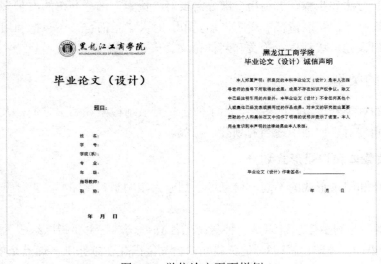

图 6-2　学位论文页面样例

全国标准信息公共服务平台网址：http://std.samr.gov.cn/gb。该网站包含了国家标准、行业标准、地方标准、团体标准、企业标准、国际标准、国外标准等。以《学位论文编写规则》为例，页面内容如图 6-3 所示。

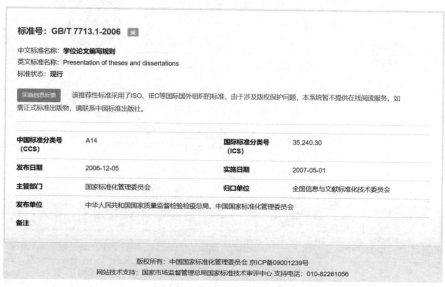

图 6-3　学位论文编写规则国家标准

国家知识产权局官方网站：https://www.cnipa.gov.cn/col/col1510/index.html。该网站提供了专利申请、专利查询等功能。以《一种人员智能管理标牌》的专利公布公告为例，显示内容如图 6-4 所示。

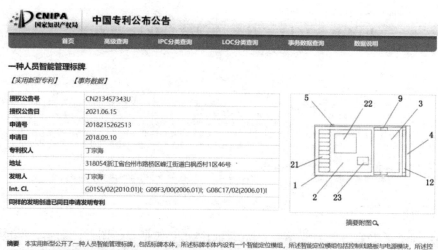

图 6-4　《一种人员智能管理标牌》的专利公布公告

国家科技计划成果网络科普展示平台：http://www.stdaily.com/。以《一种高效通行效率交通信号灯控制系统》的科技成果为例，页面如图6-5所示。

一种高通行效率交通信号灯控系统 20210603832661

2021-06-22 17:49:44　QQ空间 新浪微博 腾讯微博 微信 更多

供

项目品类	技术项目
参考价格	0 万元

项目介绍

技术项目信息登记表（供给方）

技术项目名称	一种高通行效率交通信号灯控系统
行业分类	监控设备及控制系统, 高端装备与先进制造
6+1产业分类	
权属人所属地域	南山区,深圳市,广东省
项目权属（个人或单位名称）	张云超

专利情况		专利类别	
申请日		授权日	
意向价格	万元		
合作方式	技术转让,其他		

图 6-5　《一种高效通行效率交通信号灯控制系统》的科技成果

期刊论文样例如图6-6所示。

2017年3月　安阳工学院学报　Mar, 2017
第16卷 第2期(总第86期)　Journal of Anyang Institute of Technology　Vol.16 No.2(Gen.No.86)

D01:10.19329/j.cnki.1673-2928.2017.02.022

电子商务环境下财务管理信息化建设的研究

董燚君

(郑州大学 商学院，郑州 450001)

摘　要：随着大数据时代的来临，依托互联网与现代物流业而取得飞速发展的电子商务对人们的生活、工作的影响越来越大。对于企业管理来说，网络化、信息化的企业管理模式也成为企业发展的必然趋势，在信息时代，作为企业管理的重中之重——财务管理，它的信息化建设也越来越受到人们的重视。笔者通过查阅文献，对这一问题进行了思考与探讨，主要介绍了电子商务和财务管理信息化的概念与特征，分析了电子商务大环境下财务管理的信息化建设所存在的问题以及对策，并在此基础上浅析了电子商务时代财务管理信息化建设在财务管理发展方向、信息管理模式、财务管理流程方面的创新点。

关键词：电子商务；财务管理信息化；创新

中图分类号：F275,F232　**文献标志码**：A　**文章编号**：1673-2928(2017)02-0079-04

图 6-6　期刊论文页面样例

表6-1列举了重要信息类型参考文献(著录)格式，包括普通图书、期刊、学位论文、专利、标准、会议论文集、报纸、网络信息。文献作者为多人时，一般只列出前3名作者，不同作者姓名间用逗号相隔，超过3名作者的，3名以后的作者使用“，等”或“, et al”代替。参考文献中外国人名书写时姓在前，名在后，姓用全称，用逗号分隔，名可缩写为首字母大写。学术刊物文献无卷号的可略去此项，直接写“年，(期)”。

表 6-1 重要信息类型参考文献(著录)格式

类型	参考文献著录格式
普通图书	作者. 书名[M]. 出版地：出版社，出版年：引用部分起止页. 示例： 邵雪航，王春明，杨迎，等. C 语言程序设计教程[M]. 北京：中国铁道出版社，2016.
期刊	作者. 文章名[J]. 学术刊物名，年，卷(期)：引用部分起止页. 示例： 袁庆龙，候文义.Ni-P 合金镀层组织形貌及显微硬度研究[J].太原理工大学学报，2001，32(1)：51-53. Mokhtar, Intan Azura；Majid, Shaheen；Foo, Schubert. Information literacy education: Applications of mediated learning and multiple intelligences[J].　Library & Information Science Research，2008，30(3)：195-206.
学位论文	作者. 篇名[D]. 出版地：出版单位，出版年：引用部分起止页. 示例： 樊珮琳. 互联网企业会展活动视觉设计研究[D]. 成都：成都大学，2021.
专利	专利所有者. 专利题名[P]. 专利国别：专利号，出版日期. 示例： 程章林，董傲，潘光凡. 一种论文数据可视化方法、系统及电子设备[P]. 广东省：CN112905532A，2021-06-04.
标准	标准号 GB/T 表示国家推荐性标准，GB 表示国家强制标准。 示例： GB/T 16159-1996. 汉语拼音正词法基本规则[S]. 北京：中国标准出版社，1996.
会议论文集	备注：篇章作者. 篇章标题[A]. 见(英文用 In)：主编，论文集名[C]. (供选择项：会议名，会址，开会年)出版地：出版者、出版年：起止页码. 示例： 孙品一. 高校学报编辑工作现代化特征[A]. 见：中国高等学校自然科学学报研究会，科技编辑学论文集(2)[C]. 北京：北京师范大学出版社，1998：10-22.
报纸	主要作者. 文献标题[N]. 报纸名，出版年，月(日)：版次. 例如： 谢希德. 创造学习的思路[N]. 人民日报，1998，12(25)：10.
网络信息	主要责任者. 电子文献标题[文献类型/载体类型]. 电子文献的出版或可获得地址(电子文献地址用文字表述)，发表或更新日期/引用日期(任选). 例如： 姚伯元. 毕业设计(论文)规范化管理与培养学生综合素质[EB/OL]，中国高等教育网教学研究，2005-2-2.

以下是主要类型信息的内容特点。

(1) 普通图书。

① 内容全面系统，基础理论性强，论点成熟可靠；如果需要对大范围问题获得一般性知识，对陌生问题进行一般了解，对熟悉问题进行历史性的全面系统的回顾，查阅图书一般来说是行之有效的办法。

② 传递信息速度慢，内容相对陈旧。

(2) 期刊。

① 内容新颖，能及时反映最新研究成果和动态。

② 信息量大，发行与流通面广，便于获取。

③ 按期连续出版，便于研究者长期跟踪研究。

(3) 学位论文。

① 学位论文的水平差异较大，但探讨的问题比较专一。

② 硕士学位和博士学位论文具有一定的学术性和独创性，内容比较系统和完整，有较大的参考价值。

③ 学位论文除少数以摘要或全文发表在期刊或其他出版物上以外，一般不公开发表，具有一定的保密性。

(4) 专利。

① 编写格式统一、出版快、内容新颖、技术性强、实用性强并具有法律效力。

② 内容比较详细具体，多数附有图案，对了解某项新技术、新产品、新工艺的技术内容有重要作用。

③ 专利法明文规定申请专利必须具备新颖性，不得事先将内容发表为论文，因此许多发明成果只是通过专利信息公开，没有在图书、期刊、报纸等公布，使得专利信息是许多技术信息的唯一来源。从情报学意义上讲，专利信息有其突出的优点。

(5) 标准。

① 具有一定的法律约束力。标准是经权威机构批准，在特定范围内必须执行的规则、规定、技术要求等规范性信息，是从事科研、生产、设计、管理、产品检验、商品流通等活动共同遵守的准则和依据。

② 从技术的新颖程度看，当前的标准往往是五年前最新的专利，也有少数专利很快成为标准。

(6) 会议论文集。

① 内容新颖，及时性强，往往反映出一个国家或地区某一学科或专业领域的最新研究成果、发展水平、发展趋势等。

② 学术水平高，专业性强，可靠性高。学术会议大多由各种专业学会、协会或主管部门召开，由于召集单位的学术性和权威性，一般只有较高学术水平的人员才能参加。

③ 数量庞大，内容丰富；出版形式多种多样。因此，会议信息在主要的科技信息源中，重要性和利用率仅次于期刊。

6.3.3　检索的概念及类型

1. 信息检索的概念

检索有狭义和广义之分。狭义的检索(retrieval)是指依据一定的方法，从已经组织好的大量有关文献信息集合中，查找并获取特定的相关文献信息的过程。

广义的检索包括信息的存储(storage)和检索(retrieval)两个过程。信息存储是指工作人员将大量无序的信息集中起来，根据信息源的外表特征和内容特征，经过整理、分类、浓缩、标引等处理，使其系统化、有序化，并按一定的技术要求建成一个具有检索功能的工具或检索系统，供人们检索和利用。而检索是指运用编制好的检索工具或检索系统，查找出满足用户要求的特定信息。

2. 信息检索类型及特点

检索按照不同的分类标准可以划分为不同的类型。

(1) 依据数据格式和检索技术层次的不同划分。

1) 文本信息检索。

传统的文献数据库，如图书、期刊、专利文献等的数据库及搜索引擎，以文本数据为主要处理对象。在西文中可通过空格来分割词汇，然后通过禁用词表来剔除无意义的词汇。但中文文本缺乏可供分词的空格，遇到了汉字切分的瓶颈，需要专门技术选择词汇。这些技术分为中文词切分法和单汉字标引法，出现了按照字或者词检索的切分方法。

字词不分，容易导致误检。如"武汉市长江中游玩"，其分词后有如下结果："武汉市""长江中游玩"，或者"武汉市长"与"江中游玩"。输入简短的一个单词检索，有可能被错误分词。输入"民法"，可以查到"人民法院"。在期刊论文检索工具中输入"人参"，会误检无关文章。

于是，检索者可能尝试输入词组或者句子。检索纳米材料的文章，输入词组"纳米材料"，如果检索系统不分词，一定会漏检文章。在某古籍数据库查找"杯弓蛇影"的出处时，输入"杯弓蛇影"并无所得。改为查"杯"和"蛇"同时出现的段落，立刻可以找到《晋书·乐广传》有这个故事。这种分词后再组合的模式主要使用了布尔逻辑检索运算符。

第一，布尔逻辑检索运算符。

利用布尔逻辑运算符(以英国数学家 George Boole 命名的运算符号)进行检索词或代码的逻辑组配，是现代信息检索系统中最常用的一种方法。常用的布尔逻辑运算符有三种，分别是逻辑"或"(也表示为 or、+)、逻辑"与"(也表示为 and、*)、逻辑"非"(也表示为 andnot、not、-)。用这些逻辑运算符将检索词组配构成检索提问式，计算机将根据提问式与系统中的记录进行匹配，当两者相符时则命中，并自动输出该文献记录。

① 逻辑"与"用 and、*或空格表示。A and B 表示同时含有 A 与 B 这两个词或符号，但是不限定距离和次序，所以中间可以间隔若干词或符号。

检索课题如果不是一篇具体的文献，其整体名称就不宜作为一个检索项，需要拆散为含义不同的词汇或者符号，用逻辑"与"连接。例如，检索课题"中国外汇储备规模的研究"

不是一篇文章，需要检索有关的期刊文章，其检索式宜表达为"中国 and 外汇 and 储备 and 规模"。在各类检索工具特别是网络搜索引擎中习惯用空格代替 and。

② 逻辑"或"。用 or、+或逗号表示。A or B 表示只要有两者中的一个就能满足检索要求，也可能包含两者，因此比 A and B 查得更多。通常用于连接同义词、近义词、别名、简称或缩写，以及外文单词的不同拼写形式。例如，检索小麦抗旱(或者耐旱)的生理生化的文献，表达为检索式：小麦 and 抗旱(or 耐旱)and 生理(or 生化)。在网络搜索引擎中习惯用逗号代替 or。

③ 逻辑"非"。用 not 或减号表示。A not B 表示包含 A 且不包含 B。在网络搜索引擎中习惯用减号代替 not。有的检索工具为了避免减号与连字符混淆，也使用"在结果中去除"的按钮代替减号。而 Google 的规则是在减号前面加空格，维普数据库要求减号前后各有一个空格。

例如，输入 automobile not car，就要求查询的结果中包含 automobile，但同时不能包含 car。在搜索引擎中输入"电视台-中央电视台"，查询结果中不包含"中央电视台"。与布尔逻辑检索相关的其他符号还有括号等。

and、or、not 在同一个检索式中出现时，检索系统执行逻辑运算符号的优先级(运算顺序)是 not、and、or 依次执行，因此，若要改变运算次序(通常是要先检索几个同义词或者近义词)，即先执行"或"，就需要将先运算的部分，加上半角括号"()"，作用和数学中的括号相似，可以用来使括在其中的操作符先起作用。一般要求输入括号时，不使用中文输入状态的全角黑体的括号。不过，有的检索工具没有执行这一规则，而是按照从上到下、从左到右的次序执行。

第二，位置检索运算符。

位置检索运算符一般用于大型的外文数据库检索中，用来限制检索项之间的位置关系和前后次序，其目的是增强检索项匹配的灵活性，更准确地表达复杂的检索概念。

第三，截词检索运算符。

截词检索就是用截断的词的一个局部进行的检索，并认为凡满足这个词局部中的所有字符(串)的文献，都为命中的文献。按截断的位置来分，截词可有后截断、前截断、中截断、前后截断 4 种类型。按照截断数量来分，包括有限截词(即一个截词符只代表一个字符)和无限截词(一个截词符可代表多个字符)。

有限截词一般使用?(英文半角问号)代表 0~1 个字符；无限截词的标准符号是*，代表 0~n 个字符。

2) 多媒体检索。

多媒体技术是把文字、声音、图形图像等多种信息通过计算机进行数字化加工处理而形成的一种综合信息传播技术。多媒体检索就是以多媒体信息为检索对象的信息检索，包括视频检索、音频检索、图像检索和综合检索等。

音频检索是检索者通过哼唱，检索界面提交一个通过麦克风哼唱出来的语音实例，对通过哼唱提交的语音提取特征，完成检索。图像检索则通过描述色彩、画面等特征，配合使用文字符号，提交检索要求，完成检索。视频以电影、综艺、体育节目、电视剧、MTV 等为主，检索一段节目或者图像帧是否存在，以及播放时间的起止。

3) 超媒体及超文本检索。

传统的文本都是线性的，用户必须顺序阅览，而超媒体是一种非线性的网状结构，用户可以沿着交叉链选择自己感兴趣的部分阅读。超文本早期多为文字信息，现在扩展到图像(形)、视频、音频等各种动态、静态信息，不仅能检索标题、著者、分类号、出版年等，还能向读者展示文献的外观封面、重要内容及声音表述等。

超媒体及超文本检索就是基于超媒体系统和超文本系统而进行的信息检索，这种检索包括基于浏览和基于提问两种检索方式。

(2) 依据信息类型划分。

依据信息类型，信息检索可分为以下类型：事实与数值型信息检索、图书信息检索、期刊信息检索、专利信息检索、商标信息检索、学位论文检索、标准信息检索、科技报告信息检索等。

(3) 依据用户使用信息的目的不同划分。例如，查找已知文献的原文、检索文章被收录或引用、了解某一问题或概念、写文章、学术研究的文献调查、撰写学位论文、学科建设、生产开发、科研立项的查新、科技成果鉴定、申请专利等。

(4) 按照检索界面的模式划分。

1) 初级检索。

初级检索(basic search)界面通常只有一个文本框检索工具，如搜索引擎 Google 和百度、图书数据库、期刊数据库、专利数据库等首先呈现的检索界面是初级检索界面。一般允许输入一个检索项，适合简单的检索，所以有的检索工具也称为简单检索、快速检索。通常查询一本图书的书名或一两个关键词，只需要使用初级检索界面。不过初级检索界面不易执行多条件的复杂的检索，需要在结果中添加新的检索内容再检索(有时也称为二次检索，即有的英文数据库的 refine、search within results)。

通过初级检索界面可以分次完成复杂的检索，即在结果中再检索。

2) 高级检索。

高级检索(advanced search)界面是表格式的，用于一次完成比较复杂的检索，一般的检索工具都有高级检索界面，而且，有的检索工具，如 EBSCOhost 的高级检索界面允许添加行数，增加输入的内容。通常用于检索复杂的信息，例如，检索有关大学英语等级考试或水平考试的图书、期刊论文时含有几个同义词用逻辑"或"组合，如果用高级检索就更方便，所以有的检索工具也称为组合检索。

3) 专业检索。

经验证明，稍微复杂的条件用初级检索就不方便，可以用高级检索。有时连高级检索也难以执行的更复杂的检式，可以用专业检索，准确率高，效果更稳定。

如维普《中文科技期刊数据库》的专业检索式：

小麦*(抗旱＋耐旱)*(生理＋生化＋诱导蛋白＋渗透调节＋抗氧化酶＋光合作用＋脯氨酸)

在外文数据库中，专业检索也称为专家检索。

6.4 检索工具

检索工具是人们用来存储、报道和查找各类信息的工具。主要包括二次、三次印刷型手工检索工具,面向计算机和网络的各种数据库检索系统,以及搜索引擎等各种网络检索工具。

6.4.1 检索工具概述

计算机检索工具的结构分成下几部分。

1. 检索系统

检索系统是为满足一定信息需求而建立的一整套信息的收集、加工、存储和检索使用的完整系统。检索系统包括两个子系统:存储子系统和检索子系统。存储子系统的主要功能是通过各种手段建立检索工具体系;检索子系统则可以提供系统(数据库)中的信息检索功能。

2. 联机检索

联机检索利用与检索系统或信息中心的主机连接,在中央处理机控制下查询系统内的数据库,并能够与系统实时对话,随时调整检索策略。

文档是存储在计算机上的一组相关记录的集合,具有完整的内容和逻辑结构。大型的检索系统往往有多个文档。

3. 网络信息

网络信息是指利用网络检索软件或搜索引擎查询各地在互联网上发布的信息资源。这也是一种广义的联机检索的信息。与网络信息有关的概念有如下四个。

(1) 搜索引擎。

搜索引擎是 Internet 上的一种网站,它的主要任务是在 Internet 上主动搜索 Web 服务器信息并自动索引,将索引内容存储于可供查询的大型数据库中。一个搜索引擎由搜索器、索引器、检索器和用户接口四部分组成。

① 搜索器。搜索器的功能是在 Internet 上漫游、发现和搜集信息。它常常是一个计算机程序,日夜不停地运行,它要尽可能多、尽可能快地搜集各种类型的新信息,同时,因为 Internet 上的信息更新很快,所以还要定期更新已经搜集过的旧信息,以避免死链接和无效链接。

② 索引器。索引器的功能是理解搜索器所搜索的信息,从中抽取出索引项,用于表示文档及生成文档库的索引表。索引器可以使用集中式索引算法或分布式索引算法,当数据量很大时,必须实现即时索引,否则不能跟上信息量急剧增加的速度。索引算法对索引器的性能(如大规模峰值查询时的响应速度)有很大的影响,一个搜索引擎的有效性在很大程度上取决于索引的质量。

③ 检索器。检索器的功能是根据用户的查询内容在索引库中快速检出文档,进行文档与查询的相关度评价,对将要输出的结果进行排序,并实现某种用户相关性反馈机制。

④ 用户接口。用户接口的作用是输入用户查询内容、显示查询结果、提供用户相关性反

馈机制；主要目的是方便用户使用搜索引擎，高效率、多方式地从搜索引擎中得到有效、及时的信息。用户接口的设计和实现使用人机交互的理论和方法，以充分适应人类的思维习惯。

(2) 域名。

从字面上讲，域名就是 Internet 上某个区域的名称。拥有了域名，就可以定义 Internet 上属于该区域的主机的名字。可以简单将域名理解为任何一个想要和 Internet 连接的个人或机构在 Internet 上的注册地址。

域名在整个 Internet 中必须是唯一的，当高级子域名相同时，低级子域名不允许重复；字母大小写在域名中没有区别；一台计算机可以有多个域名(通常用于不同的目的)，但只能有一个 IP 地址。域名服务器实际上就是装有域名系统的主机，当所使用的系统没有域名服务器，只能使用 IP 地址，如 202.206.242.23，不能使用域名，如 library.ysu.edu.cn。

完整的域名包括三段。例如，www.ibm.com 指的是 ibm.com 域内的一台名叫 www 的主机。此例的第三段是国际域名，属于顶级域。这类域名包括：.com 代表商业组织、.edu 代表教育机构或大学、.org 代表非营利性组织、.net 代表网络(Internet 骨干网)、.gov 代表非军事性政府组织、.mil 代表军事性政府组织。.biz 只对全球企业界开放；.info 将提供各种信息，它对企业和个人开放；.name 只针对个人开放；.pro 是针对一些专业人员，如律师、医生和会计师，和.name 类似，此部分域名也只允许三级域名的注册；.aero 是专为合法的航运和民航系统定制的，包括航空公司、机场和相关的工业实体。.coop 向商业合作组织开放，.coop 域名注册在最初将只局限于国家商业合作组织协会或其会员。.museum 代表得到承认的与文化和科学遗产有关的部门。.cc 商业国际域名等效于.com.××(两个字母的国家代码，如.cn 为中国；.jp 为日本)。

中国国内域名在 .cn(中国) 这个子域下面。可以将一个域名从后向前读，如 www.legend.com.cn 就是一台中国的叫作 legend 的商业机构下的 www 主机。国际或国内域名在使用中没有任何区别。现在已经开通了中文域名，顶级域名包括 ".公司" ".网络" ".中国" ".政务"和 ".公益"。

(3) 学术隐蔽网络。

德国杜塞尔多夫大学的 Dirk Lewandowski 给学术隐蔽网络(academic invisible web，AIW)下的定义是包含所有数据库和相关学术收藏但不被普通搜索引擎所检索的那部分资源。就信息来源而言，所有数据库和相关学术收藏包括：

① 收费的数据，如 CNKI、维普数据库和外文数据库的数据。

② 图书馆馆藏目录。

③ 社团、协会机构(如美国计算机学会 ACM)的文献。

④ 开放存取仓储。

随着搜索技术的进步，被搜索到的信息越来越多，但截至目前，大量网页信息，如被压缩的文档、Flash 和 Shockwave 格式的文件、实时数据，以隐藏网页形式存储于数据库中，不能被搜索引擎检索到。从目前的技术来讲，普通搜索引擎难以发现压缩文件，只能靠专门的搜索引擎搜索。Flash 和 Shockwave 格式的文件对索引它们的搜索引擎来说，缺乏足够的文本。搜索引擎不能紧跟快速增长的网址的速度，所以难以搜索实时数据。

Chris Sherman 和 Gary Price 认为，用常规搜索引擎搜索出来的表面网络资源大约只占网络信息资源的 16%，其余的 84%属于深层网络信息，或者叫隐蔽网络信息。隐蔽网络资源不仅数量大，而且质量高，尤其是学术隐蔽网络。

4. 数据库

数据库是在计算机存储设备上按一定方式存储的相互关联的数据集合。记录(record)是检索系统或数据库中信息的基本存储单元，即一篇具体的图书、期刊文章。记录划分为字段(field)如作者、标题等，在检索术语中称为检索途径，有的检索工具也称之为检索项、检索入口。

6.4.2 中国知网

国家知识基础设施(National Knowledge Infrastructure，NKI)的概念由世界银行《1998 年度世界发展报告》提出。1999 年 3 月，以全面打通知识生产、传播、扩散与利用各环节信息通道，打造支持全国各行业知识创新、学习和应用的交流合作平台为总目标，王明亮提出建设中国知识基础设施工程(China National Knowledge Infrastructure，CNKI)，并被列为清华大学重点项目，官方网址为：https://www.cnki.net/。

新版总库平台 KNS8.0，正式命名为：CNKI 中外文文献统一发现平台(学名)，也称全球学术快报 2.0(商品名)。平台的总体设计思想是，让读者在"世界知识大数据(GKBD)"中快速地、精准地、个性化地找到相关的优质文献。平台的新特性主要表现在以下几个方面。

(1) 深度整合海量的中外文文献，包括 90%以上的中国知识资源，如期刊、学位论文、会议论文、报纸、年鉴、专利、标准、成果、图书、古籍、法律法规、政府文件、企业标准、科技报告、政府采购等资源类型，以及来自 65 个国家和地区，600 多家出版社的 7 万余种期刊(覆盖 SCI 的 90%，SCOPUS 的 80%以上)、百万册图书等，累计中外文文献量逾 3 亿篇。

(2) 持续完善中英文统一主题检索功能，构建中外文统一检索、统一排序、统一分组分析的知识发现平台，打造兼顾检全检准和新颖权威的世界级的检索标准。

(3) 完善检索细节，如一框式检索、高级检索支持同一检索项内输入*、+、-、"、""、()进行多个检索词的组合运算；完善及新增多项智能引导，包括主题、作者、机构、基金、期刊等检索引导。

(4) 创新多维度内容分析和展示的知识矩阵，通过多维分组、组内权威排序、分组项细化实现中英文文献的精准发现、权威推荐。

(5) 全新升级文献知网节，优化页面布局，首屏揭示节点文献的内容特征及可读性，构建以单篇文献为节点的世界知识网络，刻画以节点文献为中心的主题发展脉络，满足用户对选定文献全面感知及主题扩展的需求。

(6) 新增个人书房，具备收藏文献、保存历史、主题定制、引文跟踪、成果管理等个性化功能，实现网络版与手机版用户数据的跨平台同步。

(7) 丰富各单库功能，专门设计产品宣介模块，介绍基本出版情况，反映产品内容特点，优化各单库检索和知网节功能。

(8) 新增个性化推荐系统，集我的关注、精彩推荐和热门文献于一体，版面占据总库平台及各单库的首页面，我的关注与个人账号关联，满足用户个性化需求。

中国知网的首页如图6-7所示，包括文献检索、知识元检索、引文检索。默认进入文献检索。

图6-7　中国知网首页

中国知网首页默认进入文献检索，可以通过切换左侧标签调整检索类型，包括知识元检索、引文检索，页面效果分别如图6-8、图6-9所示。

图6-8　知识元检索

图6-9　引文检索

1. 一框式检索

将检索功能浓缩至"一框"中，根据不同检索项的需求特点采用不同的检索机制和匹配方式，体现智能检索优势，操作便捷，检索结果兼顾检全和检准。在平台首页选择检索范围，在下拉列表中选择检索项，在检索框内输入检索词，单击"检索"按钮或按回车键，执行检索。

以文献检索为例，可通过下拉列表选择关键字的检索范围，选项包括主题、篇关摘、关键词、篇名、全文、作者、第一作者、通讯作者、基金、摘要、小标题、参考文献、分类号、文献来源、DOI(数字对象唯一标识符，Digital Object Unique Identifier)，如图6-10所示。

文献的检索范围为复选框，包括学术期刊、博硕、会议、报纸、年鉴、专利、标准、成果、图书。

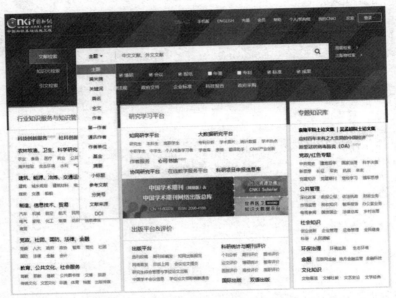

图 6-10　文献检索关键字检索范围下拉列表

在文献检索的输入框中输入关键字"工商管理"，执行检索操作，跳转到检索结果页面，如图6-11所示，默认每页显示20条数据。用户可以通过"结果中检索"进行内容的进一步筛选。

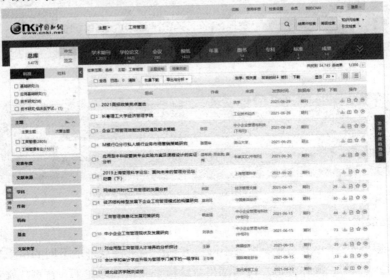

图 6-11　"工商管理"关键词检索结果页面

用户可以通过导航栏对检索结果进行"科技"或"社科"的分类筛选，文献检索结果"科技"分类导航栏如图 6-12 所示、文献检索结果"社科"分类导航栏如图 6-13 所示。分类包括：总库(中文、外文)、学术期刊、学位论文、会议、报纸、年鉴、图书、专利、标准、成果、学术辑刊、古籍、法律法规、政府文件、科技报告、政府采购、工具书、特色期刊、视频。相应分类下面有对应文献的数量。

用户可以通过"科技""社科"标签的切换，并选择标签下方的复选框，过滤查询结果的范围，通过单击左侧的"确定"按钮执行查询操作，单击"清除"按钮清除当前选中的复选框。

图 6-12　文献检索结果"科技"分类导航栏

图 6-13　文献检索结果"社科"分类导航栏

左侧导航栏包括：主题、发表年度、文献来源、学科、作者、机构、基金、文献类型。每个分类均包含了一个可视化图标，单击后显示可视化图像。主要主题分布可视化页面如图 6-14 所示，文献来源分布可视化页面如图 6-15 所示。

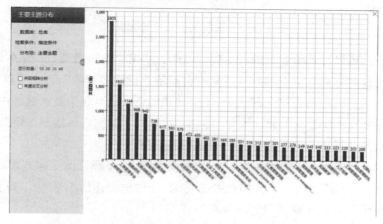

图 6-14　主要主题分布可视化页面

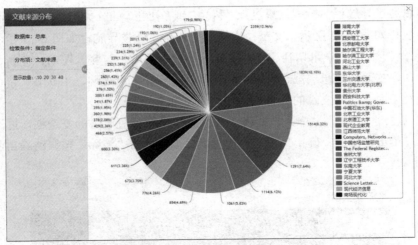

图 6-15　文献来源分布可视化页面

用户也可以通过页面左侧的"发表年度趋势图"显示折线图，并通过下方的输入框进行指定年份范围的选择。发表年度分布可视化页面如图 6-16 所示。

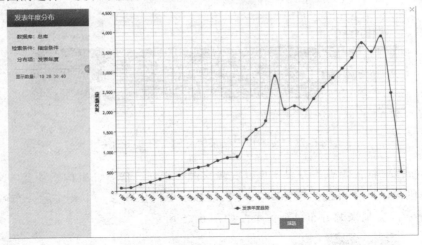

图 6-16　发表年度分布可视化页面

检索结果中，可以显示检索范围、主题、已选、结果总数、当前页、总页码。可以直接在当前页面，通过复选框选中查询结果，此时会显示"已选：个数"，也可以通过"全选"复选框一次性将当前页面的文献全部选中，使用"清除"按钮可取消复选框的内容，使用"批量下载"可对选中的文件进行下载。使用"导出与分析"下拉列表可选择"导出文献"和"可视化分析"选项，"导出与分析"下拉列表如图 6-17 所示。

用户可以通过"排序"中的相关度、发表时间、被引、下载修改排序方式；通过"显示"可切换每页默认检索结果数量，包括 10、20、50。通过单击详情图标 ⊞、列表图标 ☰ 可切换检索结果的显示效果，文献详情显示效果如图 6-18 所示。

图 6-17　"导出与分析"下拉列表

图 6-18　文献详情显示效果

　　单击检索结果的标题，可跳转到文献的简介页面。该页面支持引用、收藏、分享、打印、关注操作，也支持下载和在线阅读。同时，从相似文献、关联作者等角度进行文献的推荐，方便读者快速找到想要的资料。以《2021 高招政策亮点直击》为例，该文献知网节如图 6-19 所示。

　　单击"关键词"后面的任意关键词，可跳转到指定关键词的分析与展示页面。该页面显示关键词在不同年份的关注度指数点线图，也可以显示关键词文献、相关文献、学科分布、相关作者、相关机构等内容。以"专业志愿"为例，该关键词知网节如图 6-20 所示。

　　用户在"操作"列下面单击"引用"图标⑨，可以弹出引用对话框，默认显示的引用格式包括：GB/T 7714-2015 格式引文、MLA 格式引文、APA 格式引文。文献引用对话框如图 6-21 所示。

图 6-19 《2021 高招政策亮点直击》文献知网节

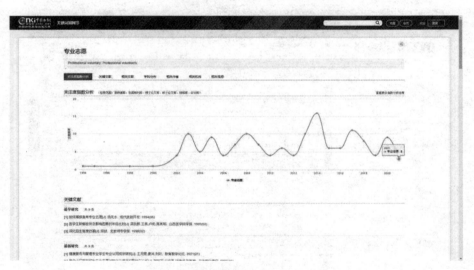

图 6-20 "专业志愿"关键词知网节

图 6-21 文献引用对话框

用户也可以通过"更多引用格式>>"获取其他形式的引用格式，如图 6-22 所示。

图 6-22　更多引用格式

2. 高级检索

在首页单击"高级检索"按钮进入高级检索页面，或在一框式检索结果页面单击"高级检索"按钮进入高级检索页面，高级检索页面如图 6-23 所示。在高级检索页面中单击标签可切换至高级检索、专业检索、作者发文检索、句子检索。

图 6-23　高级检索

高级检索支持多字段逻辑组合，并可通过选择精确或模糊的匹配方式、检索控制等方法完成较复杂的检索，得到符合需求的检索结果。多字段组合检索的运算优先级，按从上到下的顺序依次进行。

检索区主要分为两部分，上半部分为检索条件输入区，下半部分为检索控制区。单击检索框后面的 ➕、➖ 按钮可添加或删除检索项，最多支持 10 个检索项的组合检索。

检索控制区的主要作用是通过条件筛选、时间选择等，对检索结果进行范围控制。控制条件包括出版模式、基金文献、时间范围、检索扩展。

高级检索支持使用运算符*、+、-、"、""、()进行同一检索项内多个检索词的组合运算，检索框内输入的内容不得超过 120 个字符。输入运算符*(与)、+(或)、-(非)时，前后要空一个字节，优先级需用英文半角括号确定。若检索词本身含空格或*、+、-、()、/、%、=等特殊符号，进行多词组合运算时，为避免歧义，须将检索词用英文半角单引号或英文半角双引号引起来。

例如：

(1) 在篇名检索项后输入"神经网络 * 自然语言"，可以检索到篇名包含"神经网络"及"自然语言"的文献。

(2) 在主题检索项后输入"(锻造 + 自由锻) * 裂纹"，可以检索到主题为"锻造"或"自由锻"，且有关"裂纹"的文献。

(3) 如果需检索篇名包含 digital library 和 information service 的文献，在篇名检索项后输入"'digital library' * 'information service'"。

(4) 如果需检索篇名包含 2+3 和"人才培养"的文献，在篇名检索项后输入"'2+3' * 人才培养"。

3. 专业检索

在高级检索页单击"专业检索"标签，可进行专业检索，如图 6-24 所示。

图 6-24　专业检索

专业检索用于图书情报专业人员查新、信息分析等工作，使用运算符和检索词构造检索式进行检索。

专业检索的一般流程：确定检索字段构造一般检索式，借助字段间关系运算符和检索值限定运算符可以构造复杂的检索式。

专业检索表达式的一般式：<字段><匹配运算符><检索值>。

在文献总库中提供以下可检索字段：SU=主题，TI=题名，KY=关键词，AB=摘要，FT=全文，AU=作者，FI=第一责任人，RP=通讯作者，AF=机构，JN=文献来源，RF=参考文献，YE=年，FU=基金，CLC=中图分类号，SN=ISSN，CN=统一刊号，IB=ISBN，CF=被引频次。

示例：

(1) TI='生态' and KY='生态文明' and (AU % '陈'+'王') 可以检索到篇名包括"生态"并且关键词包括"生态文明"，且作者为"陈"姓和"王"姓的所有文章。

(2) SU='北京'*'奥运' and FT='环境保护' 可以检索到主题包括"北京"及"奥运"并且全文中包括"环境保护"的信息。

(3) SU=('经济发展'+'可持续发展')*'转变'-'泡沫' 可检索"经济发展"或"可持续发展"有关"转变"的信息，并且可以去除与"泡沫"有关的部分内容。

4. 作者发文检索

在高级检索页单击"作者发文检索"标签，可进行作者发文检索，如图 6-25 所示。

作者发文检索通过输入作者姓名及其单位信息，检索某作者发表的文献，功能及操作与高级检索基本相同。

图 6-25　作者发文检索

5. 句子检索

在高级检索页单击"句子检索"标签，可进行句子检索，如图 6-26 所示。句子检索是通过输入的两个检索词，在全文范围内查找同时包含这两个词的句子，找到有关事实的问题答案。句子检索不支持空检，同句、同段检索时必须输入两个检索词。

图 6-26　句子检索

例如，检索同一句包含"人工智能"和"神经网络"的文献，如图 6-27 所示。

图 6-27　句子检索查询

检索结果如图 6-28 所示，句子 1、句子 2 为查找到的句子原文，"句子来自"为这两个句子出自的文献题名。

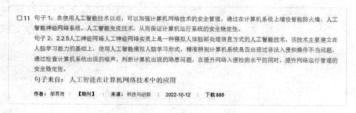

图 6-28　句子检索结果

详细的搜索使用教程，可参考官网《全球学术快报 2.0 使用手册》，网址为：http://piccache.cnki.net/index/helper/manuals.html#frame2-1-2。

6.4.3　维普网

重庆维普资讯有限公司的主导产品《中文科技期刊数据库》是经国家新闻出版总署批准的大型连续电子出版物，收录中文期刊 12000 余种，全文 2300 余万篇，引文 3000 余万条，分三个版本(全文版、文摘版、引文版)和 8 个专辑(社会科学、自然科学、工程技术、农业科学、医药卫生、经济管理、教育科学、图书情报)定期出版。

维普网上供广大读者检索使用的是《中文科技期刊数据库》(全文版)。维普网官方网址：http://www.cqvip.com，首页如图 6-29 所示。

图 6-29　维普网首页

网站提供的检索方式有三种：适用于大众用户的简单检索，适用于专业检索用户的高级检索、检索式检索。

1. 简单检索

用户在首页可以通过下拉列表选择检索范围，选项包括：文献搜索、期刊搜索、学者搜索、机构搜索。通过单选按钮可选择标题/关键词、作者、机构、刊名。

在检索框中输入的所有字符均被视为检索词，不支持任何逻辑运算；如果输入逻辑运算符，将被视为检索词或停用词进行处理。输入关键词，单击"开始搜索"按钮执行搜索操作，跳转到结果列表。以关键词"工商管理"为例，检索结果中显示相关文献总数量 162225 篇，可以在检索结果中对作者、期刊、分类进行进一步的筛选，如图 6-30 所示。

图 6-30　维普网检索列表

单击文献标题，可以跳转到摘要页面，以《试论工商管理学科的案例研究方法》的摘要页面为例，如图 6-31 所示。

图 6-31　《试论工商管理学科的案例研究方法》摘要页面

单击"出处"链接可跳转到文献出处的详细信息页面，如图6-32所示。

图6-32　《南开管理评论》期刊页面

单击"作者"链接可跳转到作者检索结果列表中，如图6-33所示。

图6-33　作者检索结果页面

2. 高级检索

(1) 检索框中可支持"并且"(AND/and/*)、"或者"(OR/or/+)、"非"(NOT/not/-)三种简单逻辑运算。

(2) 逻辑运算符 AND、OR、NOT,前后须空一格;逻辑运算符优先级为:NOT>AND>OR,且可通过英文半角()进一步提高优先级。

(3) 表达式中,检索内容包含 AND/and、NOT/not、OR/or、*、-等运算符或特殊字符检索时,需加半角引号单独处理。如:"multi-display""C++"。

(4) 精确检索请使用检索框后方的"精确"选项。

高级检索页面如图 6-34 所示。

图 6-34　高级检索页面

3. 检索式检索

用户可以在检索框中使用布尔逻辑运算符对多个检索词进行组配检索,如图 6-35 所示。执行检索前,还可以选择时间、期刊来源、学科等检索条件对检索范围进行限定。每次调整检索策略并执行检索后,均会在检索区下方生成一个新的检索结果列表,方便对多个检索策略的结果进行比对分析。

图 6-35　检索式检索页面

使用检索条件限定,可以进一步缩小检索范围,获得更符合需求的检索结果。可以根据需要,选择合适的时间范围、学科范围、期刊范围等限制条件。

逻辑运算符 AND、OR、NOT 可兼容大小写,逻辑运算符优先级为:()>NOT>AND>OR;

所有运算符号必须在英文半角状态下输入，前后须空一格，英文半角""表示精确检索，检索词不做分词处理，作为整个词组进行检索，以提高准确性。

字段标识符必须为大写字母，每种检索字段前，都须带有字段标识符，相同字段检索词可共用字段标识符，例如，K=CAD + CAM。

6.4.4　万方数据

万方数据库是由万方数据公司开发的，涵盖期刊、会议纪要、论文、学术成果、学术会议论文的大型网络数据库；也是和中国知网齐名的中国专业的学术数据库。其开发公司——万方数据股份有限公司是国内第一家以信息服务为核心的股份制高新技术企业，是在互联网领域，集信息资源产品、信息增值服务和信息处理方案为一体的综合信息服务商。

万方数据网站首页链接：https://www.wanfangdata.com.cn/index.html?index=true，页面如图 6-36 所示。

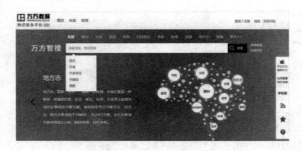

图 6-36　万方数据首页

1. 简单检索

用户在检索框中可输入题名、关键词、摘要、作者、作者单位等进行检索。可以进行二次检索，或者对检索结果进一步筛选，检索结果如图 6-37 所示。

图 6-37　检索结果

单击"题目"链接，可查看文献的摘要信息，如图 6-38 所示。

图 6-38　摘要页面

单击"作者"链接，可进入相关作者的检索页面，如图 6-39 所示。

图 6-39　作者页面

单击"刊名"链接，可进入文献出处的详情页面，如图 6-40 所示。

图 6-40　文献出处页面

万万方数据也提供高级检索、专业检索、作者发文检索，分别如图 6-41、图 6-42、图 6-43 所示。其功能、使用方法可参考中国知网。

2. 高级检索

图 6-41　高级检索

3. 专业检索

图 6-42　专业检索

4. 发文检索

图 6-43　发文检索

6.5 信息检索操作训练

1. 检索你所在的院系老师在 CNKI 期刊数据库收录的核心期刊上发表的专业论文。

2. 浏览维普资讯有限公司(http://www.cqvip.com/)主页的栏目——中文期刊服务平台,阅读自己感兴趣的作者和机构论文被引用的次数排序,找出排名在前的核心论文。然后使用图书馆购买的维普资讯有限公司检索界面查询这几篇核心论文。

3. 选择使用搜索引擎、万方数据库、CNKI 等检索 "GB6675-2003 国家玩具安全技术规范 2008-03-07" 的有关信息。

参 考 文 献

[1] 张超，王剑云，陈宗民. 计算机应用基础[M]. 3 版. 北京：清华大学出版社，2018.

[2] 王东霞，郝小会. 计算机应用基础项目化教程(Windows 10+Office 2016)[M]. 3 版. 北京：人民邮电出版社，2021.

[3] 陈丽娟，饶国勇，左力，等. 计算机应用基础教程(Win10+Office 2016)[M]. 北京：清华大学出版社，2021.

[4] 李菲，李姝博，邢超. 计算机基础实用教程(Windows 7+Office 2010 版)[M]. 北京：清华大学出版社，2019.

[5] 王欣，翟世臣，薛章林. 办公软件高级应用案例教程(Office 2016 微课版)[M]. 北京：人民邮电出版社，2021.

[6] 宋翔. PPT 多媒体课件制作从新手到高手[M]. 北京：清华大学出版社，2022.

[7] 王晓勇，李忠成，张文祥，等. 计算机应用基础实训教程[M]. 4 版. 北京：中国铁道出版社，2018.

[8] 刘瑞新，张土前，贾新志. 大学计算机基础(Windows 7+Office 2010)实训教程[M]. 北京：机械工业出版社，2021.

[9] 策未来. 全国计算机等级考试一本通 一级计算机基础及 MS Office 应用[M]. 北京：人民邮电出版社，2022.

[10] Excel Home. Excel 2016 函数与公式应用大全[M]. 北京：北京大学出版社，2022.

[11] 宋耀文，刘松霭. 新编计算机基础教程(Windows 7+Office 2010 版)[M]. 4 版. 北京：清华大学出版社，2020.

[12] 张传福，刘丽丽，卢辉斌，等. 移动互联网技术及业务[M]. 北京：电子工业出版社，2012.

[13] 谢德体，陈蔚杰. 信息检索与分析利用[M]. 北京：科学出版社，2010.

[14] 谢希仁. 计算机网络[M]. 7 版. 北京：电子工业出版社，2017.